区域泥沙资源化与优化配置

王延贵　陈　吟　史红玲　著

科学出版社

北京

内 容 简 介

本书采用野外调研、资料分析、数学计算、理论研究等方法探究了区域泥沙资源化与配置，提出了流域泥沙资源化途径与优化配置机制，揭示了引水分流区水沙运动对河道演变及渠系冲淤的影响机理，建立了引黄灌区泥沙资源优化配置模型与配置模式，提出了引黄灌区泥沙优化配置方案与配置技术，给出了水库淤积泥沙资源化与优化配置的思路。全书共 12 章，包括综述、流域泥沙资源性与资源化、流域泥沙资源优化配置、区域泥沙配置技术、引水分流及其对河流演变的影响、渠系泥沙运动与输移、黄河下游引黄灌区泥沙分布与评价、引黄灌区泥沙资源优化配置模型与方案、引黄灌区水沙配置技术与措施、典型灌区泥沙配置方案的评价、水库泥沙淤积和水库泥沙的资源化原理及其实现途径。

本书可供从事水力学及河流动力学、流域泥沙利用、灌区泥沙治理、水库泥沙资源化等方面工作的科技人员及高等院校有关专业的师生参考。

图书在版编目 (CIP) 数据

区域泥沙资源化与优化配置 / 王延贵等著 . -- 北京：科学出版社，2024. 11. -- ISBN 978-7-03-080302-3

Ⅰ. TV14

中国国家版本馆 CIP 数据核字第 2024WG0125 号

责任编辑：刘 超 / 责任校对：樊雅琼
责任印制：徐晓晨 / 封面设计：无极书装 / 封面摄影：喻权刚

科 学 出 版 社 出版

北京东黄城根北街 16 号
邮政编码：100717
http://www.sciencep.com

北京建宏印刷有限公司印刷
科学出版社发行　各地新华书店经销

*

2024 年 11 月第 一 版　开本：787×1092　1/16
2024 年 11 月第一次印刷　印张：17
字数：400 000

定价：205.00 元
（如有印装质量问题，我社负责调换）

前　言

由于受到流域自然条件和人类活动频繁的综合影响，我国许多区域水土流失严重，特别是北方部分河流形成了多沙河流。有关资料显示在 20 世纪 80 年代，我国水资源相对贫乏，多年平均降水量为 648mm，折合降水总量为 61 889 亿 m³，全国河川年径流总量为 27 115 亿 m³，但河流输沙量相对较大，我国北方的河流含沙量较高。全国平均每年进入江河的泥沙约为 35 亿 t，其中约 21 亿 t 输入海洋，有 12 亿 t 泥沙淤积在水库、河道、湖泊及灌区中。这些径流泥沙在产生、输移、搬运和堆积的过程中，伴随着泥沙灾害和泥沙利用，典型的泥沙灾害包括水土流失、河岸崩塌、河道淤积、湖库淤积、泥石流等，典型的泥沙利用包括河道采砂、肥田改土、淤沙造地、淤临淤背等。在我国水（能）资源开发利用过程中，由于某些河流水少沙多、水沙关系不协调，流域内频繁而剧烈的人类活动及水沙配置的不合理性，加剧了我国江河流域水土流失严重、洪涝灾害、河道萎缩、河流功能衰退、生态环境不断恶化等重要问题，严重威胁着河流的健康发展。

新中国成立以来，我国政府十分重视流域水土流失治理、水资源开发管理和防洪安全工作，在河流上修建了大量的水利枢纽工程，同时流域内实施了大量的水土保持措施，不仅调控江河径流过程，而且还会造成江河输沙量的显著减少。我国主要河流代表站总输沙量从 20 世纪 50 年代的 25.71 亿 t 减至 20 世纪 80 年代的 13.76 亿 t，2000~2009 年减为 5.78 亿 t，2010~2020 年仅为 3.83 亿 t。其中，黄河潼关站年输沙量从 20 世纪 50 年代的 17.3 亿 t 减少至 21 世纪前 10 年的 3.12 亿 t，2010~2020 年为 1.88 亿 t，2014 年仅为 0.691 亿 t；长江大通站年输沙量从 20 世纪 50 年代的 4.87 亿 t 减至 21 世纪前 10 年的 1.93 亿 t，2010~2020 年为 1.31 亿 t；长江干流年输沙量大幅度减少，三峡水库入库站（朱沱站、北碚站和武隆站之和）和宜昌站年平均输沙量从 2003 年前的 45 450 万 t 和 49 200 万 t 减至 2003 年后的 14 290 万 t 和 3583 万 t，减小幅度分别为 68.6% 和 92.7%。江河泥沙量如此大幅度地减少，不仅直接引起河流地貌形态与河床冲淤演变的变化，而且将会改变河流泥沙的作用，突显流域泥沙资源性的重要性。

泥沙既具有灾害性，也具有一定的资源性，在一定条件下两者可以相互转化。传统上将泥沙作为灾害来考虑，泥沙灾害不仅直接造成严重的经济损失，而且人们为防止泥沙灾害也付出了巨大的代价，在技术发达且泥沙资源量减少的社会状况，通过采取一定措施对泥沙进行资源化及有效利用，把流域产生的大量泥沙转化为人类的巨大财富，实现泥沙的资源化和优化配置，使得泥沙资源在国民经济建设中逐渐发挥一定的作用，如黄河下游的淤临淤背和建筑材料等。流域泥沙的产生、输移及堆积过程就是泥沙再分配的不同阶段，在泥沙再分配（配置）过程中，人类活动和水流运动发挥了重要作用。通过泥沙资源化的研究、开发和应用，结合水沙运动特性，运用工程和非工程措施进行流域泥沙优化配置，使得泥沙变害为利。

　　关于流域泥沙资源化和优化配置的理论和技术研究主要是从 20 世纪末和 21 世纪初开始的，逐渐在流域泥沙资源优化配置理论和模型方面取得重要成果，特别是区域泥沙的资源化与配置方面。本书成果主要是作者在 20 世纪 80～90 年代承担的"分流对河床演变的影响之研究"，"七五"期间开展的黄淮海平原农业开发水利示范工程项目，"八五"期间进行的国家科技攻关项目专题"典型灌区的泥沙与水资源利用对环境及排水河道的影响"，以及 21 世纪承担的中国水科院科研专项"泥沙的资源化及其优化配置"，水利部创新项目"流域水沙优化配置与泥沙资源化研究"，国家自然科学基金项目"我国北方河流灌区水沙资源优化配置模式的研究"等研究的基础上，进一步分析总结完成的。

　　全书共分为 12 章，各章主要内容如下：第 1 章为综述，包括河流泥沙及作用、泥沙资源化及配置的重要性、泥沙资源化及配置研究；第 2 章为流域泥沙资源性与资源化，包括泥沙的基本性质、流域泥沙的灾害性、流域泥沙的资源性与资源化、流域泥沙资源化的目标与途径；第 3 章为流域泥沙资源优化配置，包括主要河流泥沙资源量变化、流域泥沙资源系统与配置原则、流域泥沙资源配置的方法与机制、区域水沙资源联合配置的控制条件、区域承沙能力及其估算；第 4 章为区域泥沙配置技术，包括水力调控技术，机械配置技术，工程配置技术，生态配置技术；第 5 章为引水分流及其对河流演变的影响，包括引水分流河道的分区及其特点、引水分流区的水沙运动与冲淤变化、分流后下游河道演变因子的变化、分流后下游河道的淤积分析；第 6 章为渠系泥沙运动与输移，包括灌区泥沙的起动与悬浮、灌区泥沙的输移特征、灌渠输沙能力、渠道断面形状对输沙的影响、典型灌区渠道冲淤特性；第 7 章为黄河下游引黄灌区泥沙分布与评价，包括引黄灌溉与灌溉模式、引黄灌区泥沙分布及其影响因素、引黄灌区泥沙分布评价；第 8 章为引黄灌区泥沙资源优化配置模型与方案，包括引黄灌区泥沙配置模式类型与特点、引黄灌区泥沙资源化及实现途径、灌区泥沙优化配置原理及模型、引黄灌区泥沙配置结果与评价、引黄灌区泥沙远距离分散配置模式的内涵与建议；第 9 章为引黄灌区水沙配置技术与措施，包括灌区减沙沉沙技术、渠道形态优化技术、输水输沙技术、引水分沙技术、灌区水沙配置的辅助措施；第 10 章为典型灌区泥沙配置方案的评价，包括位山灌区引水引沙与配置、位山灌区水沙资源优化配置、位山灌区泥沙配置评价与应对策略；第 11 章为水库泥沙淤积，包括水库建设及泥沙淤积、水库泥沙的淤积特征、水库泥沙淤积的危害性；第 12 章为水库泥沙的资源化原理及其实现途径，包括水库泥沙的资源性、水库泥沙的资源化及其目标、水库泥沙资源化的实现途径、水库泥沙处理与资源利用机制、水库泥沙资源优化配置的思路。

　　本书由王延贵、陈吟、史红玲等执笔完成，李希霞、周宗军、亓麟、赵莹等参与了编写工作，全书由王延贵负责统稿。此外，在现场考察的基础上，作者还从一些网站和图书材料上搜集了有关的资料，保证了我国主要河流水沙资料的完整性，在此一并表示诚挚的感谢。

　　限于作者的水平和时间仓促，书中欠妥之处敬请读者批评指正。

王延贵

2023 年 12 月

目　　录

第1章 综 述

1.1 河流泥沙及作用

由于气候干燥少雨、地质地貌条件复杂、森林植被减少和人类活动频繁等因素的影响，许多流域内水土流失严重，产生大量的泥沙，使得我国一些河流输沙量较大，甚至形成多沙河流。在20世纪80年代，我国水资源相对贫乏[1]，多年平均降水量为648mm，折合降水总量为61 889亿m³，全国河川年径流总量为27 115亿m³，但河流输沙量相对较大，我国北方的河流含沙量较高。全国平均每年进入江河的泥沙约35亿t[2]，其中约有21亿t输入海洋，有12亿t泥沙淤积在水库、河道、湖泊及灌区中。这些径流泥沙在产生、输移、搬运和堆积的过程中，伴随着泥沙灾害和泥沙利用[3]，典型的泥沙灾害包括水土流失、河岸崩塌、河道淤积、湖库淤积、泥石流等。典型的泥沙利用包括河道采砂、肥田改土、淤沙造地、淤临淤背等。在我国水（能）资源开发利用过程中，由于某些河流水少沙多、水沙关系不协调，流域内频繁而剧烈的人类活动及水沙配置的不合理性，加剧了我国江河流域水土流失严重、洪涝灾害、河道萎缩、河流功能衰退、生态环境不断恶化等重要问题，严重威胁着河流的健康发展。

以20世纪的长江和黄河为例[4]，长江大通站1950～2000年多年平均输沙量达4.33亿t，长江泥沙塑造了肥沃的长江中下游平原和两湖平原，但随着长江流域的开发利用（水利工程和湖泊围垦等），泥沙淤积导致中游河道和洞庭湖湖区进一步萎缩，使得一般洪水就引起荆江河段防洪紧张，形成流量小、水位高、危害重、损失大的局面，并呈逐年加重的趋势[5]。黄河是世界上罕见的多沙河流，输沙量和含沙量居世界大江大河的首位，潼关站1950～2000年多年平均输沙量高达11.85亿t，在历史上，泥沙使黄河下游河道不断处于河口延伸—河床抬高—决口—改道—再抬高—再决堤的循环中，决口改道塑造出约20万km²的华北大平原[6]，给人类创造了优越的居住条件；同时黄河泥沙也给人类带来了严重的灾害，黄河下游堤防工程巩固后，河床不断淤积抬高，使得黄河下游成为世界闻名的悬河，特别是20世纪80年代中期至2000年前后，黄河下游主槽淤积萎缩，"二级悬河"迅速发展，小水即漫滩成灾，黄河下游河道防洪形势严峻[7]。

新中国成立以来，我国政府十分重视流域水土流失治理、水资源开发管理和防洪安全工作，在河流上修建了大量的水利枢纽工程，同时流域内采取了大量的水土保持措施，不仅调控了江河径流过程，而且还使得江河输沙量显著减少[4]。我国主要河流代表站总输沙量从20世纪50年代的25.71亿t减至20世纪80年代的13.76亿t，21世纪前10年减为5.78亿t，2010～2020年仅为3.83亿t。其中，黄河潼关站年输沙量从20世纪50年代的17.3亿t减少至21世纪前10年的3.12亿t，2010～2020年为1.88亿t，2014年仅为

0.69 亿 t；长江大通站年输沙量从 20 世纪 50 年代的 4.87 亿 t 减至 21 世纪前 10 年的 1.93 亿 t，2010～2020 年为 1.31 亿 t；长江干流年输沙量大幅度减少，三峡水库入库站（朱沱站、北碚站和武隆站之和）和宜昌站年平均输沙量从 2003 年前的 4.55 亿 t 和 4.92 亿 t 减至 2003 年后的 1.43 亿 t 和 0.36 亿 t，减小幅度分别为 68.6% 和 92.7%。江河泥沙量如此大幅度地减少，不仅直接引起河流地貌形态与河床冲淤演变的变化，而且将会改变河流泥沙的作用，使得泥沙的资源性得到加强。

1.2 泥沙资源化及配置的重要性

1.2.1 流域泥沙资源化与配置

随着社会的不断发展和人民生活水平的显著提高，对于资源和环境的要求越来越高，流域内的泥沙灾害和泥沙利用对社会经济发展的影响越来越突出，而且与人民的生活有密切的联系。泥沙既具有灾害性，也具有一定的资源性，在一定条件下两者可以相互转化[3]。传统上将泥沙作为灾害来考虑，泥沙灾害不仅会直接造成严重的经济损失，而且人们为防止泥沙灾害也付出了巨大的代价。在技术发达且泥沙资源量减少的社会状况下，通过采取一定措施对泥沙进行资源化及有效利用，把流域产生的大量泥沙转化为人类的巨大财富，实现泥沙的资源化和优化配置[8-21]，使得泥沙资源在国民经济建设中逐渐发挥一定的作用，并在河道防洪、建筑材料、生态环保等方面得到广泛应用[15-18]，如黄河下游的淤临淤背和建筑材料，长江中上游的河道采砂等。水流和泥沙在运动过程中是不可分割的两个方面，既有其独立性，可以单独进行配置，又是相互制约和相互影响的，水沙的联合配置更具有科学合理性。关于水资源优化配置的研究起始于 20 世纪 60 年代，就宏观水资源的配置进行了深入的研究，目前已经形成了一套相对完善的水资源合理配置的理论体系。流域泥沙的产生、输移、搬运及堆积过程就是泥沙再分配的不同阶段，在泥沙再分配（配置）过程中，人类活动和水流运动发挥了重要作用。通过泥沙资源化的研究、开发和应用，结合水沙运动特性，采取工程和非工程措施进行流域泥沙优化配置，使得泥沙变害为利，但目前泥沙利用和配置的范围和数量仍有发展的空间。实际上，鉴于水流和泥沙之间的复杂制约关系，在流域径流和泥沙资源的配置过程中，关于流域水沙资源联合配置的研究仍然是不够的，仍有很多问题需要深入研究，特别需要探讨水沙联合配置的原则和模式。无论是流域泥沙资源化及优化配置，还是流域水沙资源联合配置，都是通过工程和非工程措施实现流域泥沙资源的优化配置，促进流域水沙灾害的有效控制和江河的有效治理，对促进社会经济的发展具有重要的意义。鉴于流域水沙资源优化配置的复杂性，本书主要开展流域泥沙资源化和优化配置的研究[15,16]。

1.2.2 灌区泥沙配置

引水分流是流域水资源配置的重要技术措施，引水灌溉是流域水资源利用的重要内容和形式。对于引水灌溉，一方面，从河道引取大量的水流供农业灌溉，多沙河流引水的同时将会引取大量的泥沙，会造成灌区渠系大量的泥沙淤积，直接影响灌区灌溉效益的正常发挥[11,22]；另一方面，河道引水分沙后，会改变下游河道的水沙变化，引起河道冲淤演变[23-25]。在我国北方河流中，许多河流为多沙河流，比如黄河及其支流、永定河、辽河等，其水沙情势为水少沙多，水沙不协调，使得灌区引水的同时也引入了大量的泥沙，造成渠系泥沙淤积严重，渠系过流能力降低，影响灌溉效益的正常发挥；同时，灌区泥沙处理或渠道清淤不仅增加灌区的经济负担，而且大量清淤泥沙的集中堆放（特别是在渠首位置）会造成渠道附近土地沙化，对灌区农业生态环境产生重要的影响[11,26-31]。

黄河下游水少沙多，花园口站多年平均实测年径流量和年输沙量分别为369.8亿 m^3 和7.92亿 t。河南、山东两省是我国水资源比较贫乏的省份，黄河是华北地区最重要的水源之一，黄河下游引黄事业发展十分迅速。但是，由于黄河流域降水条件的变化及人类活动的影响，特别是黄河小浪底水库运用以来，进入黄河下游的径流量和输沙量过程发生变化，水沙量减少趋势明显[4,26]。如花园口站年径流量和输沙量分别从20世纪50年代的485.7亿 m^3 和15.6亿 t 减少至2000～2020年的278.0亿 m^3 和1.2亿 t。黄河下游的水沙态势改变了引黄灌区的引水环境，对引黄灌区引水引沙产生一定的影响[4,29]。

黄河下游引黄灌区范围涉及河南、山东两省20个地市、107个市县，总设计引水能力达3363.5 m^3/s，建成万亩（1亩 ≈ 666.7 m^2）以上灌区共96处，总设计灌溉面积为305万 hm^2，实灌面积为186万 hm^2，灌区已初步形成配套相对完善的农田灌排水利体系[11]。在不同的发展阶段，引黄灌溉的发展重点与引水引沙规模都有很大的不同[4,11,30]。1958～2020年（1962～1965年停灌）间黄河下游引水量共计5144亿 m^3，年平均引水量为81.79亿 m^3，占花园口站同期年均径流量的23.92%；1958～2020年黄河下游引沙总量为64.10亿 t，年平均引沙量为1.09亿 t，占花园口站同期年均输沙量的15.33%。对于如此大量的引沙量，特别是小浪底水库运用之前，造成引黄灌区渠道泥沙淤积严重，据小浪底水库蓄水运用前的引黄灌区统计[11,30]，引黄泥沙主要淤积在沉沙池及排灌渠系中，约占引黄泥沙总量的77.10%，其中淤积在沉沙池和干渠的泥沙约占总引沙量的50%以上。实际上，引黄灌区的沉沙区（含放淤区）和骨干渠道一般分布在黄河大堤15km宽的范围内，即表明一半以上的引黄泥沙集中淤沉在这一区域，这样的泥沙分布将会给引黄灌区带来一系列问题，特别是采用"以挖代沉"集中处理泥沙的灌区，泥沙集中处理引起的渠首沙化、堆沙场地殆尽、生态环境恶化、排水河道淤积等问题越来越突出，引黄泥沙已成为引黄灌区灌溉事业发展的制约因素，需要引起足够重视。无论从引黄泥沙科学处理还是从资源合理配置的角度来看，这样的泥沙分布结果并不理想，需要开展优化配置。

1.2.3　水库泥沙资源化与配置

为了充分开发水（能）资源，在河流上修建大量的水库，据中国水利统计年鉴2020年资料显示[32]，截至2019年底，中国共建有各类水库共98 112座，总库容达8983亿 m^3。水库是拦洪蓄水和调节水流的水工建筑物，可用于发电、防洪、灌溉、航运等功能服务。河流上修建大量的水库将会拦截上游河道的来沙量，造成库区泥沙淤积，如小浪底水库自

1997 年截流以来至 2020 年，库区淤积泥沙达 32.321 亿 m³，占总库容的 25.55%[33]；三峡水库 2003 年蓄水运用至 2020 年，库区泥沙淤积量为 19.8 亿 t，占水库来沙量和总库容的 76.00% 和 5.04%；截至 1997 年，官厅水库泥沙淤积为 6.51 亿 m³，库容损失达 91.50%[34]；碧口水库自 1975 年蓄水至 1996 年汛前，泥沙淤积占总库容的 52.00%[35]。显然，水库泥沙淤积储存了大量的泥沙，一方面这些泥沙减少了水库库容，缩短水库的使用寿命，影响水库效益的正常发挥；另一方面，坝前淤积将影响水利枢纽的安全运行，变动回水区河床淤积抬升将影响河道行洪、通航以及岸线利用等，同时也会产生一系列生态环境问题，如土地淹没、盐碱化等。

随着我国经济的快速发展，基础建设和吹填造地日趋得到重视，使得泥沙需求量大幅增加，全国近期仅建筑砂石骨料需求量达 100 亿 t 以上，在很多河流上都开展了大量的河道采砂工作，很多河流都处于超采状态，特别是南方河流，如长江、珠江等。2018 年长江干流实际允许完成采砂量约 1301 万 t，疏浚泥沙利用量约 8900 万 t，如若考虑无序采砂，实际采砂量更大，甚至超过河道来沙量[4]。目前我国主要河流输沙量大幅度减少与泥沙需求显著增加形成尖锐的供需矛盾，进一步加剧了河道采砂的无序现象，大量的河道采砂和泥沙疏浚将对河道防洪、航运、生态环境等产生不利影响。针对我国水库泥沙淤积的严重状况和泥沙需求日益增加的特点，深入开展水库"有害"淤积泥沙的资源化与优化配置问题研究是非常重要的[35,36]。

1.3　泥沙资源化及配置研究

1.3.1　流域泥沙

流域水沙优化配置（调控）的概念是逐渐发展起来的。1978 年，钱宁等在水沙灾害严重的黄河流域提出通过水库调水调沙改造黄河下游河道的思路，利用上游水库拦沙库容合理拦沙，拦粗排细，减少下游淤积；合理调水调沙技术，运用人造洪峰，提高河道输沙能力，创造漫滩机会，改善泥沙淤积部位[37]。在黄河治理开发过程中，始终把泥沙处理放在突出位置，经过长时期的探索，人们认识到解决泥沙问题的艰巨性、复杂性与长期性，必须采用多种措施来综合处理和利用黄河的泥沙，并逐步形成了采用"拦、排、调、放、挖"等措施综合处理和利用泥沙的方略[38,39]。

20 世纪 80 年代中期以来，进入黄河下游的水沙量大幅减少，水沙过程发生了质的变化，使得下游河槽淤积萎缩，"二级悬河"迅速发展，防洪形势日趋严峻，泥沙处理负担沉重，这一状况已成为新形势下黄河治理的关键问题之一。为了实现黄河"堤防不决口，河道不断流，水质不超标，河床不抬高"的目标[40]，将通过多条途径（水土保持、跨流域调水、水资源统一管理、水沙调控体系建设、下游河道及河口综合治理等）解决黄河"水少沙多"和"水沙不平衡"的问题，促进以黄河为中心的河流生态系统良性发展。到目前为止，在黄河流域及中上游河道上修建了大量的水利工程（淤地坝、水库、引水工程等），其主要目的之一是通过水利工程的拦水拦沙和调水调沙建立全河的水沙调控体系，使得泥沙在流域、水库、河道、滩区、灌区与河口等区域内有一个合理的分配，达到黄河泥沙的空间优化配置，有效控制和解决黄河下游河道淤积萎缩、"二级悬河"发展、功能性断流、河口退蚀等问题。特别是小浪底水库调水调沙的运用[41,42]，通过小浪底水库调控出库水沙过程，将进入黄河下游河道不平衡的水沙关系调节为协调的水沙关系，减轻黄河下游河道的淤积问题，改善下游河槽的萎缩状况。胡春宏等对黄河干流泥沙空间优化配置进行了初步研究[43]，构建了黄河泥沙空间优化配置的总体框架，确定了黄河泥沙配置的总目标、子目标、评价指标、配置方式和配置单元，提出了未来黄河干流泥沙的配置模式及相应的基本配置方案，并计算了优化配置方案。

通常人们比较注重洪水灾害和水资源利用，关于水资源优化配置的研究起步较早，研究成果也较为丰富[44-49]。美国科罗拉多数所大学于 1960 年开始对计划需水量的估算及满足未来蓄水量的途径进行过研讨[44]；荷兰学者 Robin 和 Taiga 于 1982 年在综合考虑水的多功能性和多种利益关系的基础上[45]，建立了水资源的多层次配置模型，使水资源配置有了进一步的发展；Wong 和 Sun[46]在 1997 年提出了支持地表水、地下水联合运用的多目标多阶段优化管理的原理方法，达到地下水、当地地表水、外调水等多种水源的联合运用要求。王浩、甘泓等就流域水资源合理配置进行了研究[47,48]，形成了一套相对完善的配置理论和技术[49]，水资源系统的规划和运行问题，其最终目标都是求解模型得到一个最优或拟最优的规划方案或运行方案。

关于流域泥沙资源化及优化配置，主要是结合流域泥沙灾害和利用的状况逐渐开展的。国外的泥沙利用和实践包括巴西的挖泥造地[50]、美国圣地亚哥的河口恢复治理[51]、美国密西西比河的浑水灌溉[52]以及埃及尼罗河的引洪改沙[53]等，具体而言，英国学者 Peart 和 Walling 利用直接和间接两种方法，分析位于德文郡河流不同水位、季节的泥沙资源中碳、磷、氮等元素的比例[54]，为泥沙资源的不同应用提供依据。Knight 等学者[55]把泥沙作为一种风景资源，通过北爱尔兰泥沙资源的空间分配，进行造园工程和实施管理策略等。Demissie 在研究美国伊利诺伊州河流的冲刷和淤积特点，通过综合管理分配泥沙资源，达到利用泥沙资源治理河流冲刷的目的[56]。另外，通过美国南加州湿地的研究发现，河流泥沙对湿地塑造发挥了重要作用[57,58]，每年洪水和多年一遇大洪水的大面积淹没后发生泥沙淤积，泥沙淤积不仅有利于湿地塑造，而且对防止少数生物的绝对优势、保持生物种群多样性方面有着重要影响。国内最早的泥沙利用可追溯到我国黄河流域的引洪淤灌及南方河流的采砂利用，近期包括黄河下游淤改稻改、泥沙造地、淤临淤背等[9-12,14,15]和长江流域建筑用砂、吹填造地、疏浚泥沙利用等。结合黄河下游在泥沙利用方面取得的丰富经验，在国家"八五"攻关过程中针对黄河下游的泥沙综合利用进行了专题研究，重点研究了黄河泥沙淤筑相对地下河及引黄灌区泥沙的处理与利用[11,59]，该研究仍然局限于经验总结和技术应用方面。蔡明理通过分析黄河口三角洲水沙资源的实际情况，认为水沙资源综合利用是该地区可持续发展的关键问题[60]。在世界范围内，虽然有大量流域泥沙利用的研究和实践，但这些泥沙利用仅局限于小范围、某个行业或局部利益上，其数量仍有很大发展空间。

关于流域泥沙资源化和优化配置的理论研究主要是从 20 世纪末和 21 世纪初开始的，逐渐在流域泥沙资源优化配置理论和模型方面取得重要成果。胡春宏、王延贵、陈绪坚[13,15,16,61]通过开展流域泥沙资源化、水沙资源优化配置的理论和模型研究，提出在江河治理中将泥沙作为一种资源与水资源联合优化配置和综合利用，水资源的统一调控必须与泥沙的统一调控相结合，特别是在多沙河流更需如此；李义天等及王延贵和胡春宏[8,15]通过分析流域泥沙资源化的必要性与可行性，提出了泥沙资源化途径与开发措施；田园[62]提出黄河下游水沙资源综合利用与河道治理相结合，把黄河下游引黄工程分为汛期引黄工程与非汛期引黄工程两套系统；刘培斌等[63]提出黄河下游河南段有多处引黄灌区，在工程上可构成一个系统，把各灌区引水、配水与黄河大堤加固、淤临淤背纳入统一计划，实行统一调度。清水灌溉、泥沙放淤（筑堤）将开辟黄河下游水沙资源综合利用的新途径；胡春宏、王延贵等结合永定河官厅水库上游流域水沙分布特点，提出了上游拦沙（水土保持和水库拦沙）、中游用沙（水沙综合利用和优化配置）、库区治沙（挖泥疏浚）和下游排沙用沙等内容的流域水沙综合治理措施[34,64]；进而就流域泥沙资源化及优化配置的理论进行了研究，并取得了一定的研究成果[15,16]。

目前，水沙联合优化配置数学模型主要集中于研究国内外水库水沙联合调度运用问题，尚不能计算流域面的水沙资源优化配置。张玉新和冯尚友运用多目标规划的思想方法，以计算期内累计发电量最大和库区泥沙淤积量最少为目标，建立了水沙联调多目标动态规划模型[65]；杜殿勛和朱厚生以下游河道淤积量为基本目标，考虑发电、灌溉、供水和潼关河床高程影响，建立了水库水沙联调随机动态规划模型，研究了三门峡水库的水沙综合调节优化调度运用[66]；刘素一针对水库汛期排沙与发电之间的矛盾，采用水库冲淤计算与水库调度交替的方法对水库排沙进行了优化计算[67]；彭杨等以水库防洪、发电及航运调度计算为基础，采用多目标理论和方法，提出了水库水沙联合调度的多目标决策模型及其求解方法，并将该方法运用于三峡水库蓄水时机调度问题[68]；廖义伟提出要对黄河进行水库群水沙资源化联合调度管理的理念和水沙一体化、"科学拦蓄、调排有序、挖放结合、分滞兼顾"的调度管理思想[69]；孙昭华针对水库下游水沙调控优化河道冲淤分布的设想，提出将优化理论与水沙数学模型相结合，以水库运行、水沙运动及河床变形方程为约束条件构造非线性动态规划模型的构想[72]。国外也对水库水沙联合调度运用问题进行了类似的研究[70,71]。对于流域面上的水沙资源总量优化配置，仅在理论概念上提出水沙资源联合优化配置，真正意义上的水沙资源联合优化配置尚在起步阶段，需要深入探讨流域水沙资源联合优化配置的基础理论，建立相应的理论体系和水沙资源联合优化配置数学模型。

1.3.2 区域泥沙

引黄灌区的泥沙资源化及优化配置研究过程与灌区泥沙的灾害性和资源性密不可分，随着灌区发展的需要逐渐开展。1980 年以前的引黄灌溉发展迅速，引水和灌溉规模不断扩大，其间进行了一些放淤改土、引洪淤灌的实践与研究，但引水与灌溉属于粗放的管理模式，多引漫灌的灌溉模式，导致灌区大面积的盐碱化。1980 年以后引黄灌区的泥沙资源化及优化配置进入科学研究与发展阶段，就泥沙处理、灌溉模式等问题开始研究，重点研究取水防沙技术和沉沙池的沉沙技术；进入 20 世纪 90 年代后，科学引黄灌溉及农业发展受到国家的高度重视，"七五"期间开展了黄淮海平原农业开发水利示范工程项目[73,74]，其目的是通过水沙综合利用（淤改和稻改）与泥沙处理促使灌区粮食增产；"八五"期间进行了国家科技攻关项目"引黄渠系泥沙利用及对平原排水影响的研究"，提出了黄河下游引黄泥沙的平面分布，总结了引黄泥沙处理与利用的经验，探讨了渠系泥沙运动规律，建立了灌区泥沙冲淤模型[11,30]。2000 年后引黄灌区的泥沙资源化及优化配置研究进入科学配置与发展阶段，随着对流域泥沙资源化及优化配置的认识，针对引黄灌区存在的泥沙问题，开展了引黄灌区泥沙资源化及优化配置的研究工作[75-79]，建立了引黄灌区泥沙优化配置的理论框架和配置技术，给出了引黄灌区泥沙优化配置的方案。

　　针对引黄灌区泥沙资源化和水沙资源优化配置问题，21 世纪初已有许多学者开始了相关研究，并取得初步成果。王艳华以泥沙资源优化配置为重点，通过层次分析法、改进的层次分析法和改进权重确定方案的层次分析法，分别构造了水沙资源优化配置综合目标函数，进而求解典型引黄灌区的泥沙配置方案，并进行评价[75]。周宗军在分析引黄灌区渠首集中处理泥沙模式的基础上，提出和探讨了引黄灌区泥沙远距离分散配置的模式[76]，即实现灌区泥沙资源从点、线到面的转移，从而使泥沙灾害在影响范围和时间上降到最低，以实现灌区泥沙资源的优化配置，此外，也进对黄河下游河南段、山东段及河口段引黄灌区的泥沙优化配置方案进行了探讨；结合国家自然科学基金项目"我国北方河流灌区水沙资源优化配置模式的研究"，王延贵等就引黄灌区泥沙配置模式进行了深入研究[77,78]，提出了引黄灌区泥沙分布评价指标和三种泥沙配置模式，论证了灌区远距离分散泥沙配置模式是一种较优的配置模式，并应用于典型灌区；史红玲就引黄灌区不同水沙调控模式、水沙配置能力指标、水沙资源优化配置模型及配置措施等进行了深入研究[79]。

　　很多学者围绕水库泥沙的致灾性开展了大量的研究，并提出了相应的对策与措施减轻泥沙灾害[80-83]。随着经济的发展，人们逐渐认识到泥沙作为一种自然资源具有经济和社会价值，王延贵和胡春宏指出泥沙是一种特殊的自然资源，并提出了泥沙资源化的目标与途径[3,9,15]。在水库泥沙资源化方面，王萍和郑光和根据小浪底水库泥沙淤积的特点分析了泥沙资源化利用的方向[84]；江会昌等建立 BOT 模式研究三峡水库库区泥沙淤积问题[85]；江恩惠等针对多沙河流和少沙河流的特征，提出了不同水库泥沙资源化利用模式[86]；王立华等研究了水库淤积物的建材化利用，并对其社会、生态和经济效益进行分析[87]；陈吟等结合水库泥沙淤积的特征，就水库泥沙的资源化原理和实现途径进行了探讨[35]。挪威的斯托尔通过研究水库内的水资源和泥沙资源，结合水力发电，把水库泥沙转化为建筑材料[88]。为了更好地利用水库泥沙，使其变害为利，达到泥沙资源化的目的，深入研究水库泥沙资源化问题非常重要。因此，本书在分析水库泥沙的基本属性与主要特征的基础上，探讨了水库泥沙资源化的可行性与目标，总结了水库泥沙资源化的途径，以期为水库泥沙资源化的实施提供参考。

参 考 文 献

[1] 水利电力部水文局. 中国水资源评价 [M]. 北京：水利电力出版社，1987.

[2] 邢大韦，张玉芳，粟晓玲，等. 中国多沙性河流的洪水灾害及其防御对策 [J]. 西北水资源与水工程，1998，9（2）：1-8，24.

［3］王延贵，胡春宏．流域泥沙灾害与泥沙资源性的研究［J］．泥沙研究，2006（2）：65-71．

［4］王延贵，史红玲，陈吟，等．中国主要河流水沙态势变化及其影响［M］．北京：科学出版社，2023．

［5］李义天，邓金运，孙昭华，等．河流水沙灾害及其防治［M］．武汉：武汉大学出版社，2004．

［6］景可，李凤新．泥沙灾害类型及成因机制分析［J］．泥沙研究，1999（1）：12-17．

［7］高季章，胡春宏，陈绪坚．论黄河下游河道的改造与"二级悬河"的治理［J］．中国水利水电科学研究院学报，2004，2（1）：8-18．

［8］李义天，孙昭华，邓金运，等．河流泥沙的资源化与开发利用［J］．科技导报，2002，20（2）：57-61．

［9］王延贵，胡春宏．引黄灌区水沙综合利用及渠首治理［J］．泥沙研究，2000（2）：39-43．

［10］赵文林．黄河泥沙［M］．郑州：黄河水利出版社，1996．

［11］蒋如琴，彭润泽，黄永健，等．引黄渠系泥沙利用［M］．郑州：黄河水利出版社，1998．

［12］张启舜．泥沙淤积与保护湿地及生物多样性［J］．中国水利，2000（8）：67-68．

［13］胡春宏．我国江河治理与泥沙研究展望［J］．水利水电技术，2001，32（1）：50-52．

［14］李泽刚．黄河口治理与水沙资源综合利用［J］．人民黄河，2001，23（2）：32-34．

［15］王延贵，胡春宏．流域泥沙的资源化及其实现途径．水利学报，2006，37（1）：21-27．

［16］胡春宏，王延贵，陈绪坚．流域泥沙资源优化配置关键技术的探讨［J］．水利学报，2005，36（12）：1405-1413．

［17］王军，姚仕明，周银军．我国河流泥沙资源利用的发展与展望［J］．泥沙研究，2019，44（1）：73-80．

［18］汪欣林，马鑫，梅锐锋，等．泥沙资源化利用技术研究进展［J］．化工矿物与加工，2021，50（4）：36-44．

［19］胡春宏，王延贵．流域水沙资源配置的调控技术与措施［J］．水利水电技术，2009，40（8）：55-60．

［20］赵德招，刘杰，张俊勇，等．新情势下长江口泥沙资源的供需关系及优化配置初探［J］．泥沙研究，2011（6）：69-74．

［21］曹永潇．黄河下游泥沙资源利用与管理研究［J］．价值工程，2015，34（24）：11-13．

［22］王延贵，李希霞，王冰伟．典型引黄灌区泥沙运动及泥沙淤积成因［J］．水利学报，1997，28（7）：13-18，36．

［23］王延贵．长久分流后下游河道诸因素变化［M］//水利水电科学院．水利水电科学研究院科学研究论文集：第33卷．北京：水利电力出版社，1990．

［24］胡茂银，李义天，朱博渊，等．荆江三口分流分沙变化对干流河道冲淤的影响［J］．泥沙研究，2016（4）：68-73．

［25］王延贵，尹学良．分流淤积的理论分析及其计算［J］．泥沙研究，1989（4）：60-66．

［26］王延贵，胡春宏，史红玲．黄河流域水沙资源量变化及其对泥沙资源化的影响［J］．中国水利水电科学研究院学报，2010，8（4）：237-245．

［27］王延贵，李希霞，刘和祥．典型灌区引黄对环境的影响［J］．水利水电技术，1997，28（11）：37-40．

［28］李东阳．引黄灌区泥沙淤积对生态环境的影响及对策分析［J］．能源与环保，2021，43（11）：9-16．

［29］国际泥沙研究培训中心．黄淮海平原灌区泥沙灾害综合治理的关键技术［R］．北京：中国水利水电科学研究院，2008．

［30］中国水科院等. 引黄渠系泥沙利用及对平原排水影响的研究［R］. 北京：中国水利水电科学研究院，1995.

［31］毛潭，张勇杰，张广涛，等. 引黄灌区泥沙处理与利用技术发展现状及分析［J］. 科技视界，2016，（10）：65，120.

［32］中华人民共和国水利部. 中国水利统计年鉴 2020［M］. 北京：中国水利水电出版社，2020.

［33］中华人民共和国水利部. 中国河流泥沙公报 2020［M］. 北京：中国水利水电出版社，2021.

［34］胡春宏，王延贵，张世奇，等. 官厅水库泥沙淤积与水沙调控［M］. 北京：中国水利水电出版社，2003.

［35］陈吟，王延贵，陈康. 水库泥沙的资源化原理及其实现途径［J］. 水力发电学报，2018，37（7）：29-38.

［36］王先甲，秦颖，杨文俊，等. 湖库泥沙资源化多目标优化配置研究综述［J］. 长江流域资源与环境，2019，28（2）：333-348.

［37］钱宁，张仁，赵业安，等. 从黄河下游的河床演变规律来看河道治理中的调水调沙问题［J］. 地理学报，1978，33（1）：13-24.

［38］赵业安. 21 世纪黄河泥沙处理的基本思路和对策［E］. 国际泥沙信息网. 2004.

［39］齐璞. 21 世纪黄河下游河道治理主攻方向［E］. 国际泥沙信息网. 2004.

［40］李国英. 黄河治理的终极目标是"维持黄河健康生命"［J］. 人民黄河，2004，26（1）：1-2.

［41］李国英. 黄河调水调沙［J］. 人民黄河，2002，24（11）：1-4.

［42］廖义伟，赵咸榕. 2003 年黄河调水调沙试验［J］. 人民黄河，2003，25（11）：25-26.

［43］胡春宏，安催花，陈建国，等. 黄河泥沙优化配置［M］. 北京：科学出版社，2012.

［44］Bmus N. 水资源科学分配［M］. 戴国瑞，冯尚有，等译. 北京：水利电力出版社，1953.

［45］Robin E，Taiga M. Allocation of Water resource（Proceedings of the Enter symposium），1982：135.

［46］Wong H S，Sun N Z. Optimization of conjunctive llse of surface water and groundwater with water quality constraints［C］. Proceedings of the Annual Water Resources Planning and Management Conferemce. 1997.

［47］王浩，王建华，秦大庸. 流域水资源合理配置的研究进展与发展方向［J］. 水科学进展，2004，15（1）：123-128.

［48］甘泓，李令跃，尹明万. 水资源合理配置浅析［J］. 中国水利，2000（4）：20-23，4.

［49］叶秉如. 水资源系统优化规划和调度［M］. 北京：中国水利水电出版社，2001.

［50］Almeida M S S，Borma L S，Barbosa M C. Land disposal of river and lagoon dredged sediments［J］. Engineering Geology，2001，60（1/2/3/4）：21-30.

［51］Chang H H，Pearson D，Tanious S. Lagoon restoration near ephemeral river mouth［J］. Journal of Waterway，Port，Coastal，and Ocean Engineering，2002，128（2）：79-87.

［52］Kesel R H. Human modifications to the sediment regime of the Lower Mississippi River flood plain［J］. Geomorphology，2003，56（3/4）：325-334.

［53］Grasser M M，Gamal F E. Aswan High Dam：lessons learnt and on-going research［J］. Water Power & Dam Construction，1994，（1）：35-39.

［54］Peart M R，Walling D E. Techniques for establishing suspended sediment souces in tow drainage basins in Devon，UK：a comparative assessment Sediment Budgets［J］. IAHS Publication. 1988（174）：269-279.

［55］Knight J，McCarron S G，McCabe A M，et al. Sand and gravel aggregate resource management and conservation in Northern Ireland［J］. Journal of Environmental Management，1999，56（3）：195-207.

［56］Demissie M. Erosion and sediment management strategies for the Illinois River［J］. International Journal of

Sediment Research, 1999, 14（2）：51-57.

[57] Zedler J B. Freshwater impacts in normally hypersaline marshes［J］. Estuaries, 1983, 6（4）：346-355.

[58] 王兆印. 泥沙研究的发展趋势和新课题［J］. 地理学报, 1998, 53（3）：245-255.

[59] 洪尚池, 张永昌, 温善章, 等. 结合引黄供水沉沙淤筑相对地下河的研究［M］. 郑州：黄河水利出版社, 1998.

[60] 蔡明理. 黄河河口三角洲水沙资源综合利用初探［J］. 地理学与国土研究, 1995, 11（3）：41-46.

[61] 陈绪坚. 流域水沙资源优化配置理论和数学模型［D］. 北京：中国水利水电科学研究院, 2005.

[62] 田园. 南水北调工程与黄河水沙资源综合利用［J］. 科技导报, 1996, 14（2）：23-26.

[63] 刘培斌, 徐建新, 何书会. 引黄灌区水沙资源综合利用的研究［J］. 华北水利水电学院学报, 1996, 17（4）：15-20.

[64] 胡春宏, 王延贵. 官厅水库流域水沙优化配置与综合治理措施研究［J］. 泥沙研究, 2004（2）：11-26.

[65] 张玉新, 冯尚友. 水库水沙联调的多目标规划模型及其应用研究［J］. 水利学报, 1988, 19（9）：19-26.

[66] 杜殿勖, 朱厚生. 三门峡水库水沙综合调节优化调度运用的研究［J］. 水力发电学报, 1992, 11（2）：12-23.

[67] 刘素一. 水库水沙优化调度的研究与应用［D］. 武汉：武汉水利电力大学, 1995.

[68] 彭杨, 李义天, 张红武. 水库水沙联合调度多目标决策模型［J］. 水利学报, 2004, 35（4）：1-7.

[69] 廖义伟. 黄河水库群水沙资源化联合调度管理的若干思考［J］. 中国水利水电科学研究院学报 2004, 2（1）：1-7.

[70] Carriaga C C, Mays L W. Optimization modeling for sedimentation in alluvial rivers［J］. Journal of Water Resources Planning and Management, 1995, 121（3）：251-259.

[71] Nicklow J W, Mays L W. Optimal control of reservoir releases to minimize sedimentation in rivers and reservoirs［J］. Journal of the American Water Resources Association. 2001, 37（1）：197-211.

[72] 孙昭华. 水沙变异条件下河流系统调整机理及其功能维持初步研究［D］. 武汉：武汉大学, 2004.

[73] 中国水科院. 山东邹平县胡楼引黄灌区水沙综合利用［R］. 1990.

[74] 中国水科院. 山东惠民地区簸箕李灌区渠首泥沙综合治理［R］. 1990.

[75] 王艳华. 引黄灌区水沙资源优化配置［D］. 北京：中国水利水电科学研究院, 2007.

[76] 周宗军. 引黄灌区泥沙远距离分散配置模式及其应用［D］. 北京：中国水利水电科学研究院, 2008.

[77] 王延贵, 胡春宏, 周宗军. 引黄灌区泥沙远距离分散配置模式及其评价指标［J］. 水利学报, 2010, 41（7）：764-770.

[78] 周宗军, 王延贵. 引黄灌区泥沙资源优化配置模型及应用［J］. 水利学报, 2010, 41（9）：1018-1023.

[79] 史红玲. 黄河下游引黄灌区水沙调控模式与优化配置研究［D］. 北京：中国水利水电科学研究院, 2014.

[80] 韩其为, 杨小庆. 我国水库泥沙淤积研究综述［J］. 中国水利水电科学研究院学报, 2003, 1（3）：169-178.

[81] 谢金明, 吴保生, 毛继新, 等. 泥沙淤积对水库影响的评估模型研究［J］. 水力发电学报, 2012, 31（6）：137-142.

[82] 董秀斌，侍克斌，夏新利，等．克孜尔水库泥沙淤积及减淤措施研究［J］．水利科技与经济，2014，20（8）：1-4.

[83] 曹慧群，李青云，黄茁，等．我国水库淤积防治方法及效果综述［J］．水力发电学报，2013，32（6）：183-189.

[84] 王萍，郑光和．小浪底库区泥沙资源化利用研究［C］//水利部黄河水利委员会．黄河小浪底水库泥沙处理关键技术及装备研讨会文集．郑州：黄河水利出版社，2006.

[85] 江会昌，林木松，赵彦波，等．水库泥沙的资源化利用初探［J］．人民长江，2012，43（S1）：85-86.

[86] 江恩惠，曹永涛，李军华．水库泥沙资源利用与河流健康［C］//中国大坝协会．中国大坝协会2012学术年会论文集，郑州：黄河水利出版社．2012.

[87] 王立华，赖冠文，刘佳．水库淤积物建材化利用的效益研究［J］．广东水利电力职业技术学院学报，2016，14（1）：5-8.

[88] 斯托尔 H．水库中的水资源和泥沙资源［J］．刘东译．水利水电快报，1994（3）：13-16.

第2章 | 流域泥沙资源性与资源化

由于受人类活动频繁、植被减少、气候与降雨等因素的影响，流域内产生大量的泥沙。据不完全统计[1,2]，我国主要河流代表水文站多年平均输沙量约 14.5 亿 t，其中黄河潼关站和长江大通站的多年平均年输沙量为 21.3 亿 t。长期以来，这些泥沙一方面塑造了美丽富饶的平原陆地，另一方面也给人民的生活带来了灾害。随着社会的不断发展和人民生活水平的显著提高，流域内的泥沙灾害（主要包括水库与河道淤积、泥石流、河岸崩塌等）和泥沙利用（泥沙造地、改良土地、淤临淤背等）在社会经济发展中的危害性和重要性越来越突出，而且与人民生活有密切的联系[3-6]。传统上将泥沙作为灾害来考虑，直接或间接造成数以亿计的经济损失，而且人们为防止泥沙灾害也付出了巨大的代价。但是，随着人们对社会环境需求和水沙资源认识的不断提高，流域泥沙的资源化逐渐被认识和接受，在国民经济建设中已发挥一定的作用（比如造地、淤临淤背、建筑材料）。

2.1 泥沙的基本性质

2.1.1 泥沙的矿物成分

泥沙主要来源于流域内的土壤侵蚀、风蚀及河道冲刷，其组成主要包括二氧化硅（SiO_2）、氧化铝（Al_2O_3）、氧化铁（Fe_2O_3）、氧化镁（MgO）和氧化钙（CaO），如表 2-1 所示[3,7]。虽然不同流域泥沙的化学成分有所差异，比如新港泥沙和官厅泥沙的 SiO_2 含量略高于黄河泥沙与长江泥沙，而新港泥沙和官厅泥沙的 MgO 含量则略低于黄河泥沙和长江泥沙，但各种流域泥沙的矿物组成基本上都是一致的，矿物成分 SiO_2、Al_2O_3、Fe_2O_3、MgO 和 CaO 的含量分别为 43.25%～55.92%、11.35%～16.54%、6.01%～16.26%、4.54%～11.78%、1.95%～6.78%，表明河流泥沙抗压性较强，适用于建筑材料的转化。其他如氧化钾（K_2O）、氧化钠（Na_2O）、氧化钛（TiO_2）等，均含量甚微。

表 2-1 泥沙化学成分

沙样	新港泥沙				黄河泥沙				官厅泥沙	长江泥沙
粒径/mm	0.012	0.018	0.035	0.048	0.024	0.035	0.048	0.060		
灼烧减量/%	7.89	7.21	6.55	5.68	9.68	8.77	8.54	7.59	8.49	8.25
K_2O/%	3.58	3.58	3.58	3.58	3.08	3.08	3.08	3.08	3.04	1.45
Na_2O/%	1.51	1.51	1.51	1.51	1.80	1.80	1.80	1.80	1.34	1.62
SiO_2/%	48.93	50.57	54.67	55.92	43.25	46.07	48.61	51.15	49.68	46.78

续表

沙样	新港泥沙				黄河泥沙				官厅泥沙	长江泥沙
粒径/mm	0.012	0.018	0.035	0.048	0.024	0.035	0.048	0.060		
Fe_2O_3/%	16.26	14.94	9.75	9.11	14.17	9.84	9.10	6.46	10.25	6.01
Al_2O_3/%	11.35	11.75	12.06	12.24	14.33	15.68	15.89	16.45	15.80	16.54
TiO_2/%	0.15	0.15	0.17	0.18	0.14	0.16	0.17	0.19	0.24	0.28
CaO/%	6.30	6.12	4.68	2.66	5.09	4.94	3.88	1.95	6.78	5.76
MgO/%	8.33	8.16	7.29	4.54	12.36	11.78	10.08	7.08	8.79	11.12

对于同一种泥沙，不同粒径泥沙的化学成分有所差异，粗颗粒泥沙的 SiO_2 和 Al_2O_3 含量一般略高于细颗粒泥沙，而粗颗粒泥沙的其他成分含量一般略低于细颗粒泥沙，如新港泥沙和黄河泥沙。

2.1.2 泥沙的基本属性

泥沙的资源性取决于泥沙的基本性质，其基本性质包括泥沙的离散性、群体泥沙的力学性质、吸附性、可搬运性[3,4]，如表 2-2 所示。

表 2-2 泥沙的基本性质

性质名称	性质描述
离散性	泥沙由众多大小不同的颗粒组成，粗颗粒泥沙属于散粒体，细颗粒泥沙间虽然有一定的黏结力，但仍然是可以分离的，泥沙运动与冲淤都是以颗粒形式完成的，泥沙形状各式各样
群体泥沙的力学性质	群体泥沙具有一定的承压性，一般用抗剪强度来表示。其他力学性质包括可压缩性、透水性、可塑性等
吸附性	细颗粒泥沙表面由离子圈组成，使泥沙颗粒具有一定的吸附性，可以吸附一定的有害物质或一定数量的有机质、微量元素，黄河泥沙具有一定的肥效
可搬运性	在外力的作用下，泥沙可以从一个地方搬运到另一个地方

1. 泥沙的离散性

泥沙是泥沙颗粒的集合体，由众多大小不同颗粒组成的。泥沙颗粒的大小相差十分悬殊，大至卵石，小到粘粒。泥沙颗粒较粗时，泥沙属于散粒体；当泥沙颗粒较细时，虽然细颗粒泥沙之间有一定的黏结力，但泥沙仍然可以分离的，河流泥沙运动及河床冲淤一般都是以单颗粒的形式完成的。泥沙颗粒的形状也是各式各样的，常见的砾石、卵石，外形比较圆滑，有圆球状的，有椭球状的，也有片状的，均无尖角和棱线，常见于山区河道的推移质，这种颗粒沿河底以滚动、滑动及跳跃的形式运动，碰撞时动量较大，容易磨损成较圆滑的外形；沙类和粉土类泥沙外形不规则，尖角和棱线都比较明显，常见于山区河道的冲泄质、平原河道悬沙和床沙；黏土类泥沙一般都是棱角峥嵘，外形十分复杂，其间具有一定的黏结力。

2. 群体泥沙的力学性质

群体泥沙的堆（沉）积体实际上就是一般的土石方，其组成一般用泥沙级配曲线来表示。群体泥沙具有一定的承压性，一般用抗剪强度来表示。抗剪强度符合库仑定律

$$\tau = c + \sigma \tan\theta \tag{2-1}$$

式中，τ 为土的抗剪强度（kg/cm^2）；c 为土的强度指标，称为凝聚力（kg/cm^2）；σ 为作用在剪切面上的法向应力（kg/cm^2）；θ 为土的强度指标，称为内摩擦角（°）。一般情况下，不同泥沙的承压性有很大的差异，粗颗粒群体泥沙具有较大的抗剪能力，而细颗粒群体泥沙的抗剪强度较弱。

另外，群体泥沙还具有其他与土壤类似的性质，主要包括可压缩性、透水性、可塑性等[8]。

3. 吸附性

一般细颗粒的黏土，在含有电解质的水中，由于化学作用（离解）的结果，表面总是带负电荷的离子。同时，离解出来的阳离子，则被吸引在颗粒周围，组成离子圈，使泥沙颗粒具有一定的吸附性，从而起到净化水的作用。河流沉积物中永久负电荷的存在反应了黏土矿物的影响，一般北方河流沉积物具有显著数量的永久负电荷，吸附性能强，而南方河流沉积物的永久负电荷很少，吸附性能差[9]。

以黄河水体为例，当重金属污染物进入天然水体后，它们与水体沉积物发生复杂的物理、化学界面作用，黄河沉积物由多种矿物组成，主要交换基质为黏土矿物[10]。黄河水体常年的 pH 值在 8.0 ~ 8.5，呈微碱性。在天然黄河水的 pH 范围内，Zn^{2+}、Cd^{2+} 的离子交换率都在 70% 以上，即 Zn^{2+}、Cd^{2+} 的浓度为 $1\mu g/mL$ 时，绝大部分结合于沉积物表面，这在很大程度上消除了 Zn^{2+}、Cd^{2+} 对水环境的污染，说明黄河水体本身对 Zn^{2+}、Cd^{2+} 的自净容量是相当大的。此外，水流泥沙中挟带一定数量的有机质和微量元素，对农作物生长具有促进作用。例如黄河中游的黄土，每吨含氮肥 0.8 ~ 1.5kg、磷肥 1.5kg、钾肥 20kg，约为总土重的 2%，水土流失后进入黄河下游的泥沙也含有较高的肥效，是很好的天然肥料，淤改和稻改就充分说明了这一点[11,12]。

4. 可搬运性

泥沙具有离散和颗粒性，在外力的作用下，泥沙可以从一个地方搬运到另一个地方。最典型的例子就是河流输沙过程，在水流的作用下，泥沙按照一定的规律从上游运动到下游，或者从静止到运动（即冲刷），或者从运动到静止（即淤积）。从流域泥沙产生至配置的整个过程中，泥沙在外营力的作用下被搬运与分配，有的进入大海，有的淤积在河道或湖泊，有的进入河道两岸的农田。泥沙的离散性与可搬运性为泥沙配置提供了重要的必要条件。

2.1.3 流域泥沙的主要特征

群体泥沙（资源）除了上述离散性、吸附性、抗剪强度等基本属性外，在泥沙产生、
输移、分配等过程中还具有如下主要特征：

1. 水沙不可分性

从流域泥沙的产生到输入大海或者被利用，都离不开水流的作用，水流输沙在泥沙分
配过程中发挥了重要的作用；反过来，从地表径流的产生到流入大海或被利用，都伴有泥
沙的产生、输移和分配，泥沙是地表径流能量消耗的结果，河流泥沙和水流也是河道演变
过程中的一对矛盾，泥沙运动取决于水流条件。因此，河流泥沙和水流是紧密相联系的，
且泥沙资源量与水资源量具有一定的函数关系，如图 2-1 所示[1,13,14]。河道输沙量与径流
量成正比，径流量越大，河道输沙量越多。

2. 多沙河流 "水少沙多" 的不协调性

从全国产沙分布特点来看，北方地区虽然降水量较少，但水土流失严重，其产沙量较
多，北方河流一般为多沙河流，其特点为水少沙多，河道泥沙淤积严重。以黄河花园口站
为例，1950~1999 年进入黄河下游的年径流量和年输沙量分别为 408.40 亿 m³ 和 10.74 亿 t，
平均含沙量为 26.30kg/m³，其水量仅为长江大通站同期年径流量（9046.00 亿 m³）的

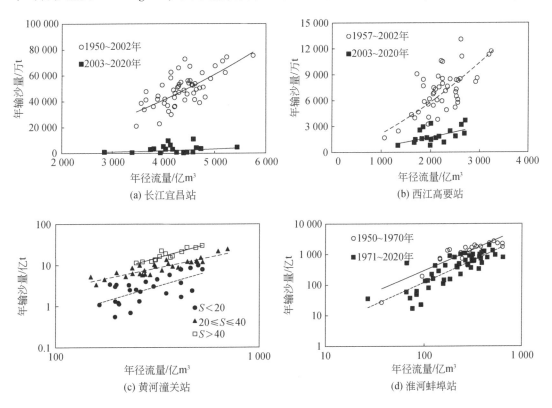

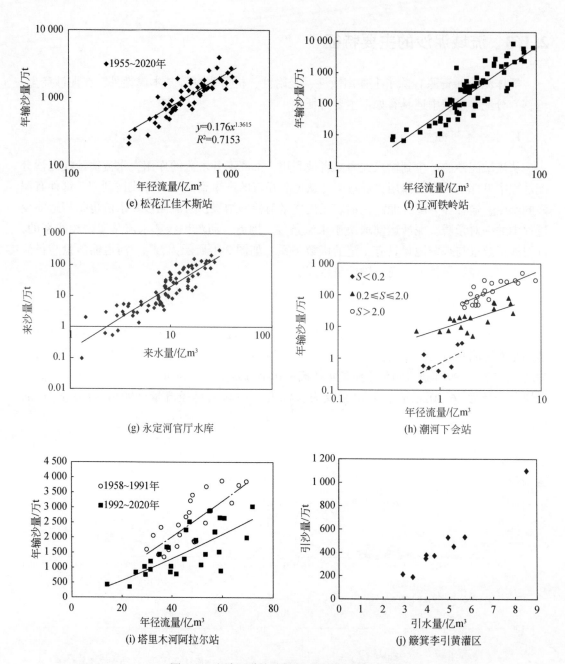

图 2-1　流域河道输沙量与径流量之间的关系

1/22，而年输沙量却是长江大通站同期年输沙量（4.43 亿 t）的 2.4 倍，使得河道泥沙淤积严重，河床抬高。永定河的情况也类似，据资料统计[13]，官厅水库平均年径流量约为 14.63 亿 m³，年输沙量为 0.59 亿 t，平均含沙量为 40.50kg/m³。

3. 水沙地域分布的不均匀性

从流域降雨量和植被的分布特点来讲，南方降雨量远大于北方地区，其平均植被情况远好于北方，结果使得南方河流的水多沙少，平均含沙量小；北方河流水少沙多，平均含沙量高。黄河与永定河都曾属于北方地区典型的多沙河流，对于南方地区的长江和珠江来说，其特点是水多沙少。截至 2020 年，长江大通站多年平均径流量为 8983 亿 m^3，年均输沙量为 3.510 亿 t，平均含沙量为 0.391kg/m^3；珠江流域的西江高要站多年平均径流量为 2186 亿 m^3，年均输沙量为 0.565 亿 t，平均含沙量为 0.258kg/m^3。

4. 水沙异源

对于多沙河流，由于流经不同的自然地理单元，其降水、植被、产沙等存在着较大的差异，径流和泥沙的来源地区不同，即水沙异源特点。以黄河为例[15,16]，从总体上看，进入黄河下游的水量主要来自上游地区，而泥沙量却基本上来自中游区。黄河上游地区的流域面积为 36.79 万 km^2，占全流域面积的 46.3%，产流量占全河径流量（花园口站多年平均径流量为 369.81 亿 m^3）的比例为 58.6%，是全河的主要产流区，而产沙量仅为黄河产沙总量（潼关站多年平均输沙量为 9.11 亿 t）的 10.8%。黄河中游的头道拐至龙门河段流域面积为 12.97 万 km^2，占整个流域面积的 16.3%，对应的产流量为 11.4%，产沙量高达 58.6%，多年平均含沙量高达 126.90kg/m^3，为全河最高地区，是全河的主要产沙区；龙门至潼关河段，流域面积为 18.46 万 km^2，产水量占全河径流量的 20.4%，产沙量却占全河产沙量的 30.5%，多年平均含沙量仅次于河口镇至龙门河段，为 36.8kg/m^3。

5. 时间分配的不均匀性

一般情况，水沙在年内和年际间的分配呈明显的不均衡，年内水沙主要发生在汛期，汛期来沙量占全年的 80%～90% 以上。据 1953～2000 年实测资料统计，永定河上游汛期（6～9 月）多年平均来水量和来沙量占全年总量的 48.53% 和 87.95%，非汛期分别为 51.47% 和 12.05%。对于黄河而言，汛期（7～10 月）水量和沙量分别占全年量的 60% 和 85%～90%，而且泥沙来量常常集中于几场暴雨洪水，如窟野河温家川站最大 5 日沙量可占全年沙量的 75% 以上。流域水沙年际间有枯水少沙年、中水中沙年、中水大沙年、大水大沙年等之分，年际之间的水量、沙量有很大的差异。图 2-2 为典型河流代表站年径流量和年输沙量的变化过程[1]，显然，这些河流年径流量和年输沙量年际间的变化幅度还是很大的，长江、黄河等典型河流最大与最小年径流量的比值分别为 2.04 和 4.68，最大与最小年输沙量的比值分别为 9.44 和 54.36。

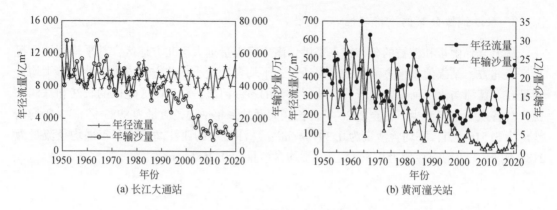

图 2-2　典型河流代表站水沙变化过程

2.2　流域泥沙的灾害性

2.2.1　泥沙灾害

所谓泥沙灾害就是由泥沙或通过泥沙诱发给其他载体，给人类的生存、生存环境和经济带来危害，这样的泥沙事件称为泥沙灾害[4,17]。目前常见的泥沙灾害包括泥沙淤积、局部冲刷、崩岸、山地灾害（泥石流、滑坡、崩塌）、粗沙淤积的土地沙化、泥沙污染等。结合泥沙灾害发生的地点、时间、过程、规模等，泥沙灾害具有时空分布的不均匀性、渐变性或突发性、群发性、转化性等特征，如图 2-3 所示[5]。

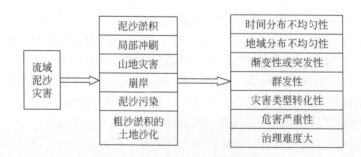

图 2-3　泥沙灾害类型及其特点

1.　泥沙淤积

从泥沙淤积发生的部位来看，泥沙淤积分为水库淤积、河道淤积、湖泊淤积、河口淤积、渠系淤积等，各种泥沙淤积引起的灾害特点参见表 2-3[4]。泥沙淤积直接造成水库和湖泊容积损失，河道河床（包括渠道）抬高，间接影响防洪、供水、发电、灌溉等效益的正常发挥。据水利部直接管理的 20 座水库观测资料表明[18]，泥沙淤积占原设计库容的

18.6%，多沙河流上的水库（如三门峡水库、汾河水库、官厅水库等）淤积更为严重，淤积量占原设计库容的比例达 25% ~ 30% 以上。20 世纪中后期，黄河下游河道平均每年淤积 3 亿 ~ 4 亿 t，造成或促使河床每年抬高 0.05 ~ 0.10m，防洪问题十分严峻。

表 2-3　泥沙淤积产生的灾害特点

类型	直接影响及灾害	间接影响及灾害	典型实例
水库淤积	库容损失，库尾淹没损失	防洪、供水、发电、灌溉等效益降低，农业生态环境恶化	三门峡水库、汾河水库、官厅水库等
湖泊淤积	湖泊容积和调节能力减小	防洪效益降低，影响湿地面积的变化	洞庭湖淤积 1 亿 m^3/a，淤积率达 76%[19]
河道淤积	河床抬高，甚至成为悬河	防洪局势加剧、两岸土地盐碱化	黄河下游河道平均淤积抬高近 10cm/a
河口淤积	入海泄流能力降低	防洪压力增大，河道淤积	黄河口及海河口的淤积，海河口泄洪能力下降 75%[19]
渠系淤积	渠道引水、过流能力降低	泥沙处理负担增大，占地、沙化、清淤负担等问题	黄河下游引黄灌区

2. 局部冲刷

当河道内或傍岸修建各种建筑物时，由于建筑物附近产生高速回流，河岸或河床造成严重淘刷，即所谓的局部冲刷。严重的局部冲刷直接威胁建筑物的安全，甚至引起建筑物的失稳崩塌，给国民经济和群众的人身安全带来巨大损失。常见的局部冲刷包括墩桩冲刷、傍岸冲刷等，其中桥梁、过河输油管道、护岸、潜（丁）坝和取水口等建筑物因局部冲刷而失事的例子并不少见。

3. 崩岸

崩岸分为河流崩岸、湖泊崩岸、水库崩岸和海岸崩塌[20]。其中河流崩岸是最重要崩岸之一，在长江、黄河、汉江等河流上普遍地存在，长江中下游两岸崩岸长度达 1518.2km，占岸线总长度的 35.7%。崩岸是重要的江河险情之一，是一种典型的灾害形式。主要危害包括：①崩岸威胁江河大堤的安全，不仅直接造成江河堤岸的崩塌决口及岸边建筑物的坍塌等安全问题，而且还会促进堤岸管涌、渗漏等险情的发生；②崩岸威胁岸边建筑物及农田的安全；③崩岸是河道泥沙的主要来源，造成河床演变的变化；④崩岸对航运造成影响。

4. 山地灾害

常见的山地灾害包括崩塌、滑坡、泥石流等。据统计[21,22]，全国地质灾害的损失约占整个自然灾害损失的 35%，其中滑坡、崩塌和泥石流所造成的损失约占地质灾害损失的 55%。在一些山区，山地灾害在汛期经常发生，给社会造成经济损失。

滑坡和崩塌对人们生命财产的危害主要是人员伤亡、建筑物埋压及道路与河道堵塞，特别是对公路、铁路及其他基础设施构成直接的威胁与破坏。据统计[23]，我国铁路沿线曾分布着大中型滑坡 1000 余处，平均每年中断交通运输 44 次，严重的滑坡有时会阻断河流，造成更大的洪涝灾害。

泥石流是由水流和大量泥沙、石块混合而成的特殊洪流，其主要特点是突发性强、流速大、时间短等，能在很短时间内搬运几万至几百万 m³ 的碎屑物。因此，泥石流的容重大，冲击力强，破坏性大，是发生在山区的多发性自然灾害，诸如青藏高原地区的山地及秦岭山脉、太行山区、燕山山脉等都是泥石流多发地区，平均每年都会造成较大的经济损失和人员伤亡。

5. 粗沙淤积的土地沙化

粗沙淤积的土地沙化面积增加主要是通过河流泥沙分选淤积等原因造成的。黄河流域内具有典型的土地沙化现象，如黄河下游历史上的决口区域，大量粗沙沉积造成大面积的土地沙化，以决口造成的严重沙化面积约为 $2×10^4$ hm²[24]；由于在引黄灌区渠首地区堆放大量的清淤泥沙，造成渠首附近的土地沙化，1965 ~ 1990 年，干渠以上清淤泥沙 5 亿多吨，占地 10000 多公顷，土地沙化的面积仍以 400 hm²/a 的速度增加[11,25]。

6. 泥沙污染

在 20 世纪中后期，我国约 70% 的河流（1200 条河流中的 850 条）已受到污染，其中 141 条河流污染严重。河流水质和河流泥沙均受到很大程度的影响，泥沙表面吸附大量的污染物。即使外部水质污染已得到治理，这些被污染的泥沙仍有可能成为新的污染源，造成二次污染。譬如，官厅水库的水质污染严重，其中氨氮、生化需氧量（BOD_5）、挥发酚、非离子氨、重金属含量等均严重超标，于 1997 年不得不停止向北京市生活供水。水质污染的同时，库区泥沙污染也比较严重[13]。

2.2.2 泥沙灾害的特点

结合泥沙灾害发生的地点、时间、过程、规模等因素，泥沙灾害具有以下特征[4]。

1. 时间分布不均匀性

泥沙灾害随时间的变化特点包括年内不均匀性与年际不均匀性。导致泥沙灾害的自然因素（如降水、水质污染、土壤抗侵蚀性等）随时间是不断变化的，如年内气候有春夏秋冬，降水主要集中在汛期 7 ~ 9 月，流域植被、河流水质等在年内也有很大的差异。因此，泥沙灾害也具有时间分布的不均匀性，如多沙河流河槽泥沙淤积、土地沙化等灾害主要发生在非汛期，而由降水引起泥石流、滑坡、崩塌等地质灾害，时间上主要集中在汛期 7 ~ 9 月。

另外，由于社会发展、地质与天体演化过程等具有发展期、活动期和稳定期，因而泥沙灾害的发生也具有高发期、稳定期与少发期。图 2-4 为我国滑坡、泥石流灾害发生的频次过程[17]，从图可以看出，1949 年以来 1954 ~ 1960 年、1963 ~ 1975 年、1980 ~ 1985 年均存在滑坡、崩塌和泥石流的高发期。而且 20 世纪 80 年代后更有频次增加的趋势。

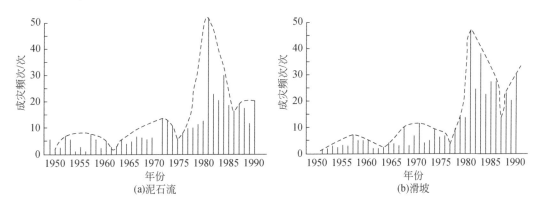

图 2-4　中国 20 世纪滑坡、泥石流频次图

2. 地域分布不均匀性

鉴于导致泥沙灾害的自然因素（降水、土壤抗侵蚀性、河道分布、地形等）在空间上有很大的差异，泥沙灾害也具有空间分布的不均匀性。如，南方土壤抗蚀性比北方强，山区比平原易发生山洪灾害；河流泥沙淤积、土地沙化等灾害主要发生在秦岭以北的半干旱地区，而由降水引起泥石流、滑坡、崩塌等地质灾害主要分布在我国自然地势第二级阶梯上，秦岭以南的地质灾害无论是强度还是发生频度和密度都远远大于秦岭以北地区，如云南、四川等山区。

3. 渐变性或突发性

不同的泥沙灾害具有不同的发生过程，有些泥沙灾害是逐渐积累发生的，具有渐变性，如泥沙淤积与冲刷、土地沙化等都有从量变到质变的过程；也有一些泥沙灾害具有突发特点，如山地灾害、崩岸，当暴雨来临、山洪暴发时，山地灾害（泥石流、滑坡）将会突然发生。

4. 群发性

泥沙灾害发生的过程十分复杂，各种自然灾害都不是孤立存在的，而是相互联系的，形成灾害群。比较典型的例子是山地灾害，暴雨引起泥石流，常常伴随滑坡或崩塌，大规模的泥石流、滑坡等灾害常常伴随着河道堵塞，继而引发河道洪水灾害，这在西南地区的汛期是经常发生的。此外，河道冲刷与崩岸常常同时发生，有时滑坡与崩塌也时常同时出现。

5. 灾害类型的转化性

泥沙灾害发生过程中，可能产生新的灾害类型，同时引发许多环境和经济问题。如泥沙淤积造成黄河下游河床抬高，使得黄河防洪问题严峻，加剧了两岸土地的盐碱化。又如官厅水库严重淤积（包括妫水河拦门沙淤堵、坝前淤积），一方面造成库容损失，引发防洪形势严峻和供水保证率降低的问题，另一方面水库末端泥沙淤积，形成"翘尾巴"现象，淹没问题严重，对农业生态环境产生严重影响[13]。

6. 危害严重性

我国主要江河多年平均输沙量约 14.41 亿 t，而流域产沙量远大于该数字，如此大量泥沙所带来的灾害也是很严重的。如黄河下游河道、长江洞庭湖湖区等都存在严重的淤积问题，使得防洪形势十分严峻。此外，崩塌、滑坡、泥石流等灾害也相当严重，主要分布在西南、西北、中南以及东南沿海等山区。据国土资源部门统计[26]，20 世纪灾害覆盖面积占国土面积的 44.8%，每年有 1000~1500 人因崩塌、滑坡、泥石流等地质灾害死亡，经济损失高达 270 亿元。

7. 治理难度大

泥沙灾害发生的成因十分复杂，其中既有客观的自然因素，也有主观的人为因素，而关于灾害成因、防治及预报的研究还不够成熟，完全治理泥沙灾害还有很大的难度。中华人民共和国成立后，国家就泥沙灾害的治理直接和间接地投入了大量的人力、物力，虽然也取得了很大的成绩，但若要达到根治泥沙灾害的目标仍需努力。由河道淤积引起的河道防洪形势依然很严峻，山地灾害仍时有发生。

2.3 流域泥沙的资源性与资源化

2.3.1 泥沙的资源性

资源的概念源于经济科学，是在一定技术经济条件下，能为人类利用的一切物质、能量和信息[4]，包括自然资源、经济资源和社会资源三大类。自然资源是在一定历史条件下能被人类开发利用以提高自己福利水平或生存能力的、具有某种稀缺性的、受社会约束的各种环境要素或事物的总称。有效性、可控性和稀缺性是自然资源的主要属性。有效性是通过各种措施对社会经济发展和生态环境保护有效；可控性是通过工程措施及人为因素来合理调度资源的去处，达到配置的目的；稀缺性是指该资源具有一定的数量限制，并非取之不尽用之不竭。若流域泥沙能满足自然资源的基本属性，泥沙也可以作为一种资源进行利用和配置。结合泥沙的基本特性和实际情况，就流域泥沙的有效性、可控性和稀缺性等分述如下[27]。

（1）流域泥沙的有效性。在社会发展的实际过程中，结合泥沙的离散性、可塑性、可搬运性、吸附性、抗剪性等，流域泥沙已经为社会经济发展和生态环境发挥重要的作用，体现了流域泥沙的有效性和资源性，主要表现为填海造地、淤临淤背、放淤改土和建筑材料等。也就是说流域泥沙并非都会带来泥沙灾害，而且在一定范围或一定条件下，流域泥沙可以为社会发展与人类生活服务，创造巨大的经济效益。

（2）流域泥沙的可控性。流域泥沙的离散性、可搬运性等决定了泥沙的可控性。实际上，在流域泥沙的产生、搬运、输移和分配过程中，为更有效地治理和利用泥沙，利用工程与非工程的措施控制泥沙输移、搬运与配置，尽可能减少泥沙的灾害性。工程措施包括流域水土保持、水库拦沙、机械疏浚与挖沙等，非工程措施有调水调沙、滩槽冲淤、淤海造陆等，表明流域泥沙是可以搬运和控制的。

（3）流域泥沙的稀缺性。我国北方地区的不少流域水土流失严重，产沙量较多，但产沙量并不是无限的，而是受到流域土壤土质特性、地形地貌、水文气象条件、人类活动（包括农业活动、大规模基本建设）等因素的控制。随着社会经济的不断发展，当流域生态环境和水土保持完好时，流域产沙、河流输沙量将会大幅度减少，此时河流泥沙将属于稀缺物质。对于流域水土保持完好的西方国家，或者水库运行初期，进入河道的泥沙量大幅度减少，造成河道冲刷严重，为了改善河道冲刷而带来的生态环境问题需要进行泥沙的补给。如德国莱茵河由于来沙减少，造成河道洪水期冲刷严重，德国工程师只好采用人工喂沙，每年喂沙 20 万 t[28]；在考察引黄灌区泥沙灾害时，日本专家表示黄河泥沙在日本将是一种稀缺资源。另外，国民经济的快速发展导致我国工程建设大量增加，河道沙石料供不应求，此时泥沙表现为一种稀缺物质，如珠江和长江干支流等就是如此；在一些土地资源比较紧缺的地区，泥沙造地就显得特别重要，泥沙表现为一种紧缺资源，如我国钱塘江河口地区。

综上所述，流域泥沙基本满足自然资源的属性，具有有效性、可控性和稀缺性的特征，属于一种特殊的自然资源，或称为泥沙资源化。

2.3.2 泥沙资源化的条件

流域泥沙具有有效性、可控性和稀缺性等自然资源的属性，表明流域泥沙具有资源性，是一种特殊的资源，可进行流域泥沙的资源化。要达到流域泥沙资源化的目标，还需要以下几个方面的条件[27]。

（1）社会经济水平。随着工农业的迅速发展，国内生产总值有了大幅度的提高，从 20 世纪 80 年代至今，我国国民经济快速发展，已成为全球第二大经济体，社会经济实力有了较大的增长，创造了较为丰富的物质水平，人民生活水平迅速提高，为流域泥沙资源化和水沙配置创造了物质条件。

（2）社会条件。社会条件主要包括流域环境和社会环境需求等方面的内容。一方面，流域植被、流域地形和地质、土壤特性等因子直接影响流域产沙的能力和生态环境的变化，另一方面，随着社会经济的不断发展与生活水平的显著提高，人类对社会生态环境与泥沙资源化的需求也越来越大。因此，社会环境是流域泥沙资源化的重要条件。

（3）泥沙需求量增加。随着工农业的迅速发展和生活水平的提高，不但水量需求越来越大，而且泥沙需求不断增加。泥沙作为一种资源，在很多情况下正在发挥作用，泥沙利用也得到长足的发展，造福人民。最典型的例子就是城市建设工程所需的沙石料大幅度增加，沙石料供不应求，河流沙石为满足工程建设需求发挥了重要作用，长江流域的沅江、赣江，珠江，南渡江等河道采沙业曾十分兴旺，然而近期河道采砂比较困难，并已受到一定的限制。另外，淤海造陆、淤滩造地等作为缓和城市土地资源紧缺经常采用的措施，同样需要大量的泥沙。

（4）泥沙利用的经验。在过去的几十年里，泥沙利用取得了很多成功的经验。我国自古就有挖取河沙直接作为或者烧制成建筑材料的实例，秦砖汉瓦就是其佐证。经过多年的发展与总结，流域泥沙的主要利用形式包括填海造陆、改良土壤和引洪淤灌、淤临淤背、建筑材料等。在这一泥沙利用过程中，不仅掌握了一些泥沙利用的关键技术，而且也取得了丰富的实际经验，为进一步开展泥沙资源化工作奠定了基础。

（5）工程建设。流域工程直接参与了泥沙资源的调配，工程措施主要包括流域淤地坝、河流水库、引水分沙工程等[1,25,29]。有关调查显示[1,29,30]，2002 年黄土高原地区现有淤地坝 11 万余座，淤成坝地 450 多万亩，可拦蓄泥沙 210 亿 m^3；2011 年黄土高原淤地坝为 58 446 座，数量有所减少。截至 2019 年底[31]，中国共建有各类水库 98 112 座，总库容达 8983 亿 m^3。黄河下游建成万亩以上的灌区近 100 处，实灌面积近 200 万亩[25]。这些水利工程对流域泥沙资源化将发挥重要的作用。

（6）调控技术。流域泥沙资源化是一个技术性非常强的工作，既涉及河道水沙运动规律，又包括工程的运行技术，如工程规划、设计与运行调度等。目前这方面的技术条件日趋成熟，主要包括水力调度技术、机械调控措施等，为泥沙资源化创造了条件。

2.3.3　泥沙资源化过程

流域泥沙既要满足自然资源的基本属性，还要具备一些泥沙资源化的基本条件，才可以达到资源化的目的，流域泥沙资源化的过程如图 2-5 所示[27]。从流域泥沙的基本属性和

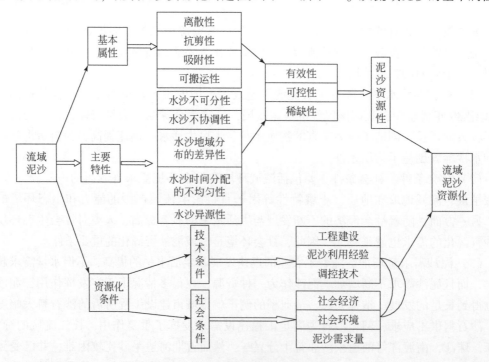

图 2-5　流域泥沙资源化过程框图

主要特征可以看出流域泥沙具有有效性、可控性和稀缺性等自然资源的属性，表明泥沙具有资源性；流域泥沙具有资源性，并不等于泥沙的资源化，仅当社会经济、社会环境、泥沙需求、工程建设和调控技术等发展到一定水平，流域泥沙才可以资源化。

2.4　流域泥沙资源化的目标与途径

2.4.1　流域泥沙资源化的目标

流域泥沙资源化的目标是兼顾泥沙资源开发利用的当前和长远利益、兼顾不同地区与部门间的利益，兼顾泥沙资源开发利用的社会、经济和环境利益，以及兼顾效益在不同受益者之间的分配，使得流域泥沙资源化与分配的效益最大。流域泥沙资源化既包括流域泥沙资源化的理论与目标，又包括流域泥沙资源化的途径（如淤改稻改、改良土壤、淤沙造地、建筑材料、堤防加固、湿地塑造等）和分配单元（如水土保持滞沙、水库拦沙、河道滞沙、引沙用沙及河道排沙等[13]），泥沙资源化的目标和途径如图2-6所示[27]。在流域内，通过一定的工程措施与非工程措施，把流域泥沙资源按一定的目标进行分配，使得全流域泥沙资源化与分配产生的生态、经济和社会效益最大，损失最小。当流域泥沙主要表现为资源性时，泥沙资源化的目标函数采用多目标效益函数进行度量，使泥沙资源化的效益达到最大值；当泥沙表现为灾害时，其目标函数采用泥沙灾害经济损失函数进行度量，使泥沙灾害的经济损失最小。

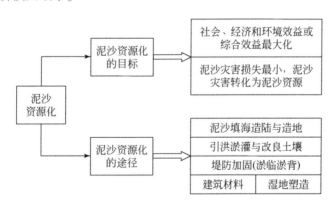

图 2-6　流域泥沙资源化的目标和途径

2.4.2　流域泥沙资源化的途径

虽然泥沙灾害在我国十分严重，但泥沙利用也得到长足的发展。流域泥沙资源化的形式主要包括填海造陆与造地、引洪淤灌与改良土壤、堤防加固（淤临淤背）、建筑材料、塑造湿地等[5,11,12,25,27]。

1. 填海造陆与造地

在人类出现以前，泥沙在大自然的作用已经开始进行大规模的堆积造地，由高处侵蚀产生的泥沙大量地堆积在流域的低洼处，为后人塑造了赖以生存的土地资源，至今这一过程仍在继续。例如，黄河中上游的侵蚀产沙经过泥沙搬运、沉积，塑造出河套平原、汾渭平原与华北大平原，长江中上游的侵蚀产沙塑造了肥沃的长江中下游平原和两湖平原，在西南地区位于河谷中的乡镇、村庄乃至县城都建于由滑坡、崩塌或泥石流堆积的冲洪积扇或河流阶地上。这些泥沙堆积地貌区还是当前的主要基本农田。我国河流每年约有 19 亿 t 的泥沙挟带入海，这些泥沙大部分堆积在河口，使海岸不断向大海推进。例如，黄河泥沙曾以 23km^2 的速度在河口三角洲建造陆地[11]，1855 年黄河改道以来，近代三角洲的面积达到 2200km^2。在黄河入海口的胜利油田，通过人工改道填海造陆，甚至可能变海上采油为陆上采油，从而减少投资，得到巨大的经济效益。由于长江泥沙在河口的不断堆积，使在唐朝还不显眼和出水不久的沙洲，经过一千多年的泥沙堆积，如今已成为面积约 1269km^2 的崇明岛。目前，利用泥沙造地还主要是一种自然规律，人为控制河道水流入海口进行造地，将会逐渐成为现实。

2. 引洪淤灌与改良土壤

河流泥沙与流域土壤在元素上存在同一性，特别是汛期泥沙极具肥效，如黄土高原流失的每吨泥土中全氮为 0.8~1.5kg，全磷为 1.5kg，全钾为 20kg，泥沙的这种天然特点使它成为一种优良的土壤改良原料。黄河流域利用泥沙改良土壤，主要包括淤改、稻改和浑水灌溉，据统计，20 世纪 90 年代初期，黄河下游地区放淤改良土地 23 万 hm^2，发展水稻改地 12 余万 hm^2（其中河南省约 8.7 万 hm^2，山东省约 3.3 万 hm^2）。此外，黄河上利用浑水灌溉也极为普遍，利用汛期高含沙水流灌溉，既可以缓解作物干旱缺水状况，扩大灌溉面积，还可以增加肥力，淤灌后作物增产幅度十分明显。因此，放淤改土、引洪灌溉不仅提高低产盐碱荒地的生产能力，大大改善了灌区的土壤环境，而且还可以利用大量泥沙，减轻泥沙淤积造成的防洪压力。

3. 淤临淤背，提防加固

我国许多河道，特别是多沙河流泥沙淤积严重，给河道防洪带来了严重的困难。如黄河下游、荆江洞庭湖区和海河河口，单纯依靠水流动力冲刷难以达到河道疏通、清障的效果，利用疏浚或者放淤等手段进行堤防淤临淤背，既加固了堤防工程，又提高了河道泄洪能力，同时还达到了利用河流泥沙和疏浚泥沙的目的。在 20 世纪 60 年代，黄河下游开始利用挖泥船或泥浆泵挖取河道泥沙或抽取高含沙水流输送到堤防背河侧，加宽加固大堤，避免洪水期大堤出现渗水、管涌、漏洞、大堤裂缝等险情。截至 1994 年底，累计挖取黄河泥沙 4 亿 m^3，年最大挖沙量为 2000 万 m^3[19]，逐渐形成标准化大堤；此外，挖河泥沙还可以淤填临河侧，使其稍高于滩唇、截堵串沟、改善滩区横比降和滩地形态，减缓二级悬河的防洪压力。

4. 建筑材料

自古以来就有挖取河沙直接作为或者烧制成建筑材料的做法。随着社会经济发展，工程建设突飞猛进，城市建设、大型工矿企业、水利水电工程等对沙石料的需求量越来越大，河流泥沙为满足工程建设需求发挥了重要作用。除多沙平原河流外，我国大部分河流都有采砂现象，如表 2-4 所示。比如，长江流域的沅江、珠江流域的东江、海南岛的南渡江等，河道采砂十分普遍，为减轻采砂对河道的影响，合理有效地利用河流泥沙是非常重要的。对于我国北方的多沙河流，由于泥沙相对较细，难于直接用于建筑材料，仅能用于农用土或者建筑材料的转化。在泥沙资源丰富的情况下，如何利用多余的泥沙创造经济利益，既减轻泥沙灾害，又可以给人民谋福利，已经成为多沙河流地区普遍关注的问题。山东省刘庄灌区曾在利用黄河泥沙与水泥渗混压制成品以及东明县利用引黄泥沙制砖方面取得了成功的经验，利用灌区泥沙生产建筑材料，既提高人民生活水平，又处理了泥沙，同时还避免了生产砖瓦直接采挖地表土壤的情况，维持了自然生态环境的平衡。

表 2-4　我国主要河流的采砂现状统计表

河流	采砂位置	采砂程度	备注
长江	长江干流河道、支流、湖泊等，包括汉江、赣江、湘江、资江、沅江、澧水等支流，以及洞庭湖和鄱阳湖	十分严重，长江委颁布《长江河道采砂管理条例实施办法》	经过乱采、超采，到禁采，再到逐步解禁的过程
黄河	黄河上游及支流中上游河道，主要是城市或发达地段	较严重	
海河	主要支流河道，包括滦河、永定河等支流	较严重	
淮河	主要是支流河道，重点为城市河段	较严重	
珠江	珠江干流、支流等，包括珠江口附近、东江、西江、北江等支流	严重	已进行采控
辽河	辽河上游及支流中上游河道，主要是城市或发达地段	较严重	
松花江	松花江干流河段、支流等，包括西流松花江、嫩江等支流，哈尔滨河段	较严重	
钱塘江	钱塘江干流河道、支流等，包括钱塘江河口段、富春江等	严重	
闽江	干流与支流河段	严重	

5. 湿地塑造

湿地是水域和陆域相交错而成的特殊生态系统，具有土地、水、生物和泥炭四大资源[32-34]。湿地作为一种重要的生态系统，具有调节气候、涵养水源、降解污染及维护生物多样性等功能，被科学家们称之为"自然之肾"，在维护自然生态平衡中发挥着不可替代的作用。湿地是世界上生物多样性最丰富的地区之一，蕴藏着极其丰富的生物资源。湿地生物资源主要包括动物、植物和微生物资源。在动物资源中，有湿地哺乳动物 65 种、爬行动物 50 种、两栖动物 45 种、鱼类 1014 种。有木本植物 9 类、草本植物 17 类，共计约由 101 科植物组成，其中有高等植物 1600 余种。另外，无脊椎动物、真菌和微生物也是湿地中重要的生物资源。保护和合理利用湿地资源，对于维护生态平衡、促进经济和社会发展都具有十分重要的意义。

上世纪资料显示[33]，我国湿地面积为 7968.74 万 hm², 包括沼泽面积 1680.00 万 hm²，水域面积 2842.07 万 hm²，稻田面积 3446.67 万 hm²，如表 2-5 所示，不包括其他类型湿地，仅这些湿地占世界湿地面积 85580.00 万 hm² 的 11.65%，位居世界第三位。其中三江平原是我国最大湿地区域之一，仅沼泽面积达 113.33 万 hm²，如表 2-5 所示。

表 2-5　中国部分湿地面积统计　　　　　　　（单位：万 hm²）

湿地类型	河渠	湖泊	水库	海涂	滩地	沼泽	稻田	合计
面积	1385.13	679.48	434.09	164.64	178.73	1680.00	3446.67	7968.74

从湿地分布来看，我国湿地主要分布于以下六类湿地区域[32]，即东北湿地区域、长江中下游湿地区域、杭州湾以北沿海湿地区域、杭州湾以南沿海湿地区域、青藏高原湿地区域、西北内陆湿地区域，其特点参见表 2-6。显然，一般湿地是由水、陆、植物和动物等组成，对于东北湿地区域、长江中下游湿地区域、沿海湿地区域和西北内陆湿地区域中间的部分湿地是由河流冲积形成的，在这些湿地的形成过程中，泥沙在淤积造陆方面发挥了重要的作用。如河口湿地、湖泊湿地、河（海）滩湿地等如若没有泥沙的淤积，这些湿地是无法形成的。

表 2-6　我国主要湿地特征统计表

湿地区域名称	湿地特征	湿地组成	湿地面积 /万 hm²	备注
东北湿地区域	位于北温带、中温带湿润区	森林沼泽、平原沼泽等	750	位于黑龙江、吉林、辽宁及内蒙古东部
长江中下游湿地区域	淡水湖泊	洞庭湖、鄱阳湖、江汉湖群等	690	
杭州湾以北沿海湿地区域	沙质淤泥型海滩为主	沿海滩涂湿地	100	
杭州湾以南沿海湿地区域	岩石性海滩为主	海湾潮间沙滩和泥滩，大河河口及南海岛屿等，以红树林沼泽为主	80	
青藏高原湿地区域	青藏高原区，海拔 3500~5000m	高原沼泽	470	
西北内陆湿地区域	内陆	新疆天山、阿尔泰山区湿地，博斯腾湖湖滨芦苇沼泽、沙漠内陆流域咸水湖滨盐沼等	250	

续表

湿地区域名称	湿地特征	湿地组成	湿地面积/万 hm²	备注
其他	小块特色湿地	云贵高原、珠江流域、华北平原以及东南沿海等地区的小块湿地		

参 考 文 献

[1] 王延贵，史红玲，陈吟，等．中国主要河流水沙变异及影响［M］．北京：科学出版社，2023．

[2] 中华人民共和国水利部．中国河流泥沙公报 2020［M］．北京：中国水利水电出版社，2021．

[3] 王延贵，胡春宏．流域泥沙资源化的理论探讨［C］//黄河水利科学研究院．第六届全国泥沙基本理论研究学术讨论会论文集，郑州：黄河水利出版社，2005．

[4] 王延贵，胡春宏．流域泥沙灾害与泥沙资源性的研究［J］．泥沙研究，2006（2）：65-71．

[5] 王军，姚仕明，周银军．我国河流泥沙资源利用的发展与展望［J］．泥沙研究，2019，44（1）：73-80．

[6] 汪欣林，马鑫，梅锐锋，等．泥沙资源化利用技术研究进展［J］．化工矿物与加工，2021，50（4）：36-44．

[7] 中国水利学会泥沙专业委员会．泥沙手册［M］．北京：中国环境科学出版社，1992．

[8] 陈希哲．土力学地基基础［M］．北京：清华大学出版社，2004．

[9] 王飞越，陈静生．中国东部河流沉积物样品表面性质的初步研究［J］．环境科学学报，2000，20（6）：682-687．

[10] 李改枝，郭博书，李景峰．黄河水中沉积物与锌、镉液—固界面的作用［J］．环境污染与防治，2001，23（4）：143-145．

[11] 赵文林．黄河泥沙［M］．郑州：黄河水利出版社，1996．

[12] 王延贵，胡春宏．引黄灌区水沙综合利用及渠首治理［J］．泥沙研究，2000（2）：39-43．

[13] 胡春宏，王延贵，张世奇，等．官厅水库泥沙淤积与水沙调控［M］．北京：中国水利水电出版社，2003．

[14] 中国水利水电科学研究院．典型灌区的泥沙及水资源利用对环境及排水河道的影响［R］．1995．

[15] 李国英．黄河调水调沙［J］．人民黄河，2002，24（11）：29-33，5．

[16] 王延贵，陈康，陈吟，等．黄河流域产流侵蚀及其分布特性的变异［J］．中国水土保持科学，2018，16（5）：120-128．

[17] 景可，李凤新．泥沙灾害类型及成因机制分析［J］．泥沙研究．1999（1）：12-17．

[18] 钱宁，戴定忠．中国河流泥沙问题及其研究概况［J］．水利水电技术，1980（2）：17-23，7．

[19] 李国英．我国主要江河泥沙淤积情况及治理措施［J］．水利水电技术，1997，28（4）：2-6．

[20] 王延贵，匡尚富，陈吟．冲积河流崩岸与防护［M］．北京：科学出版社，2020．

[21] 黄润秋．灾害性崩滑地质过程的全过程模拟［J］．中国地质灾害与防治学报，1994，5（S1）：11-17，29．

[22] 张业成，张梁．中国崩滑流灾害成灾特点与减灾社会化［J］．中国地质灾害与防治学报，1994（S1）：408-410．

[23] 李吉顺，罗元华．滑坡、泥石流防灾常识［J］．中国减灾，2002（3）：17．

[24] 向立云. 河流泥沙灾害损失评估. 自然灾害学报 [J]，2002，11（1）：113-116.

[25] 赵文林. 黄河泥沙 [M]. 郑州：黄河水利出版社，1996.

[26] 姚文广，徐林柱，丁留谦，等. 山地灾害对人类的致命摧毁——关于防御山地灾害工作的思考 [J]. 中国减灾，2002（3）：4-5.

[27] 王延贵，胡春宏. 流域泥沙的资源化及其实现途径 [J]. 水利学报，2006，37（1）：21-27.

[28] 王兆印. 泥沙研究的发展趋势和新课题 [J]. 地理学报，1998，65（3）：245-255.

[29] 王韩民，刘震，焦居仁，等. 黄土高原区淤地坝专题调研报告 [J]. 中国水利，2003（A03）：9-11.

[30] 中华人民共和国水利部. 第一次全国水利普查水土保持情况公报 [J]. 中国水土保持，2013（10）：2-3，11.

[31] 中华人民共和国水利部. 中国水利统计年鉴2020 [M]. 中国水利水电出版社，2020.

[32] 曹文洪. 黄河河口海岸泥沙输移规律和演变机理及湿地变迁研究 [D]. 北京：中国水利水电科学研究院，1999.

[33] 刘红玉，赵志春，吕宪国. 中国湿地资源及其保护研究 [J]. 资源科学，1999，21（6）：34-37.

[34] 张启舜. 泥沙淤积与保护湿地及生物多样性 [J]. 中国水利，2000（8）：67-68.

第3章 流域泥沙资源优化配置

配置一词在《辞海》中被解释为："配备、安排"[1]。所谓泥沙资源配置是指在流域或特定的区域范围内，遵循有效性、合理性、科学性、可持续性的原则，利用各种工程与非工程措施，按照泥沙分配规律、经济规律和资源配置准则，通过合理开发、有效供给、维护和改善生态环境质量等对可利用的泥沙资源在流域内不同区域或各用沙单元方面进行分配。在进行资源配置的过程中，有时使用合理配置和优化配置的概念，实际上二者有一定的差异[2]。泥沙资源合理配置中的合理是反映泥沙资源分配中解决泥沙资源供需矛盾、上下游左右岸协调、不同水利工程投资关系、经济与生态环境用沙效益、现在与将来用沙发展等一系列复杂关系中的相对公平和接受的泥沙资源分配方案。一般而言，合理配置的结果对某一配置单元的效益或利益并不是最高最好的，但对整个资源分配体系来说，其总体效益或利益是最好的。而优化配置则是人们在寻找合理配置方案中所利用的方法和手段[1,2]，一般的优化问题和优化技术是以数学方法描述和实现的，经常对某些不易量化或不易加权的目标进行概化，从而造成原问题的"失真"，有时所得结果与实际要求有一定的距离。随着科学技术的发展，各种优化方法将不断改进，优化结果将逐渐"逼近"合理配置的要求。

3.1 主要河流泥沙资源量变化

新中国成立以来，中国政府十分重视流域水土流失治理、水资源开发管理和防洪安全工作，不仅在河流上修建大量的水库工程，为解决我国水资源分布不均和短缺问题发挥了重要作用；而且在流域水土保持方面取得了显著成就，特别是改革开放以来，中国生态建设与保护的力度逐步加大，相继实施了长江上游、黄河中上游、环京津地区、珠江上游、黄土高原淤地坝建设等重点治理工程，水土流失得到有效控制；此外，为了工农业用水和建筑业的需求，河流上还开展了引水供水、河道采砂等人类活动。这些人类活动不仅导致江河径流过程发生变化，而且会造成河流输沙量的显著变化，同时北方河流和南方河流水沙变化也有一定的差异[3,4]。中国北方河流年径流量和年输沙量大幅度减少，甚至出现河道断流；而南方河流的年径流量变化趋势不明显，年输沙量显著减少；致使河道泥沙资源量大幅减少。

3.1.1 主要河流水沙总量变化

在《中国河流泥沙公报》中，以中国11条主要河流各代表站年径流量之和作为全国主要河流当年的径流量，以11条主要河流各代表站年输沙量之和作为全国当年的年输沙量，分别称为代表站总径流量和代表站总输沙量[3,5]，并以此为基础，开展中国主要河流总水沙态势变化的分析和研究[3,4,6]。表 3-1 为 1950～2020 年中国主要河流代表站水沙年代特征值及趋势变化，图 3-1 为中国主要河流代表站水沙量及 M-K 统计量的变化过程，图 3-2 为中国主要河流代表站总水沙量的累积曲线。

表 3-1   中国主要河流代表站水沙年代特征值及趋势变化

年代		年均径流量/亿 m³	年均输沙量/亿 t	平均含沙量/（kg/m³）
1950～1959 年		14 883	26. 35	1. 770
1960～1969 年		13 987	21. 70	1. 551
1970～1979 年		13 628	19. 27	1. 414
1980～1989 年		13 993	13. 82	0. 988
1990～1999 年		14 840	12. 93	0. 871
2000～2009 年		12 866	5. 79	0. 450
2010～2020 年		14 290	3. 73	0. 263
多年平均值		14 057	14. 41	1. 030
M-K 趋势分析	U 值	−0. 38	−8. 47	
	趋势判断	无	显著减少	

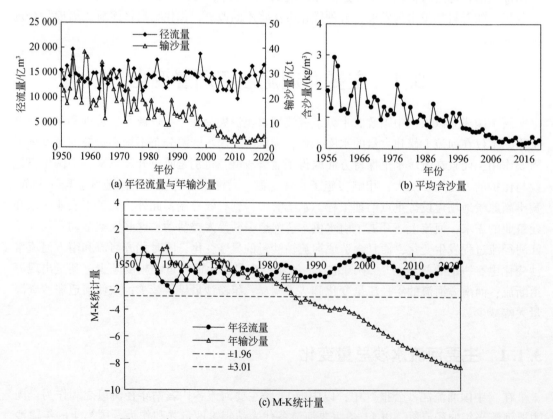

(a) 年径流量与年输沙量   (b) 平均含沙量

(c) M-K 统计量

图 3-1   中国主要河流代表站水沙量及 M-K 统计量的变化过程

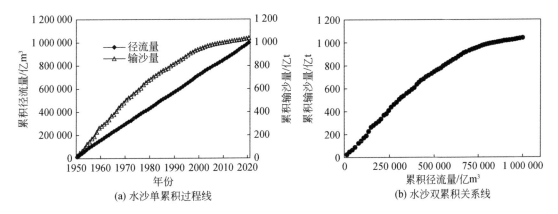

(a) 水沙单累积过程线　　　　　　(b) 水沙双累积关系线

图 3-2　中国主要河流代表站总水沙量累积曲线

（1）中国主要河流年径流量 M-K 统计量基本上在-1.96～1.96 波动，2020 年 M-K 统计量为-0.38，对应的单累积过程线基本上为直线形态，表明中国主要河流年径流量随时间没有明显的变化趋势，年径流量在多年平均值 14 069 亿 m³ 上下波动，20 世纪 50 年代年均径流量为 14 883 亿 m³，20 世纪 70 年代减至 13 628 亿 m³，20 世纪 90 年代增至 14 840 亿 m³，2010～2020 年又减至 14 290 亿 m³。

（2）中国主要河流年输沙量统计量呈现持续减小的过程，2020 年 M-K 统计量为-8.47，其绝对值远大于 3.01，对应的单累积过程线呈现为明显的上凸形态，表明中国主要河流代表站年输沙量呈明显的持续减小的变化态势，20 世纪 50 年代年均输沙量为 26.35 亿 t，20 世纪 70 年代减至 19.27 亿 t，20 世纪 90 年代减至 12.93 亿 t，21 世纪前 10 年减小为 5.79 亿 t，2010～2020 年全国年均输沙量减小为 3.73 亿 t。

（3）中国主要河流代表站年径流量与年输沙量双累积关系线呈现上凸形态，从 1960 年起随时间逐渐偏向径流量，表明中国主要河流代表站年输沙量减小幅度大于年径流量的减小速度，相应的平均含沙量逐渐减小。中国主要河流代表站平均含沙量则从 20 世纪 50 年代的 1.770kg/m³ 减至 20 世纪 70 年代的 1.414kg/m³，20 世纪 90 年代减为 0.871kg/m³，2010～2020 年仅为 0.263kg/m³。

3.1.2　主要河流水沙变化特征

根据流域代表站水沙变化过程及趋势分析，中国主要河流流域代表站年径流量和年输沙量的变化态势如表 3-2 所示。

表 3-2　中国主要江河代表水文站水沙 M-K 统计量（1950～2020 年）

河流	代表站	年径流量			年输沙量		
		多年平均值/亿 m³	M-K 统计量 U 值	变化趋势	多年平均值/亿 t	M-K 统计量 U 值	变化趋势
长江	大通	8 983.00	0.24	无	35 100.0	-8.32	显著减小

河流	代表站	年径流量			年输沙量		
		多年平均值/亿 m³	M-K 统计量 U 值	变化趋势	多年平均值/亿 t	M-K 统计量 U 值	变化趋势
黄河	潼关	335.30	−5.08	显著减小	92 100.0	−7.73	显著减小
淮河	蚌埠+临沂	282.00	−1.26	显著减小	996.8	−5.86	显著减小
海河	石闸里、响水堡、张家坟、下会、观台、元村集、阜平、小觉、滦县	73.68	−7.56	显著减小	3 776.0	−9.13	显著减小
珠江	高要、石角、博罗	2 836.00	−0.19	无	6 392.0	−5.02	显著减小
松花江	佳木斯	643.40	−1.99	减小	1 260.0	0.21	无
辽河	铁岭、新民	30.61	−3.23	显著减小	1 323.0	−7.03	显著减小
钱塘江	兰溪、诸暨、花山	208.0	1.50	无	290.7	0.47	无
闽江	竹岐、永泰	576.00	−0.24	无	576.0	−5.19	显著减小
塔里木河	阿拉尔、焉耆	72.76	−0.81	无	2 050.0	−3.93	显著减小
黑河	莺落峡	16.67	4.44	明显增加	193.0	−3.81	显著减小
全国主要河流（合计）		14 057.42	−0.38	无	144 057.5	−8.47	显著减小

1. 年径流量变化特点

图 3-3 和图 3-4 分别为中国主要河流代表站年径流量统计量过程线和累积过程线，中国主要河流径流量变化特征如下。

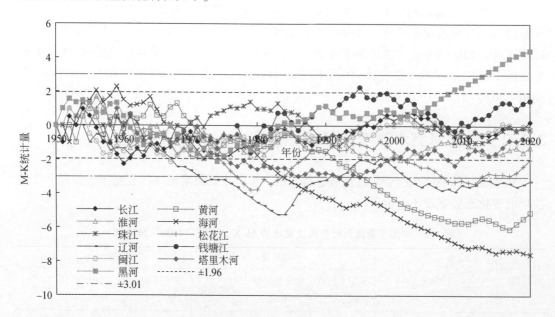

图 3-3　中国主要河流代表站年径流量 M-K 统计量变化过程

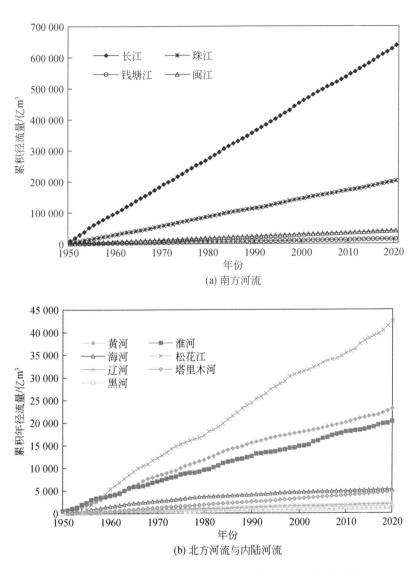

图 3-4　1950～2020 年全国主要河流累积年径流量的变化过程

（1）多年来南方河流（包括长江、珠江、钱塘江与闽江）的年径流量 M-K 统计量除长江、钱塘江和闽江局部时段外，基本上在-1.96～1.96 变化，2020 年 M-K 统计量为-0.238～1.497，其绝对值小于 1.960，且南方河流年径流量单累积过程线基本上呈直线形态，表明南方河流的年径流量没有明显变化趋势，在多年平均径流量上下波动。

（2）在北方河流（包括黄河、淮河、海河、松花江和辽河）中，淮河代表站的径流量 M-K 统计量除个别时段外，基本上在-1.96～1.96 波动变化，2020 年统计量值为-1.262，对应的年径流量累积过程线呈直线形态，表明淮河年径流量没有趋势变化；辽河和松花江代表站径流量 M-K 统计量年际间变化较大，经历了减小—回升—减小的过程，从 20 世纪 50 年代分别逐步减小至 1983 年的-5.23 和 1979 年的-3.78，然后分别回升至1998 年的-1.92 和-0.89，最后逐渐减小，至 2020 年对应的 M-K 统计量分别为-3.23 和

-1.99，其绝对值分别大于 3.01 和 1.96，且辽河和松花江对应的单累积过程线分别在1983 年和 1973 年之前呈现上凸形态，而后向上偏离，具有上凸形态，表明辽河和松花江的年径流量分别具有显著减小和减小的态势；其他北方河流（黄河，海河）代表站年径流量的 M-K 统计量处于持续减小的过程中，2020 年黄河和海河代表站的 M-K 统计量值分别为-5.08 和-7.56，皆远大于 3.01，且这两条河流的年径流量单累积过程线皆呈明显的上凸形态，表明黄河和海河的年径流量具有显著的减小态势，黄河和海河代表站年径流量从20 世纪 50 年代的 425.1 亿 m³ 和 155.6 亿 m³ 分别减至 21 世纪前 10 年的 210.4 亿 m³ 和23.5 亿 m³，减幅分别高达 50.51% 和 84.90%。

（3）对于干旱内陆河流（含塔里木河和黑河），塔里木河年径流量 M-K 统计量经历减小-回升的过程，从 20 世纪 50 年代末持续减小至 1993 年的-3.43，然后不断回升，2020年 M-K 统计量为-0.81，且年径流量单累积过程线在 1993 年之前呈上凸形态，然后向上偏离，总体呈直线状态，表明塔里木河的年径流量经历减小—增大的过程，总体没有明显变化态势；黑河代表站年径流量 M-K 统计量经历减小—快速回升的过程，从 20 世纪 50 年代逐渐减小至 1974 年的-2.10，而后快速回升，特别是 2001～2020 年 M-K 统计量为4.44，大于 3.01，其单累积过程线总体上呈一定的下凸形态，表明黑河年径流量具有显著增加趋势。

2. 年输沙量变化特点

图 3-5 和图 3-6 分别为中国主要江河代表站年输沙量统计量过程线和累积变化过程线，中国主要河流代表站年输沙量变化特征如下。

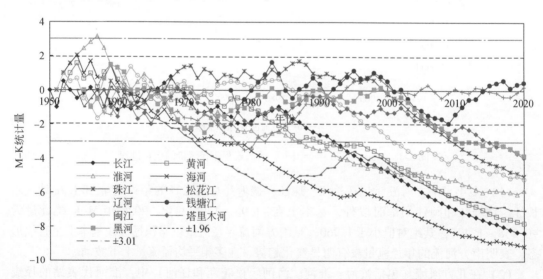

图 3-5　中国主要河流代表站年输沙量 M-K 统计量变化过程

1）在中国主要河流中，松花江和钱塘江代表站年输沙量的 M-K 统计量经历了减小—回升的过程，2020 年值分别为 0.20 和 0.47，其绝对值皆小于 1.96，对应的年输沙量单累积过程线总体上呈直线形态，表明松花江和钱塘江年输沙量无明显变化趋势。

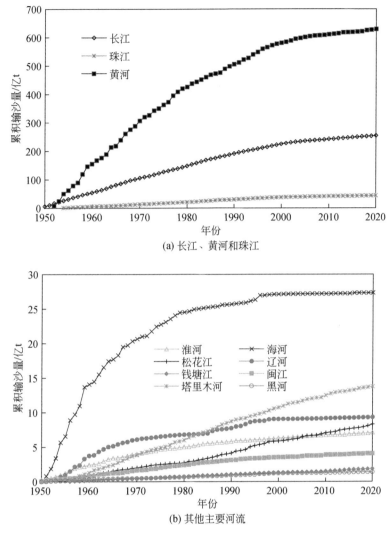

图 3-6   1950～2020 年全国主要河流累积年输沙量变化过程

2）除松花江和钱塘江外，其他主要河流（长江、黄河、淮河、海河、珠江、辽河、闽江、塔里木河、黑河）代表站年输沙量的 M-K 统计量经历了持续减小或波动减小的过程，其 M-K 统计量介于-9.13～-3.81，其绝对值大于 3.01，对应的累积曲线总体上呈上凸状态，表明这些河流的年输沙量都有不同程度的显著减少，长江和北方河流（比如黄河、海河、辽河、淮河等）年输沙量的减小幅度较大。其中，长江、黄河和海河代表站年输沙量从 20 世纪 50 年代的 5.04 亿 t、18.06 亿 t 和 1.55 亿 t 分别减至 2010 年后的 1.25 亿 t、1.83 亿 t 和 0.013 亿 t，减幅分别高达 75.20%、89.87% 和 99.15%。

3.2 流域泥沙资源系统与配置原则

3.2.1 流域泥沙资源系统与社会系统的关系

泥沙资源配置是一个复杂的系统工程，与人类社会经济、水资源和生态环境系统有着重要的关系。泥沙资源系统、水资源系统、社会经济系统和生态环境系统之间在运动发展过程中具有相互依存与相互制约的关系[2]。泥沙资源系统与其他系统之间的关系如图 3-7 所示。

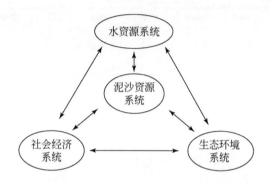

图 3-7 泥沙资源系统与社会系统的关系

1. 泥沙资源系统与水资源系统的关系

流域泥沙从产生、搬运和分配等过程中，都是在水流的作用下完成的，水流输沙在泥沙资源的配置过程中发挥了重要的作用。在流域内，水蚀泥沙主要由降水对土壤进行冲击，并由径流冲刷挟带汇入河流，河流泥沙依靠水流势能的作用沿河道向下游输送。在河流泥沙输送过程中，泥沙就开始了配置，配置项目包括流域滞沙、水库淤积、河道滞沙、两岸引水引沙、河口淤沙及入海泥沙。泥沙配置时刻伴随水资源的配置，在水流运动和水资源配置过程中，又伴随着泥沙的冲淤、输移与分配，即泥沙配置。因此，泥沙资源体系与水资源体系的关系密切，而且泥沙资源量与径流水资源量具有一定的函数关系[2,3]。

2. 泥沙资源系统与社会经济系统的关系

流域泥沙表现为明显的灾害性，包括土壤侵蚀、水库与河道淤积、泥石流、土地沙化等，不仅直接给人民造成严重的经济损失，而且人们为防止水沙灾害也付出了巨大的代价。随着人们对社会环境需求和泥沙资源认识的不断提高，流域泥沙资源化及其优化配置的概念逐渐被认识和接受，泥沙资源在国民经济建设中已开始发挥一定的作用，如填海造地、淤临淤背、改良土地、建筑沙石料和湿地塑造等。若把泥沙作为一种资源进行优化配置，水沙灾害将得到有效控制，泥沙资源综合利用，使泥沙灾害和泥沙利用在一定范围内进行转化，最后达到兴利除害和充分利用泥沙资源的目的。因此，泥沙资源不仅在社会经济发展中都占有重要位置，而且与社会经济系统具有密切的关系，泥沙资源服务于社会经济，社会经济促进泥沙资源开发利用的发展。

3. 泥沙资源系统与生态环境系统的关系

泥沙资源开发利用不仅适应于经济发展和人民生活及生产的需求，而且还应尽可能地满足人类所依赖的生态环境对泥沙资源的需求。水资源、泥沙资源和陆地资源是生态环境中最重要的组成部分，是生物赖以生存和居住的基础（包括湿地）。如果泥沙资源开发利用不当，将会对人类的生存环境或生态环境起到破坏作用，可能造成土地沙化及湿地破坏，其中湿地在生态环境中占有重要的位置。同时，泥沙淤积分布将直接影响生态环境建设的质量。河流、河口海岸、湖泊等湿地与泥沙冲淤有重要的关系，通过调整泥沙淤积分布，使其形成有利于生态环境的湿地，做到因地制宜，布局合理，比例适当。因此，如何把泥沙淤积与湿地学科发展联系起来，推动社会经济和生态环境的可持续发展是摆在科学工作者面前的重要课题。

4. 各系统间的关系

生态系统不仅为人类社会及经济的发展提供生活生产的基础，促进了社会经济的发展，而且具有气候调节、水土保持、环境美化、旅游娱乐等功能。社会经济发展对生态系统、水资源系统和泥沙资源系统也具有巨大的作用力。在经济发展的初期，人类社会为了发展经济，获得眼前利益而不顾长远利益，对林业、渔业、草地、湿地等生物性资源进行掠夺性开发利用，导致生态环境系统的天然平衡遭到破坏、水质退化和水土流失严重，水沙资源系统发生了重要变化。生态环境系统依赖于水资源，水源的枯竭与泥沙资源的过剩会导致动物和人类饮用水困难、植物大量消亡、植被退化、土地荒漠化、沙尘暴加剧等严重生态事件，同时水质的退化也会造成水资源使用功能的下降，从而对生态环境系统主体物质产生严重损害。因此，生态环境系统在水资源系统中发挥着重要的调节、涵养及水质净化功能，并且对泥沙资源也有着重要的调节作用。

3.2.2 流域泥沙资源配置的原则和任务

1. 泥沙资源配置的基本原则

根据资源分配的经济学原理，泥沙配置应遵循有效性与公平性的原则；在泥沙资源利用的高级阶段，还应满足泥沙资源可持续利用性与科学性的原则。有效性、公平性、可持续性和科学性作为泥沙资源合理配置的基本原则[2,7]，其隶属关系如图 3-8 所示。

（1）有效性原则。有效性原则是基于资源在社会经济行为中的商品属性确定的。泥沙作为一种特殊的资源，其资源配置应以泥沙利用效益或者经济损失减少作为使用部门核算成本的直接指标，以社会效益和生态环境保护作为整个社会健康发展的间接指标，使泥沙资源利用达到物尽其用的目标。因此，这种有效性不能仅仅单纯地追求经济意义上的有效性，同时更重要的是追求环境效益和社会效益，追求经济、环境和社会协调发展的综合效

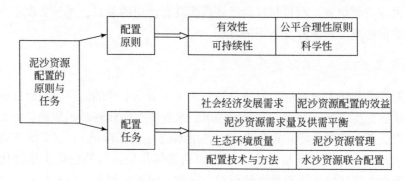

图 3-8   流域泥沙配置的原则与任务

益。在泥沙资源配置过程中，需要设置相应的经济目标，并考察目标之间的协调发展，真正意义上满足有效性原则。

（2）公平合理性原则。公平合理性原则以满足不同区域间和社会各配置单元间的利益合理分配为目标。它要求不同区域（上下游、左右岸）之间的协调分配、利用与发展，以及泥沙资源配置效益在同一区域内配置单元中的公平分配，或者产生的泥沙灾害在流域内进行统筹治理，以免发生有益于这个区域或单元，而有害于另一区域或单元的情况发生，即使泥沙灾害无法避免，合理统筹考虑各方利益的同时，以求得泥沙灾害损失最小为原则。

（3）可持续性原则。可持续原则可以理解为代际间的资源分配公平原则，它是以研究一定时期内全社会消耗的资源总量与后代能获得的资源量相比的合理性，反映泥沙资源利用在不同时期、不同阶段的有效性和公平合理性。可持续性原则要求近期与远期之间、当代与后代之间在泥沙资源利用上需要协调发展、公平利用，而不是无原则、无限制地利用与配置，否则将严重威胁子孙后代的发展能力。泥沙资源的产生与配置具有可持续性[8]，一方面，我国自然环境先天不足，山地、高原、丘陵面积占国土面积的 69.27%，构成复杂地形和地质条件，在水力、风力、重力等外营力作用下极易造成水土流失及山地灾害（崩塌、滑坡、泥石流）；另一方面，水土流失、山地灾害等的治理是一项长期而又艰巨的工程，很难在短期内有十分显著的减沙效益。即使水土保持工作取得一定效果，对流域整体上的泥沙影响也不一定立即就十分显著。因此，泥沙不论现在还是将来都是可持续调控配置和利用的巨大资源。

（4）科学性原则。泥沙资源配置不仅要遵循有效性、公平合理性和可持续性原则，而且还要遵循泥沙资源配置的规律。按照泥沙运动规律、分布特征等合理配置泥沙资源，以获得最大效益。

2. 流域泥沙资源配置的基本任务

在实施泥沙资源配置的过程中，涉及到地理地貌、生态环境、泥沙运动力学、河床演变学与社会经济学等方面的内容，泥沙资源配置是一个复杂的系统工程，有很多任务需要完成。流域泥沙资源配置过程中需要完成的基本任务如图 3-8 所示，具体内容如下。

（1）满足社会经济发展需要。探索适合本地区或流域现实可行的社会经济发展规模和发展方向，推广可行的引水用沙模式。

（2）泥沙资源需求量与供需平衡。通过研究现状条件下的泥沙资源的利用形式、利用结构和利用效率，预测将来适应国民经济发展、生态环境保护等所需泥沙资源量。在水资源开发利用的过程中，研究流域内泥沙资源的供需特点，确定相应的可供沙量和需沙量，以及各用沙单元的需沙量。目前总的情况是泥沙资源供大于求，泥沙灾害占主导作用，比如泥沙淤积和土地沙漠化问题。

（3）泥沙资源配置的效益。通过研究各种泥沙资源开发利用所需的投资运行费用及泥沙利用产生的直接和间接效益，进而分析泥沙资源配置所产生的经济、生态环境和社会效益等。泥沙作为一种特殊的资源形式，社会效益和生态环境效益具有更重要的价值。

（4）生态环境质量。流域泥沙资源配置主要目标之一就是改善生态环境，通过了解泥沙配置在生态环境中的作用，改善与缓解生态环境的途径以及在塑造湿地的作用等来评价泥沙资源对生态环境质量的影响。

（5）泥沙资源管理。研究与泥沙资源配置相适应的科学管理体系，包括建立科学的管理机制和管理手段；制定有效的政策法规；确定泥沙资源利用的激励机制和生态赔偿机制；培养泥沙资源合理配置的管理人才。

（6）配置技术与方法。提高泥沙资源利用效率的主要技术和措施，泥沙资源配置的理论体系及分析模型的开发研究，如评价模型、模拟模型、优化模型的建模机制及建模方法；决策支持系统、管理信息系统的开发；GIS 高新技术的应用。

（7）水沙资源联合配置。泥沙资源与水资源之间具有紧密的关系，在泥沙配置过程中需要考虑水资源的配置，在水资源的配置过程中需要考虑泥沙资源的配置。因此，需要研究泥沙资源与水资源联合配置的机制、原理和手段，开发联合配置模型。

3.3 流域泥沙资源配置的方法与机制

流域泥沙配置的原理主要包括配置目标函数、配置平衡关系与配置机制等方面，而每一个方面又包括非常丰富的内涵，具体如图 3-9 所示，现分述如下。

3.3.1 泥沙优化配置原理与方法

1. 泥沙优化配置的度量函数

泥沙资源优化配置的目标是兼顾泥沙资源开发利用的当前和长远利益、兼顾不同地区与部门间的利益，兼顾泥沙资源开发利用的社会、经济和生态环境利益，以及兼顾效益在不同受益者之间的分配，使得泥沙资源配置的效益最大或产生的泥沙灾害最小。泥沙资源优化配置的处理方法与水资源优化配置是类似的，利用多目标函数的条件极值原理进行配置[2,7]。

在区域内，泥沙配置单元包括流域水土保持滞沙、水库拦沙、河道淤沙、引沙用沙及河道排沙等[9]。设不同泥沙配置单元的沙量为 X，当泥沙表现为资源性时，仅考虑泥沙配

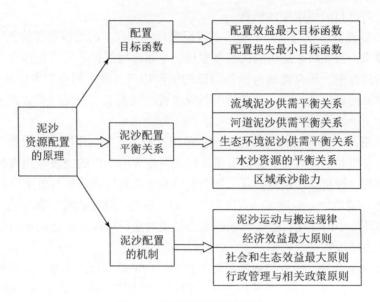

图 3-9　泥沙资源配置的原理

置的经济、社会和生态环境等方面所产生的效益，泥沙配置的目标是以其效益最大为基本目标度量值，泥沙配置的度量函数可表示为

$$Z_j = \max \sum_{i=1}^{n} f(C_{ij}X_i) \tag{3-1}$$

式中，Z_j 为第 j 个目标的函数值，共有 m 个目标函数；X_i 为第 i 个配置单元的泥沙量；n 为泥沙配置单元数；C 为泥沙配置单元的效率系数，这一系数与泥沙配置内容、配置地域等有重要的关系；f 为配沙量所产生效益的函数关系，它代表泥沙资源配置和利用对于经济、社会和生态环境效益的转化能力。显然，这是一个度量经济、社会和生态环境效益协调发展的多目标问题，目标间的竞争性和具体量化问题则是一个多目标决策问题。泥沙配置单元产生的直接经济效益、间接社会和生态环境效益又可分为很多子类效益，例如就业机会、粮食产量、水质净化、土地沙化、湿地、防洪、造地面积等。泥沙资源优化配置对产生经济效益、社会效益和生态环境效益的作用是不同的，对上述子类效益的作用也是不同的。若考虑泥沙资源优化配置对各种效益的作用及平衡分配原则，则综合目标函数为

$$F(x) = \max \sum_{j=1}^{m} \sum_{i=1}^{n} R_{ij}f(C_{ij}X_i) \tag{3-2}$$

式中，R_{ij} 为目标权重系数，根据配置单元对目标效益的贡献情况来确定。在泥沙实际配置过程中，实现上述目标将受到很多条件的约束或限制，如社会经济条件的限制和区域承沙能力的约束等。区域泥沙配置的约束条件表示为

$$\left\{ \sum_{j=1}^{m} \sum_{i=1}^{n} a_{kj}f(C_{ij}X_i) - B_k \leq 0 \text{ 或 } > 0 \quad (k=1,2,\cdots,M) \right. \tag{3-3}$$

式中，a_{kj} 为第 j 个目标函数下第 k 个约束条件（$k=1$，2，$\cdots$，M；M 为控制条件数）的水沙系数；B_k 为各约束条件的效益控制量或者区域承沙能力。显然，区域泥沙资源优化配置问题就变为求解多目标函数的条件极大值问题，数学方程组由综合目标函数（式

（3-2））和配置约束条件（式（3-3））两部分组成，求解方程组便得到一个最优和拟最优的规划方案。

当泥沙表现为灾害时，采用泥沙灾害损失最小为泥沙优化配置的目标函数。泥沙造成的损失又可以分为直接经济损失、社会恶劣影响和生态环境破坏。

综合目标函数为

$$S(x) = \min \sum_{j=1} \sum_{i=1} T_{ij} g(K_{ij} X_i) \tag{3-4}$$

约束条件为

$$\{ \sum_{j=1}^{m} \sum_{i=1}^{n} c_{kj} f(K_{ij} X_i) - E_k \leq 0 \text{ 或 } > 0 \quad (k = 1, 2, \cdots, M) \tag{3-5}$$

式中，S 为综合目标的函数值；T_{ij} 为目标权重系数；j、i 分别为泥沙配置目标函数和配置单元序号；K 为泥沙配置单元的效率损失系数，这一系数与泥沙配置内容、配置地域等有重要的关系；g 为用沙量所产生灾害损失的函数关系，它代表泥沙资源配置和利用对于经济、社会和生态环境产生的影响；c_{kj} 为第 j 个目标函数下第 k 个约束条件（$k = 1，2，\cdots$，M；M 为控制条件数）的系数；E_k 为各约束条件的损失控制量或者区域承沙能力。区域泥沙资源优化配置问题就变为求解多目标函数的条件极小值问题。

2. 多目标层次分析

区域水沙资源优化配置方法可采用多目标规划方法，包括多目标线性规划和多目标动态规划两种方法，相应的区域水沙资源优化配置数学模型包括多目标线性规划和多目标动态规划两种数学模型，优化配置数学模型一般由综合目标函数和约束条件方程两部分构成，求解模型得到一个最优或拟最优的规划方案。理论上讲河道输水输沙、引水引沙和水库蓄水拦沙过程是一个非线性的动态过程，可将优化理论与水沙数学模型相结合，以水库运行、水沙运动及河床变形方程为约束条件可以构造非线性动态规划模型，但以目前的数学和计算机水平该模型求解困难，有关水沙数学模型也不能计算流域面上的水沙资源优化配置，由于区域水沙资源优化配置措施包括水土保持和引水引沙等流域面上的措施。因此，对于流域面上的水沙资源总量优化配置，目前宜采用多目标线性规划数学模型。

区域水沙资源优化配置方法采用多目标规划层次分析法，根据资源利用常规分析，水沙资源多目标优化配置有三个子目标：生态效益、社会效益和经济效益，如表 3-3 所示[2,10]。生态效益子目标是指通过水沙资源的优化配置，减轻水沙不合理利用引起的环境污染和恶化，尽可能利用水沙资源改善生态环境，促进河流健康发展；社会效益子目标是指采用一定措施对水沙资源进行优化配置，达到防洪减灾减淤和改善河道治理的目的，使两岸的居民安居乐业，增强全社会的治河信心和安全感，达到改善社会经济发展环境的社会效益目标；经济效益子目标是指水沙资源优化配置要节省有限的水资源，配置措施要尽可能节省人力物力，泥沙资源利用还要注重创造经济收入。根据以上分析确定生态效益子目标有三个效益指标：改善生态环境、促进河流健康和减轻环境污染；社会效益子目标有三个效益指标：防洪减灾减淤、改善河道治理和增强治河信心；经济效益子目标有三个效益指标：创造经济收入、节省人力物力和节省水资源。

表 3-3　区域泥沙资源配置目标层次分析

层次	层次分析内容								
总目标层 A	水沙资源多目标优化配置 A								
子目标层 B	生态效益目标			社会效益目标			经济效益目标		
效益指标层 C	改善生态环境	促进河流健康	减轻环境污染	防洪减灾减淤	改善河道治理	增强治河信心	创造经济收入	节省人力物力	节省水资源
配置单元层 D	流域滞沙、水库拦沙、放淤利用、引水引沙、机淤固堤、维持河槽、滩区淤沙、河口造陆、深海输沙								

作为一个应用实例[2,10]，针对黄河下游的实际情况，初步建立了黄河下游水沙资源优化配置的模型，相应的综合目标函数

$$F(x) = \sum_{j=1}^{3} \mu_j f_j = \cdots = \sum_{i=1}^{n} \beta_i X_i = \max \tag{3-6}$$

配置约束条件

$$\left\{ \sum_{i=1}^{n} A_{ki} \cdot X_i \leqslant b_i \text{ 或 } > b_i \qquad (k = 1, 2, \cdots, M) \right. \tag{3-7}$$

式中，$F(x)$ 为综合目标函数；f_j 为各子目标函数；μ_j 为各子目标函数的权重系数；X_i 为泥沙配置单元变量，主要包括水库拦沙、放淤利用、引水引沙、机淤固堤、维持河槽、滩区淤沙、河口造陆、深海输沙；β_i 为综合目标函数的权重系数；n 为泥沙配置单元个数；b_i 为各约束条件的水沙资源约束量；A_{ki} 为各约束条件的水沙系数；M 为配置约束条件个数。由于水沙资源优化配置子目标之间常存在效益冲突，把水沙资源配置目标分为若干层次，如表 3-3 所示，利用层次分析和专家调查方法来确定权重系数，考虑了以恢复中水河槽、滩区综合治理和泥沙放淤利用为重点的三种模式，根据由权重系数构造的综合目标函数和配置约束条件，对黄河下游泥沙进行了配置。其中配置约束条件由水沙配置要求、配置平衡关系和控制条件等确定，主要包括小浪底水库拦沙能力、放淤利用能力、引水引沙能力、机淤固堤能力、维持河槽要求、滩区淤沙能力、维持河口稳定及深海输沙能力和维持河流健康的水沙资源总量等约束条件。

3.3.2　泥沙资源配置的平衡关系

在进行泥沙资源配置的过程中，为更有效地达到泥沙资源配置的目标，使流域泥沙资源可持续利用，还需要考虑以下若干平衡关系。

1. 区域泥沙资源量与社会经济发展之间的供需平衡关系

对于一般的自然资源而言，资源需求量具有一定的合理范围，当资源量超出这一合理范围时，资源配置将失去平衡。同样，当泥沙资源量大于使用的数量，泥沙资源的属性主要表现为泥沙灾害。在长期发展过程中，无论是泥沙需求量还是泥沙供应量（即产沙量）均是动态的，其供需平衡关系也是动态的。如社会经济发展和人民生活水平提高，促使各

行各业的工程建设大幅度增加，建筑沙、填充沙、宅基沙、堤防用沙和生态用沙等需求量会有很大的增加；人们对环境的要求越来越高，流域植被度将被提高，产沙量将会有一定的减少，此时泥沙资源量与用沙量之间可能会在一定范围内达到暂时的平衡，使泥沙资源配置达到良性发展的状态。因此，在进行泥沙配置过程中，要根据社会发展水平和流域情况对泥沙资源的需求和供应量进行研究，通过调整社会发展结构、流域植被等因素来适应泥沙资源供求平衡关系。

2. 河道泥沙资源量与水流输运能力的平衡关系

由于我国水土流失严重，泥沙资源相对丰富，某些河流为多沙和高含沙水流。河流泥沙资源在搬运与水力配置过程中，流域泥沙资源量与水流输运能力之间存在一定的平衡关系，如通常所说的河流输沙量与水流输沙能力间的平衡关系。当泥沙资源量大于水流输沙能力时，河道会发生泥沙淤积，甚至是泥沙淤积灾害；当泥沙资源量小于水流输沙能力时，河道会发生冲刷，甚至会发生冲刷灾害。从微观的角度看，在天然河流运动过程中，水沙平衡是相对的，不平衡是绝对的，这种由不平衡到平衡的过程需要经过一定的时间和空间，通过河道的冲淤变化才能达到。

另外，高含沙水流具有较强的输沙能力，若能利用高含沙水流进行水沙联合配置，既能达到节省水资源的目的，又能达到合理利用泥沙的效果。如黄河年来沙量达 10 多亿 t，且绝大部分不是高含沙水流，若把如此大量的泥沙变成高含沙水流并输送到最合适的地方进行开发和利用（如淤临淤背、放淤改土、造田、塑造湿地、填海造陆、建材转化等）具有非常重要的意义。但是，如何实现这一设想却是一个极为复杂的问题，需要就有关技术进行深入研究，如产生高含沙水流的方式、输送的条件以及堆放地点等。

3. 泥沙资源量与生态环境的平衡关系

泥沙资源与生态环境的关系主要表现为湿地减少和沙漠化土地增加两个方面，当泥沙来量大于维护生态环境所需泥沙量时，湿地减少，土地荒漠化，生态环境将会恶化。中国湿地类型不仅很多，包括《湿地公约》列出的全部湿地类型，共计 38 种，而且湿地面积大，总面积约 7969 万 hm²，位居世界第三位[11]。泥沙是河流、湖泊、海岸等湿地的重要组成部分，泥沙淤积可以合理进行湿地的塑造，增加湿地面积；泥沙连续淤积（如填海造陆、造田及湖泊泥沙淤积）和水资源持续短缺，使湿地面积日益减少，如洞庭湖水面由原来的 4350km² 减少到 2500km²。因此，流域泥沙资源量应与生态环境所需的泥沙量相平衡，以利于改善生态环境。

4. 泥沙资源与水资源的平衡关系

流域泥沙资源与水资源之间是相互联系的，一般情况河道泥沙资源与径流水资源成正比。当泥沙资源与水资源不协调时，泥沙资源将会产生灾害，对于我国北方河流（如黄河与永定河），其特点是水少沙多，导致泥沙资源与水资源的不平衡，给河道防洪、引水用沙等造成了困难。随着社会和国民经济的发展，水资源面临短缺的不利局面。而泥沙资源相对过剩，泥沙资源与水资源在一定时期内将会处在一个失衡状态，会进一步影响与制约国民经济的发展，因此，进行水资源和泥沙资源的联合配置是必要的。

5. 区域承沙能力

在泥沙资源与社会发展和生态环境的泥沙需求之间，以及泥沙资源与水流搬运和水资源之间都会存在一定范围的平衡关系，表明社会发展、生态环境、水流水资源对泥沙都存在一个最大承受能力，这一最大承受能力统称为区域承沙能力，或称泥沙配置能力[12,13]。当来沙量或产沙量大于流域承沙能力时，泥沙的存在将会是不经济的或者是有害的，对社会发展和社会环境会产生一定的负面影响。对于不同的对象，区域承沙能力将代表不同的内涵。对于水库而言，区域承沙能力可以理解为水库容沙能力或淤沙库容；对于河道水流来讲，区域承沙能力为水流挟沙能力；对于河道两岸而言，区域承沙力可以理解为用沙能力。

3.3.3 区域泥沙资源配置的机制

结合泥沙资源的特性，泥沙资源的分配机制主要包括四种：①按泥沙运动与搬运规律进行配置；②以经济利益最大（市场经济）进行配置；③以社会生态效益进行配置；④以行政管理及相关政策进行配置。

1. 按泥沙运动与搬运规律进行配置

泥沙在水流输运和分配的过程中，水流输运泥沙要遵循一定的规律，即水流挟沙能力。水流挟沙能力一般可表达为

$$S_* = K\left(\frac{V^3}{g\omega R}\right)^m \tag{3-8}$$

式中，V 为水流流速；R 为水力半径；ω 为泥沙沉速；g 为重力加速度；K，m 为系数和指数。

当水流含沙量超过水流挟沙能力 S_* 时，水流处于超饱和状态，河床将发生淤积；反之，当含沙量小于水流挟沙能力时，水流处于次饱和状态，水流将向床面层寻求补给，河床将发生冲刷。通过沿河水流挟沙能力的调控产生河道的淤积或冲刷，从而达到河道泥沙的配置；当来水流量较大时，水流漫滩，泥沙淤积在滩地。河道水流携带的泥沙一方面可通过各类工程调控被引导淤放在水库或河道适当部位，另一方面可随河道两岸引水或漫滩而进入河岸两侧或滩地，剩余部分则随水流输送到大海（或河口以下）。

在水沙资源配置过程中，引水引沙发挥着重要的作用，而且引水引沙也遵循一定的规律。据有关研究表明，引水含沙量取决于来水来沙条件、含沙量分布及引水布设等，引水口附近的水流结构比较复杂。为简单起见，对于给定的引水口，分沙比 η_{Q_s} 与引水分流比 η_Q 之间的关系可表达为

$$\eta_{Q_s} = k\eta_Q^m \tag{3-9}$$

式中，k、m 为给定系数。对于不同的引水口，k、m 值具有很大的差异[14-16]。如山东省簸箕李灌区的引黄闸：$k = 6.30$，$m = 1.53$；自流灌溉：$k = 0.98$，$m = 1.00$；提水灌溉：$k =$

1.08，$m = 1.00$。位山灌区的提水灌溉：$k = 1.18$，$m = 1.00$。山东省引黄平均情况：$k = 0.84$，$m = 1.00$。进入引水灌区的泥沙仍遵循相应的输沙和分水分沙规律进行配置。

2. 以经济利益最大（市场经济）进行配置

目前流域泥沙产量是丰富的，具有一定的资源性和有害性，当泥沙产量大于区域承沙能力及用沙量时，泥沙就表现为泥沙灾害，如泥沙淤积、土地沙漠化等，对社会发展与生态环境产生一定的不利影响；当泥沙产量小于区域承沙能力时，泥沙对社会发展及生态环境仍然会产生一定的影响，如河流冲刷，沙石料来源减少；当泥沙资源量与区域承沙能力相当时，泥沙利用将会产生很大的经济效益，如多沙河流的引洪淤灌、淤临淤背、填海造地等。在进行泥沙利用的过程中，在不发生泥沙灾害的前提下，以花费最小的成本、创造最大的效益为配置目标。既不给社会带来生态环境问题，又能提高人类的福利，并为生产部门带来最大的经济效益。

3. 以社会生态环境效益进行配置

在泥沙配置的过程中，有时很难完全满足区域承沙能力的原则。并且泥沙配置没有直接的经济效益，只是为了改善区域的生态环境，从而增加社会效益。在此种状态下，泥沙资源配置的主要目的是兼顾改善、美化人类赖以生存的社会环境及维系生物物种的多样性，创造社会环境效益。以社会生态环境效益为原则进行泥沙配置的典型例子就是湿地塑造，基于泥沙运动规律，把河流泥沙输送到合理位置，塑造成水陆相间的河滩地、河口滩涂、水库湖泊等湿地形式。如黄河河口湿地、长江中下游湖泊湿地、官厅水库库滩湿地等都是泥沙配置的重要结果，从而很好地保护了这些地区的社会生态环境。

4. 以行政管理及相关政策进行配置

泥沙资源不像一般市场商品容易管理，而且也不像其他商品具有直接的经济效益，且不容易被个人所应用，甚至有时对社会还会产生严重的灾害。因此，为了减小泥沙灾害的影响或者缓解其他灾害的产生，政府很难完全从经济效益的角度考虑，只能通过行政管理及相关政策进行泥沙配置。按照行政管理及相关政策进行泥沙配置最典型的例子就是黄河下游的淤临淤背工程，淤临淤背工程利用了大量的黄河泥沙，尽管并没有直接创造显著的经济效益，但是，淤临淤背可以加固黄河大堤，起到防洪减灾的作用，具有显著的社会效益。

3.4 区域水沙资源联合配置的控制条件

3.4.1 水沙资源量的控制关系

1. 流域产流产沙关系

在流域产沙过程中，流域产沙与降水产流有重要的关系，受到产流条件的影响。在流域产沙经验公式中，降水产流因子是最重要的影响因素之一。如流域水流侵蚀强度一般用土壤侵蚀模数来表达，黄河水利委员会黄河水利科学研究院给出了坡面侵蚀模数的经验公式[17]

$$M_s = \frac{51.1}{C^{0.15}} I^{1.50} P^{1.20} J^{0.26} P_a^{0.48} \tag{3-10}$$

式中，M_s 为土壤侵蚀量模数（t/km²）；C 为植被度（%）；I 为一次降雨平均雨强（mm/min）；P 为一次降水量（mm）；J 为地表坡度（%）；P_a 为雨前土壤含水率（%）。上式表明土壤侵蚀模数与降水量、降水强度、坡度和雨前土壤含水率成正比，与土壤植被度成反比。对于一定的土壤结构，土壤侵蚀模数与雨强 I、降水量 P、坡度 θ 和径流深度 h 等因子有关。土壤侵蚀模数 M_s 可用下式表示[18]

$$M_s = a I^{0.388} P^{0.393} \theta^{1.060} h^{0.873} \tag{3-11}$$

式中，θ 为地表坡度（°）；h 为一次暴雨径流深度（mm）；a 为与作物有关的系数。

从上述经验公式可以看出，水流因子是影响流域产沙最重要的影响因素，流域产沙与水流因子之间有直接的函数关系，表明流域泥沙资源量受流域径流资源量的限制，泥沙资源量的预估需要受流域水资源量的控制。

2. 输沙量与径流量间的关系

从流域产沙到输移和配置利用，都离不开水流的作用，而水流运动又伴随泥沙的侵蚀、输移和分配，泥沙和水流是区域水沙资源配置过程中的一对矛盾，泥沙资源量与水资源量具有一定的函数关系，如图2-1所示。河流输沙量与径流量成正比，径流量越大，流域输沙量越多。流域泥沙资源量（W_s）与水资源量（W）间的关系可表达为

$$W_s = KW^{\alpha} \tag{3-12}$$

或者

$$W_s = KW^{\alpha} S_0^{\beta} \tag{3-13}$$

式中，W 为年径流量；W_s 为年输沙量；S_0 为河道上游来水含沙量；K 为系数；α 和 β 为指数。式（3-12）一般适用于南方的低含沙量河流，如长江、珠江等；式（3-13）一般适用于北方的多沙河流，如黄河、永定河等[3]。

3.4.2　水沙联合配置的运动输移控制方程

在水沙资源配置过程中，一定要伴随水沙运动和输移，而且水沙运动和输移一般是要通过河道作为通道来完成的。在冲积河流上，水流通常是非恒定的渐变流，和水流相联系的泥沙冲淤过程也是随时间而变化的。对于不恒定水流，河道水沙运动与输移一般遵循水流连续方程、水流运动方程和泥沙连续方程，如图3-10所示。

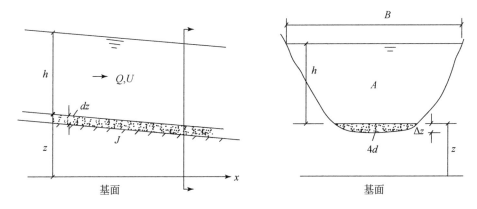

图 3-10　水流和断面的基本特征值

冲积河流水沙运动方程组[19]

$$\begin{cases} \dfrac{\partial Q}{\partial x}+\dfrac{\partial A}{\partial t}=0 \\[2mm] \dfrac{\partial Q}{\partial t}+\dfrac{\partial}{\partial t}\left(\dfrac{Q^2}{A}\right)+gA\,\dfrac{\partial h}{\partial x}=gA\left(J-J_f\right) \\[2mm] \dfrac{\partial G}{\partial x}+\left(1-p\right)\dfrac{\partial A_d}{\partial t}=0 \end{cases} \tag{3-14}$$

方程组内的符号参见图 3-10。式中，Q 为流量；G 为输沙率；A 为过水面积；A_d 为冲淤面积；h 为水深；p 为淤积物空隙率；J 为河床比降；J_f 为摩阻比降；g 为重力加速度；x 为沿程水平距离；t 为时间。当河流有侧向汇入的水沙时，式（3-14）第一和第三方程的右侧应加上相应的汇入水沙值。上述非恒定挟沙水流的基本方程组目前尚无普遍的解析解，实践中常采用近似的计算方法，应用比较多的有差分法和特征线法。由于差分法具有较大的灵活性，在实践中得到更广泛的应用。

另外，在水流输运和分配的过程中，泥沙输送为不平衡输沙。水流输运泥沙要遵循一定的规律，即水流挟沙能力，水流挟沙能力一般用式（3-8）表示。当水流含沙量 S 超过水流挟沙能力时，水流处于超饱和状态，河床将发生淤积；反之，当含沙量小于水流挟沙能力时，水流处于次饱和状态，水流将向床面层寻求补给，河床将发生冲刷。对于河道泥沙输送，常采用不平衡输沙理论进行描述，河道不平衡输沙理论参见文献[20]。

3.4.3　水沙联合配置的分配关系

在水资源配置过程中，引水引沙是水沙配置的重要形式，在区域水沙配置中发挥着重要的作用。不仅引水量与引沙量之间存在一定的函数关系，而且引水引沙比例也遵循一定的规律。

1. 水沙资源量的分配关系

引水引沙是区域水沙配置的重要一环，对于以悬移质泥沙为主的多沙河流，引水的同时必引沙，而且引沙量与引水量之间存在一定的函数关系。根据文献资料[21-23]，可绘制黄河下游引黄灌区引沙量与引水量之间的关系，如图 3-11 所示。灌区引沙量与引水量成正比，引水量越多，相应的引沙量越多。引沙量与引水量之间的关系可用下式表示

$$W_{ds} = K_d W_{dw}^{\beta} \tag{3-15}$$

式中，W_{ds} 为引沙量；W_{dw} 为引水量；K_d 为系数；β 为指数。

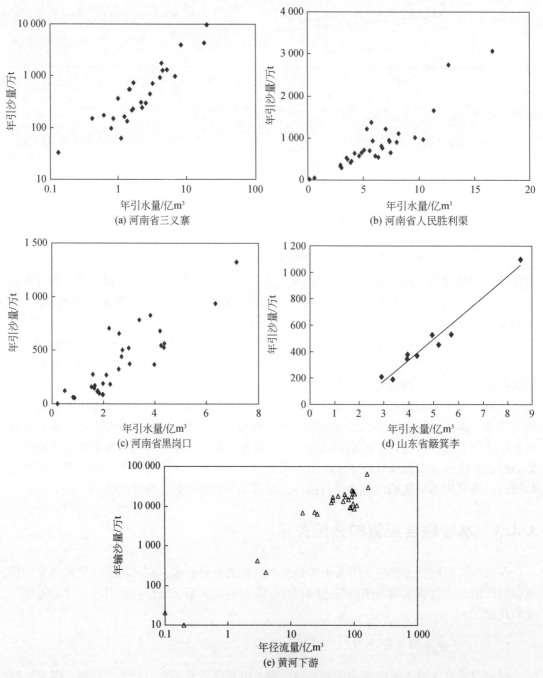

图 3-11　河道两岸水沙配置的水沙关系

2. 分水分沙的特征关系

据有关研究表明，引水含沙量取决于来水来沙条件、含沙量分布及引水布设等。引水口附近的水流结构比较复杂，以下从引水分沙的实例与理论分析两个方面进行分析。

1）引水分沙理论的分析

引水分沙是一个复杂的三维问题，与引水边界条件、水沙条件等都有密切的关系。对于河流或渠道上某一位置的引水口，其底板高程是影响引水分沙特性的关键因素。为进一步研究闸底板高程布置对引水含沙量的影响，假定取水口前沿垂线分布符合莱恩−卡林斯基含沙量垂线分布[14,24]：

$$\frac{S}{S_\alpha} = e^{-\frac{\omega(y-a)}{\varepsilon_s}} \tag{3-16}$$

且取水口具有沿垂线的取水高度，便得取水含沙量 $S_{cp取}$、级配 $p_{i取}$ 与河道平均含沙量 $S_{cp干}$、级配 $p_{i干}$ 的比较关系：

$$S_{cp取} - S_{cp干} = \sum_{i=1}^{N} \frac{S_{\alpha_i}}{\beta_i} \left[e^{-\beta_i(z-\alpha)} + e^{-\beta_i} - 1 - e^{-\beta_i(Z+\Delta Z-\alpha)} \right] \tag{3-17}$$

$$\frac{p_{i取}}{p_{i干}} = \frac{\dfrac{S_{\alpha_i}}{\beta_i} e^{-\beta_i(z-\alpha)}(1-e^{-\beta_i\Delta z})}{\dfrac{S_{\alpha_i}}{\beta_i}(1-e^{-\beta_i})} \cdot \frac{\sum \dfrac{S_{\alpha_i}}{\beta_i}(1-e^{-\beta_i})}{\sum \dfrac{S_{\alpha_i}}{\beta_i} e^{-\beta_i(z-\alpha)}(1-e^{-\beta_i\Delta z})}$$

$$= \frac{(1-e^{-\beta_i\Delta z})e^{-\beta_i(z-\alpha)}}{1-e^{-\beta_i}} \cdot \frac{S_{cp取}}{S_{cp干}} \tag{3-18}$$

式中，S_α 为离河底 a 处的含沙量；ω 为泥沙沉速；Z 为取水距河底的相对高度；ΔZ 为相对取水厚度或取水高度；ε_s 为悬沙扩散系数近似取平均值 $\overline{\varepsilon_s} = \dfrac{\kappa U_* H}{6}$，若 $\alpha = \dfrac{a}{H}$、$\bar{y} = \dfrac{y}{H}$、$\beta = \dfrac{6\omega}{\kappa U_\kappa}$，根据不同的取水位置和取水高度，利用式（3-17）和（3-18）可定性分析引水闸和分水闸取水含沙量和取沙级配的变化特征如下：

（1）当 Z 值较小、ΔZ 值较大或接近于 1.0 时，$S_{cp取} \leqslant \overline{S_{cp干}}$，此时多为自流取水（如 $Z=0$，$\Delta Z=1$ 时，$S_{cp取} = \overline{S_{cp干}}$，$p_{i取} = p_{i干}$），说明此时取水含沙量略小于或等于干渠含沙量，取水泥沙级配和干流泥沙级配相当或略细，如图 3-12 所示的情况。

（2）当 Z 值较大、$\Delta Z=1$ 时，此时相当于底板高程较高的取水口，取上部水流 $\overline{S_{cp取}} < \overline{S_{cp干}}$。对于粗沙，$p_{i取} < p_{i干}$，对于细沙 $p_{i取} > p_{i干}$，表明此种情况取水含沙量小于大河，引沙较细，如图 3-13 中的滩地取水。

（3）当 Z 值较小、ΔZ 值较小时，即取底部水流，相当于提水灌溉、水泵引水或涵洞取水，此时 $S_{cp取} > \overline{S_{cp干}}$；由于较粗泥沙 $\beta_i \left(= \dfrac{6\omega_i}{\kappa u_*} \right)$ 远大于较细泥沙的 $\beta_i \left(= \dfrac{6\omega_i}{\kappa u_*} \right)$，故取粗沙的比例 $p_{i取} > p_{i干}$，取细沙的比例 $p_{i取} < p_{i干}$；即说明此时提水灌溉的取水含沙量大于大河含沙量，取水泥沙粗于大河泥沙，如图 3-14 所示的提水灌溉。

（4）当 Z 值较大、ΔZ 值适中时，即取中层水流，相当于涵洞或提水口门居中，此时取水含沙量大小和泥沙粗细难以判断。若取平均含沙量水深 $\left(\dfrac{\ln\beta\ (1-e^{-\beta})}{\beta}\right.$，近似取为 $0.6\Big)$ 以下水流，取水含沙量偏大，泥沙偏粗；反之若取平均含沙量水深以上水流，取水含沙量偏小，泥沙偏细。

需要说明的是，Z 和 ΔZ 并不能与涵闸底板高度和开度或提水进口高度和进口尺度等同，它们既有联系又有差异。一般说来，Z 值小于涵闸底板或提水进口高度，ΔZ 大于涵闸开度和提水进口尺度。这是引水范围沿渠宽逐渐扩大，侧向流速递减的结果，且受引水比和边界条件等因素的影响，这也正是实际引水含沙量和泥沙级配变化不如想象的大的关键所在。引水口门附近是三维流场，水流结构复杂，很多学者进行过深入的研究，上述概化分析仅仅是定性的。

在实际引水过程中，引水口引水和漫滩跑水有很大的差异，一是在引水时间分配上的差异，二是引水含沙量的不同。一般引水口的高程低于滩地跑水口，相应的引水含沙量大于洪水漫滩跑水含沙量。

2）引水分沙实例分析

引水含沙量的大小不仅与引水条件有关，而且还与引水口底板高程有密切的关系。较低的引水口（如山东的簸箕李灌区引水口），其引水含沙量较大，有时大于大河含沙量。当闸底板高程较高或者弯道取水时，引水含沙量略小于大河含沙量，如山东的李家岸和陈垓引黄闸。在没有特殊防沙条件下，一般情况下引水含沙量小于大河含沙量。通过黄河引水引沙特性的分析[15,16]，引黄含沙量约为黄河含沙量的 0.86 倍，如图 3-12 所示；对于建在滩地上的分洪工程和生态闸[25,26]，其引水分水的含沙量更小，黄河东平湖 1958 年自然漫滩分洪时，分入的含沙量仅为来水含沙量的 15% ~ 55%，1957 年漫滩分入的含沙量更小，如图 3-13 所示。

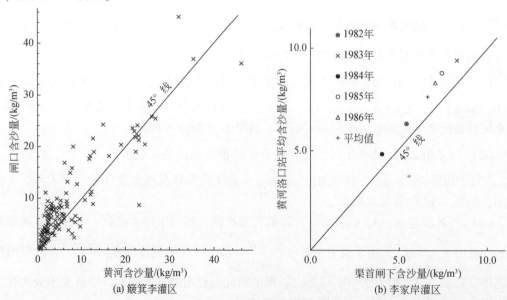

(a) 簸箕李灌区　　　　　　　　　　　(b) 李家岸灌区

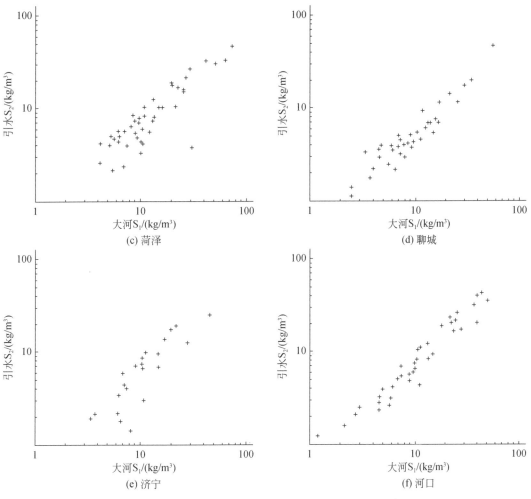

图 3-12 黄河下游引黄闸取水含沙量与大河含沙量的关系

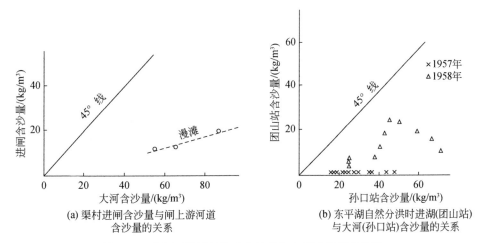

图 3-13 黄河下游滩地取水含沙量与大河含沙量的关系

　　另外，我们还分析了引黄灌区不同灌溉方式下含沙量的变化[14,24]，如图 3-14 所示。由图可见，簸箕李灌区自流灌溉的引水含沙量约为干渠含沙量的 0.98 倍，而簸箕李和位山灌区提水含沙量约为干渠含沙量的 1.08 倍和 1.18 倍。

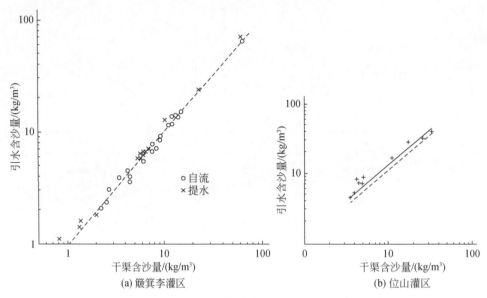

(a) 簸箕李灌区　　　　　　　　(b) 位山灌区

图 3-14　引黄灌区自流和提水含沙量与干渠含沙量的关系

3.4.4　水沙联合配置的工程技术条件

1. 工程建设

　　在流域内，兴建了大量的水利工程，主要包括流域淤地坝、河流水库、引水分沙工程等[3,27-29]，为流域水沙资源配置提供了工程条件。这些已建水利工程直接参与了水沙资源的调配，水库、淤地坝工程直接拦截了大量的泥沙，引水引沙促使水沙配置，在流域泥沙资源化与配置中发挥了重要的作用。

2. 基础理论与关键技术

　　流域水沙资源配置不仅涉及河道水沙运动与水资源配置的理论，相关研究成果较多，目前基本形成了相对完善的泥沙运动与河床演变的理论体系和一套相对完善的水资源配置理论和技术，而且需要成熟的工程规划、设计和运行调度的关键技术，如水力调度技术、机械调控措施等，这方面的技术条件日趋成熟，为泥沙资源化与水沙资源优化配置提供了重要的技术支撑。

3. 泥沙利用的经验

　　在世界范围内，仍然有大量泥沙利用的研究成果和典型事例，如巴西河口的泥沙利用[27]、英国的挖泥造地、美国密西西比河的引洪灌溉，以及埃及尼罗河上的引洪改沙等，又如我国黄河流域实行的淤改、泥沙造地、淤临淤背、制作建筑材料等[7,29,31]，虽然这些泥沙利用仅局限于小范围、某个行业或局部利益上，其数量也很有限，但在泥沙利用方面已取得了很多成功的经验并掌握了相应的关键技术，为进一步开展水沙资源优化配置工作奠定了基础。

3.5　区域承沙能力及其估算

3.5.1　区域承沙能力的概念及表现形式

1. 承沙能力的概念

区域承沙能力是指从经济实用、社会发展和生态环境的角度来看，在河道及其流域内，包括水利工程，对泥沙资源量的搬运、容纳、应用等存在的最大承受能力，或者为满足经济实用、促进社会发展、改善生态环境之一或综合效果，某一区域需要或者承纳的最大泥沙量。在社会需求、经济发展的大环境下，水利基础工程得到完善和发展，而且水沙基本理论和技术有了较大的提高，在这种环境下开展水沙资源优化配置的研究，并提出了区域承沙能力的概念，史红玲等称之为泥沙配置能力[12,13]，胡春宏等称之为泥沙配置潜力[32]。当来沙量或产沙量大于区域承沙能力时，泥沙的存在将会是不经济的或者是有害的，对社会发展和社会环境将会产生一定的负面影响。

2. 区域承沙能力的表现形式

对于不同的对象，区域承沙能力将代表不同的内涵。对于水库而言，承沙能力可以理解为水库的容沙能力或死库容；对于河道水流输沙来讲，区域承沙能力为水流挟沙能力或河道冲淤平衡临界阈值；对于河道两岸而言，区域承沙力可以理解为用沙能力。区域承沙能力的具体表现形式如图 3-15 所示。

1）河道水流挟沙能力。河道挟沙能力实际上是河道的承沙能力。在一定的水流及边界条件下，能够通过河段下泄的沙量称为水流的挟沙力。水流挟沙力应该包括推移质和悬移质在内的全部沙量[33]。鉴于床沙质和冲泻质、悬移质和推移质的运动机制有所不同，习惯上水流挟沙力仅限于水流挟带悬移质中床沙质的能力，在平原河流中，悬移质通常为输沙的主体。水流挟沙能力一般采用武汉水利水电学院挟沙力公式（3-8）等。当水流含沙量 S 大于水流挟沙能力时，水流处于超饱和状态，河床将发生淤积；反之，水流处于次饱和状态，水流将向床面层寻求补给，河床将发生冲刷。

2）河道冲淤临界阈值。冲淤平衡临界阈值是使河道处于冲淤平衡的流量或水沙组合，它是对河道处于冲淤平衡时对应的来水来沙条件，是对河道冲淤平衡更深层次的研究。通过对河道冲淤平衡临界阈值探求，可以进一步找到维持河道冲淤平衡的具体措施，使得满足承沙能力的条件具体化。

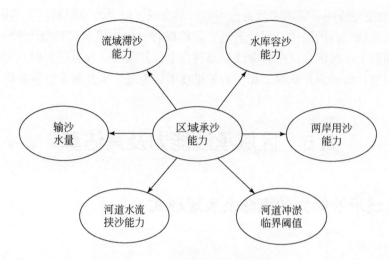

图 3-15 区域承沙能力的表现形式

3）水库容沙能力。水库修建后，将会拦截大量的泥沙，在流域内与河流上，修建了大量的水库工程，比如三峡水库，龙羊峡水库，小浪底水库等，拦截了大量泥沙，造成水库库容的损失。一般情况，水库运行水位不会低于死水位，死水位对应的库容为死库容，因此死库容一般是很难被利用，可作为水库淤沙空间，即水库容沙能力。当水库泥沙淤积量小于水库容沙能力（死库容）时，水库将会正常运行；当水库泥沙淤积量超过水库容沙能力（死库容）时，水库效益的发挥将会受到影响。表 3-4 为几个典型水库的特征值与容沙能力[34]。

表 3-4 典型水库的特征指标与容沙能力 （单位：亿 m³）

流域	水库名称	总库容	正常库容	死库容（容沙能力）	泥沙淤积量
黄河	小浪底水库	126.5	—	76.0	
	三门峡水库	354.0	—	—	53.0
	刘家峡水库	61.5	57.4	15.4	—
	龙羊峡水库	266.0	247.0	53.4	—
长江	三峡水库				
	五强溪水库	42.0	29.9	9.7	9.9
	丹江口水库	208.9	98.00～102.20	72.30～76.50	—
永定河	官厅水库（原设计）	22.7	12.00	6.0	6.5
辽河	大伙房水库	21.87	12.96	1.34	0.32
	红山水库	25.6		5.1	4.77
淮河	梅山水库	22.75	7.8	3.94	0.11

3.5.2　区域承沙能力影响因素和特点

1. 区域承沙能力的影响因素

区域承沙能力的主要影响因素主要包括泥沙资源的数量与质量、水沙资源的开发利用程度、自然环境、工程建设条件、社会生产力发展水平等，具体如图 3-16 所示。

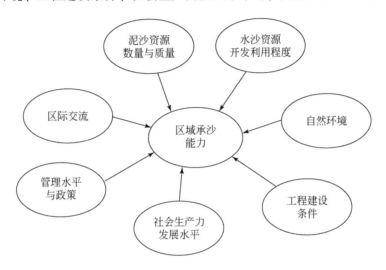

图 3-16　区域承沙能力的主要影响因素

（1）泥沙资源数量与质量。由于自然地理条件和气候条件的不同，泥沙在数量上有其独特的时空分布规律，而泥沙与水资源又是密切相关，泥沙与水资源的搭配关系也影响着承沙能力的大小。一般说来，南方河流水多沙少，区域承沙能力较大，而北方河流水少沙多，相应的区域承沙能力较小。在质量上如级配、泥沙成分和污染程度等也会影响泥沙的输移和利用。流域内用途比较广泛的泥沙越多，区域承沙能力越大。

（2）水沙资源开发利用程度。不同流域水沙分布特点不仅不同，而且其开发条件和技术也有很大的差异。流域水沙资源开发利用条件好、技术高和经验多的区域，其承沙能力较大。

（3）自然环境。由于流域地理条件、地质特征、地貌、气候以及河流自身特性有很大的差异，使得泥沙资源的产生、分配和利用等都有很大的不同，进而影响区域承沙能力。

（4）工程建设条件。流域内修建了大量的水土保持与水利工程，对流域保水拦沙产生重要的效果，使流域承沙能力增大。当然，由于自然因素的影响，不同流域水利工程对流域水沙的控制程度不同，这些因素都会影响流域泥沙承载力。

（5）社会生产力发展水平。不同历史时期或同一历史时期的不同地区具有不同的生产力水平，对泥沙需求水平也不同，同时利用单位量泥沙创造的价值也各不一样。对于生产力水平不高，而且具有丰富矿产资源的地区，为了发展经济，进行掠夺性的矿产资源开发，生态环境遭到严重破坏。

（6）管理水平与政策。一方面，政府的政策法规、市场的运作会影响区域承沙能力的大小，一个区域的管理水平也会在泥沙配置中发挥重要作用，从而影响区域承沙能力。

（7）区际交流。由于区域水资源的不平衡，国家大力发展跨区域调水，调水必调沙，并且调入的水会导致该地区泥沙重新配置。同时泥沙分布的不平衡和经济利益的驱使，也会使得泥沙从较多的地区流向较少的地区，这些都会影响区域承沙能力。

2. 区域承沙能力的特点

影响区域承沙能力因素较多，且各影响因素之间相互联系，通过分析泥沙属性和泥沙资源的特征，区域承沙能力具有如下的特点：

（1）空间变异性。在不同区域，承沙能力是有差异的。区域生态环境是由各个自然要素组合成的统一体，泥沙的合理利用与配置既是其中的重要组成成分，也是影响生态环境的重要因素；反过来，区域自身生态环境的强弱，也会影响承沙能力。因此，当生态环境较弱时，区域承沙能力相对较弱，反之则较强。区域承沙能力的空间变异性要求在一定时期内，人类活动应根据空间差异进行合理布局，协调好区域之间的发展。从整体上最大限度地合理利用与配置泥沙资源，减少泥沙灾害。

（2）可控性。区域承沙能力的可控性有两方面的含义，一是承沙能力受控于生态环境中的物质与结构，它的大小必须依赖于生态环境；二是它受控于人类社会经济活动、科学技术的发展。

（3）动态性。区域承沙能力与具体历史发展阶段有直接关系，不同的发展阶段有不同的承沙能力，它是一个历史范畴。这主要体现在两个方面，一是不同的发展阶段人类开发利用泥沙的技术手段不同，以前人们对泥沙的利用是局部的、自发的，利用程度很低；而目前由于泥沙基础理论的发展，各种水利工程、水土保持工程的建设，人们可以通过各种工程技术对泥沙进行配置。二是不同的发展阶段人们对泥沙的需求不同，如目前黄河下游河道上的堤防用沙、引水引沙、建筑用沙等都是人们在新时期对泥沙的新需求，特别是河道来沙量大幅度减少的新时期。

（4）相对极限性。在某一具体历史发展阶段，承沙能力具有最大和最高的特性，即可能的最大指标。

（5）可增强性。随着社会经济技术的发展，承沙能力具有越来越大的特点。

（6）模糊性。由于系统的复杂性与不确定影响因素的客观存在，以及人类认识的局限性，决定承沙能力在具体的承载指标上存在一定的模糊性。

3.5.3 区域承沙能力的估算

1. 区域承沙能力的组成

结合区域承沙能力的概念，区域承沙能力可包括以下五个部分，区域泥沙容纳量、河道滞沙量、区域泥沙利用量、区域输出沙量（河口滞沙量）、区域增沙量。区域泥沙容纳量是在不引起泥沙灾害、不对生态环境形成压力，能保持社会经济的持续发展的基础上，流域各部分能容纳的泥沙；河道滞沙能力是指河道的淤积或冲刷量；区域泥沙利用量是人们在一定历史条件下，利用泥沙以满足人们的某种需要的泥沙量；区域输出沙量（河口滞沙量）是指河口沉积造陆的泥沙量；区域增沙量是指因为人类自身活动所形成的额外泥沙增量，造成的承沙能力减弱，详细参见图3-17。

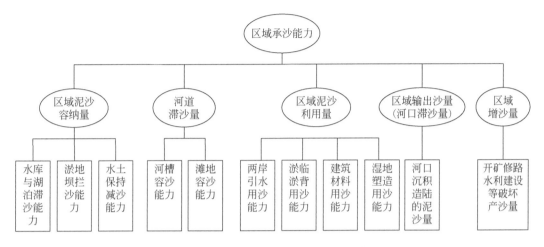

图 3-17　区域（流域）泥沙承载能力

2. 区域承沙能力的估算

1）区域泥沙容纳量（W_{bc}）

区域泥沙容纳量是利用区域中各种自然条件、水利工程、水土保持工程等拦截、滞留泥沙的量，这是承沙能力最主要的部分之一。它主要包括水库与湖泊滞沙量、淤地坝淤沙量、水土保持减沙量等。

水库与湖泊滞沙量（W_{rl}）：对于流域湖泊而言，一般说来，湖泊水流流速较少，以泥沙淤积为主，造成湖泊面积的逐渐减少，湖泊容积减少。比如长江洞庭湖，40多年来共淤积泥沙40多亿 m³（平均每年淤积1亿 m³），致使河道河床、湖底平均抬高1m。水库淤积与湖泊相比，泥沙淤积和库容损失相对严重，水库调节能力减小，间接影响防洪、供水、发电、灌溉等效益的正常发挥。据20世纪80年代初对北方231座大中型水库统计调查[17,34]，累计泥沙淤积量达115亿 m³，占这些水库总库容804亿 m³的14.3%，平均年淤积损失为8亿 m³。水库的最大滞沙能力常常用死库容来代替。

水土保持减沙量（W_{ws}）：我国属于世界上水土流失较严重的国家之一，特别是北方和西部地区，气候干燥少雨，水资源短缺，流域内植被条件较差，水土流失严重。新中国成立后，特别是改革开放以来，我国政府特别重视水土保持工作，开展了大规模以水土保持为中心的生态环境建设，保水保沙效果十分明显。截至"十五"期末，全国累计综合治理水土流失面积达92万 km²，每年可减少土壤侵蚀量约为15亿 t，增加蓄水能力为250多亿m³[35]。水土保持采取建设基本农田和治沙造田、营造水土保持林、重视种草保存面积、种植经济林等方面措施。目前计算水土保持减沙量的成果也比较多，归结起来主要采用水文法、水保法估算并进行比较[36]。

淤地坝淤沙量（W_{sd}）：黄河流域淤地坝建设历史悠久，特别是 20 世纪 50 年代后，结合治理水土流失和发展农业生产，在黄河中游沟道中建设了大量的以拦泥、缓洪、淤地造田、发展生产为目的淤地坝。黄河中游地区的淤地坝在减少黄河泥沙、增加农民收入等方面发挥了积极的作用。淤地坝淤沙量主要是考虑淤地坝的保存率和有效率两个方面，结合淤地坝控制面积、建设规模等因素综合考虑进行估算。

2）河道滞沙量（W_{rs}）

河道滞沙量是指在不影响防洪、供水等功能目标的情况下，河道所能容纳的泥沙量。河道滞沙量包括河槽冲淤量（W_{bs}）和滩地淤积量（W_{ss}）。根据河道断面测量法和输沙率法确定。

3）区域泥沙利用量（W_{su}）

随着社会经济技术的发展，人们利用泥沙的方式、程度、数量有了很大的变化，在我国目前泥沙利用量包括两岸引沙用沙量、淤临淤背用沙量、建筑材料用沙量、湿地塑造用沙量、防止海岸线侵蚀等。

两岸引沙用沙量（W_{du}）：最典型的两岸引沙用沙实例为黄河下游引黄用沙。引沙量的大小与引水量、河道含沙量成正比。引沙量可用下式估算：$W_{ds}=W_{引}S_{引}$。在引沙量中，粗颗粒泥沙难以输送到田间，集中淤积在渠首附近，清淤泥沙会造成两侧土地的沙化或生态环境恶化，这部分粗颗粒泥沙限制了引水灌溉正常效益的发展，粗颗粒清淤泥沙量为 W_{sd}，那么引水用沙量为

$$W_{du}=W_{ds}-W_{sd} \tag{3-19}$$

淤临淤背用沙量（W_{wd}）：我国许多河道，特别是多沙河流泥沙淤积严重，给河道防洪带来了严重的困难。黄河下游、荆江洞庭湖区和海河流域诸河口等河道都曾采用机械进行过淤临淤背工程，特别在黄河下游应用最普遍。几十年来，黄河下游利用泥沙开展了淤背加固大堤的工程建设，累计淤背长达 708.4km，淤土方达 4.0 亿 m³。淤临淤背利用泥沙的量与淤临淤背需求成正比，与淤临淤背成本成反比。

建筑材料用沙量（W_{cm}）：建筑材料用量要通过实际调查获得。建筑材料用沙量主要包括两方面，一是直接的河道采沙，二是建筑材料的转化。

湿地塑造用沙量（W_{ws}）：一般湿地是由水、陆、植物和动物等组成，东北湿地区域、长江中下游湿地区域、沿海湿地区域和西北内陆湿地区域中间的部分湿地是由河流冲积形成的，在这些湿地的形成过程中，泥沙在淤积造陆方面发挥了重要的作用。比如河口湿地、湖泊湿地、河（海）滩湿地等若没有泥沙的淤积，这些湿地是无法形成的或是不完善的。但是，这些湿地形成的沙量与河道滞沙、水库湖泊拦沙、河口淤沙等都有很大的重叠，在计算时需要考虑，鉴于问题的复杂性，目前可以把湿地塑造用沙量全部分配给上述单元，即 $W_{cm}=0$。

4）区域输出沙量（河口滞沙量）（W_{rm}）

对于河道某一区域，区域多余的水量和沙量将输出该区域，即区域输出沙量；对于入海河流，把多余水量和剩余泥沙输送到河口附近，一部分泥沙淤积在浅海，形成广阔的河口平原或陆地，即填海造陆我们称之为河口滞沙量。

5）区域增沙量（W_{ac}）

所谓人为产沙就是在人力的作用下所产生的泥沙。如，在进行水利工程建设过程中，

一般要进行河道截流或修筑施工围堰，人为向河流内倾倒泥沙，区域增沙量主要包括开矿修路等一切人为造成产沙的现象。人为产沙量导致区域沙量增加，区域承沙能力减少。

3. 区域泥沙总承载力的计算

通过对流域泥沙承载力的分析，流域泥沙承载能力可按如下公式估算：

（1）区域泥沙容纳量（W_{bc}）：区域容纳泥沙量包括水库与湖泊滞沙量（W_{rl}）、淤地坝淤沙量（W_{sd}）和水土保持减沙量（W_{ws}），区域泥沙容纳量可表示如下：

$$W_{bc} = W_{rl} + W_{sd} + W_{ws} \tag{3-20}$$

（2）河道滞沙量（W_s）：河道滞沙量包括河槽冲淤量（W_{bs}）和滩地淤积量（W_{ss}），总滞沙量为

$$W_{rs} = W_{bs} + W_{ss} \tag{3-21}$$

（3）区域泥沙利用量（W_{su}）：区域泥沙利用量包括两岸引水用沙量（W_{du}）、淤临淤背用沙量（W_{wd}）、建筑材料用沙量（W_{cm}）、湿地塑造用沙量（W_{ws}）等，流域泥沙利用量（W_{su}）为

$$W_{su} = W_{du} + W_{wd} + W_{cm} + W_{ws} \tag{3-22}$$

（4）区域输出沙量（河口滞沙量）（W_{rm}）：河口滞沙量主要包括在河口沉积造陆的泥沙量。

（5）区域增沙量（W_{ac}）：区域增沙量主要包括开矿修路、破坏生态、基础建设等一切人为造成产沙的现象。

（6）区域承沙能力（W_{ls}）

区域承沙能力可由下式估算：

$$W_{ls} = W_{bc} + W_{rl} + W_{su} + W_{rm} - W_{ac} \tag{3-23}$$

参 考 文 献

[1] 甘泓，李今跃，尹明万，等. 水资源合理配置浅析 [J]. 中国水利，2000（4）：20-23，4.

[2] 胡春宏，王延贵，陈绪坚. 流域泥沙资源优化配置关键技术的探讨 [J]. 水利学报，2005，36（12）：1405-1413.

[3] 王延贵，史红玲，陈吟，等. 中国主要河流水沙态势变化及其影响 [M]. 北京：科学出版社，2023.

[4] 王延贵，陈吟，刘焕永，等. 我国主要河流水沙变化态势及人类活动影响 [J]. 中国水利，2023（18）：34-39.

[5] 中华人民共和国水利部. 中国河流泥沙公报2005 [M]. 北京：中国水利水电出版社，2006.

[6] 王延贵，胡春宏，史红玲，等. 近60年大陆地区主要河流水沙变化特征 [C] //第14届海峡两岸水利科技交流研讨会论文集，台北. 2010.

[7] 王延贵，胡春宏. 流域泥沙的资源化及其实现途径 [J]. 水利学报，2006，37（1）：21-27.

[8] 孙昭华，邓金运，等. 河流泥沙资源的利用 [C] //中国水利学会泥沙委员会. 第五届全国泥沙基本理论研究学术讨论会论文集. 江河湖泊泥沙研究. 武汉：湖北辞书出版社，2002.

[9] 胡春宏，王延贵，张世奇，等. 官厅水库泥沙淤积与水沙调控 [M]. 北京：中国水利水电出版社，2003.

[10] 陈绪坚. 流域水沙资源优化配置理论和数学模型 [D]. 北京：中国水利水电科学研究院，2005.

[11] 刘红玉，赵志春，吕宪国. 中国湿地资源及其保护研究 [J]. 资源科学，1999，21（6）：34-37.

[12] 史红玲. 黄河下游引黄灌区水沙调控模式与优化配置研究 [D]. 北京：中国水利水电科学研究院，2014.

[13] 史红玲，胡春宏，王延贵. 黄河下游引黄灌区水沙配置能力指标研究 [J]. 泥沙研究，2019，44（1）：1-7.

[14] 王延贵，李希霞. 典型灌区的泥沙及水资源利用对环境及排水河道的影响 [R]. 北京：中国水利水电科学研究院，1995.

[15] 王延贵，周景新. 簸箕李灌区引水引沙特性分析 [J]. 人民黄河，1996，18（1）：38-40.

[16] 中国水利水电科学研究院. 艾山以下河道减淤措施的研究 [R]. 北京：中国水利水电科学研究院. 1992.

[17] 中国水利学会泥沙专业委员会. 泥沙手册 [M]. 北京：中国环境科学出版社，1992.

[18] 王秀英，曹文洪，陈东. 土壤侵蚀与地表坡度关系研究 [J]. 泥沙研究，1998（2）：36-41.

[19] 钱宁，张仁，周志德，等. 河床演变学 [M]. 北京：科学出版社，1987.

[20] 韩其为. 水库淤积 [M]. 北京：科学出版社，2003.

[21] 河南水利厅引黄办公室. 中国水利水电科学研究院. 引黄泥沙淤积分布现状及其发展趋势的调查研究报告 [R]. 1994.

[22] 中国水科院. 簸箕李灌区的泥沙及水资源利用对环境及排水河道的影响 [R]. 1995.

[23] 黄河水利委员会水利科学研究所. 黄河下游河床演变资料汇编 [R]. 1987.

[24] 王延贵，史红玲. 引黄灌区不同灌溉方式的引水分沙特性及对渠道冲淤的影响 [J]. 泥沙研究，2011（3）：37-43.

[25] 黄委会. 黄河渠村分洪闸上、下游河道动床模型特大洪水试验初步报告 [R]. 1979：9.

[26] 彭应仁. 黄河下游分洪措施引起的泥沙问题 [R]. 山东黄河位山工程局，1986：12.

[27] 胡春宏，吉祖稳，黄永健，等. 我国江河湖库清淤疏浚实践与分析 [J]. 泥沙研究，1998（4）：47-55.

[28] 水利部水土保持司，中央农村工作领导小组办公室等. 黄土高原区淤地坝专题调研报告 [R]. 2002.

[29] 蒋如琴，彭润泽，黄永健，等. 引黄渠系泥沙利用 [M]. 郑州：黄河水利出版社，1998.

[30] 国家环境保护局. 环境背景值和环境容量研究 [M]. 北京：科学出版社，1992.

[31] 王延贵，胡春宏. 引黄灌区水沙综合利用及渠首治理 [J]. 泥沙研究，2000（2）：39-43.

[32] 胡春宏，安催花，陈建国，等. 黄河泥沙优化配置 [M]. 北京：科学出版社，2012.

[33] 钱宁，万兆惠. 泥沙运动力学 [M]. 北京：科学出版社，1983.

[34] 水利部工程管理局. 全国大型水库 [M]. 北京：水利出版社，1982.

[35] 鄂竟平. 我国的水土流失与水土保持. 水利部副部长在中国水土保持学会第三届会员代表大会上的讲话，2006. 1.

[36] 汪岗，范昭. 黄河水沙变化研究 [M]. 郑州：黄河水利出版社，2002.

第4章 区域泥沙配置技术

随着人们对社会环境需求和水沙资源认识的不断提高，区域泥沙的资源化和优化配置逐渐被认识和接受，泥沙在国民经济建设中已开始发挥一定的作用，如黄河下游的淤临淤背和建筑材料等[1-3]。通过泥沙资源化的研究、开发和应用，结合水沙运动特性，对泥沙进行有意识地合理配置，促进水沙联合配置，变害为利，减少损失，改善生态环境，实现人与自然的和谐相处和发展。通过流域水沙配置优化江河水沙条件，使河道水沙条件处于有利的河床演变状态，更有效地进行江河治理。流域水沙资源优化配置是一个非常复杂的系统工程，不仅需要系统的配置理论，而且还需要综合的调控技术，流域水沙资源配置技术与措施主要包括水力配置技术、机械配置措施、工程配置技术及生物配置技术等，如图4-1所示[4]。在流域内，不同的水沙资源调控技术与措施具有不同的配置目标，而且也具有不同的限制。鉴于流域水沙资源优化配置的复杂性，一种调控技术和措施很难达到水沙资源优化配置的目标，甚至难以发挥其有效作用。为了达到流域水沙资源优化配置的综合目标，需要采用水力配置技术、工程配置技术、机械配置技术和生态配置技术等进行综合调控。

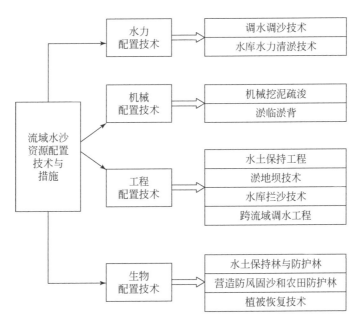

图4-1 流域水沙资源配置的调控技术与措施

4.1 水力配置技术

4.1.1 水力配置技术的机理

水力配置就是利用水流自身的能量进行泥沙配置的技术，又称为调水调沙技术。前面已提出了区域承沙能力的概念，说明无论从社会环境方面，还是从河流输移和时空分布方面，对泥沙的需求和承载都是有限度的。流域水沙配置应该遵循流域产（来）沙能力（量）与其承沙能力相平衡的原则。在流域内，主要是利用各种水土保持措施，拦截或者减少产沙量，以减轻河道泥沙输送的负担；在河道内，主要是利用水流能量进行泥沙配置，配置的原则主要是遵循水流挟沙能力与分水分沙分配原则。当水流含沙量大于水流挟沙力时，河道处于淤积状态，反之，则处于冲刷状态。显然，泥沙水力配置技术的关键是要在不同的河段、不同的部位及不同时期，进行合理调控水流挟沙能力的大小及分水分沙的分配关系，以达到有利于泥沙的输送及水沙优化配置。

对于多沙河流而言，河道冲淤与来水来沙有密切的关系，一般冲淤特点为汛期刷槽淤滩，非汛期主槽回淤，无论是主槽还是滩地，常常都处于累积性淤积抬高，如黄河下游河道和永定河等都是如此[5,6]。对于黄河下游河道，河道输沙具有多来多排、少来少排、大水多排、小水少排，汛期多排、非汛期少排等特性。黄河下游的实测资料表明，当上游来水中泥沙的含量较大时，在相同流量条件下，沿程各河段输送床沙质的能力都会增大，使下泄沙量一路偏高；相反，当上游来水中的泥沙含量较低时，沿程输送泥沙的能力下降，下泄沙量一路偏低。有时两者可以相差几十倍至几百倍，即使经过几百公里的调整，水流还能保持"多来多排，少来少排"的特点。这一特性可用输沙率公式来表示：

$$Q_s = KQ^\alpha S^\beta \tag{4-1}$$

式中，Q_s 为河道输沙率；Q 为河道流量；S 为上站含沙量；K、α、β 为系数和指数。根据输沙率公式，可推求河道冲淤临界流量 Q_c

$$Q_c = \frac{S^{\frac{1-\beta}{\alpha-1}}}{K^{\frac{1}{\alpha-1}}} \tag{4-2}$$

或冲淤临界含沙量 S_c

$$S_c = K^{\frac{1}{1-\beta}} Q^{\frac{\alpha-1}{1-\beta}} \tag{4-3}$$

上式表明，来水含沙量越大，所需河道冲淤临界流量越大；或者来水流量越大，输送的泥沙越多。

通过分析 1960~1999 年进入黄河下游河道的 422 场实测洪水资料，根据下游河道不淤积的水沙关系[7,8]分析进行了调水调沙试验。

$$S = 0.0308 Q P^{1.5514} \tag{4-4}$$

式中，S 为花园口站含沙量（kg/m^3）；Q 为花园口站流量，$Q \leq 3000 m^3/s$（当 $Q>3000 m^3/s$ 且下游河道不漫滩时，也符合此关系）；P 为细沙占全沙比例，范围为 20%~92%。

4.1.2 水库调水调沙技术

随着流域各类水利工程建设的发展，按照河道冲淤规律、水库泥沙淤积特点和流域水文预报，利用水库、水利工程枢纽等单独或梯级联合运用，对水沙进行优化调度，充分利用和控制水沙资源，使下游河道朝着有利的河床演变方向发展，水库泥沙淤积形态合理，获得可持续发展的最大经济社会效益，这就是河道调水调沙技术。对于黄河下游而言，就是按照黄河下游河道冲淤规律、小浪底水库的特点，利用水利工程进行人工干预，把进入黄河下游河道不协调的水沙关系变为协调的水沙关系，达到黄河下游河道减淤或冲刷的目的，而且使得小浪底水库的泥沙淤积形态发生变化。截至目前，黄河下游时常开展调水调沙，取得了较好的效果[9]。

由于小浪底水库位于黄河下游河道的关键部位，控制了91%的黄河径流量和近100%的泥沙量。因此，结合下游河道的水沙关系，利用小浪底水库进行调水调沙，将不协调的水沙关系调节为相协调的水沙关系，有利于输沙入海、减轻下游河道淤积甚至冲刷。按实施的途径，黄河调水调沙可分为基于小浪底水库单库运行的调水调沙和基于空间尺度的多水库调水调沙。基于小浪底水库单库运行的调水调沙是根据黄河下游河道输沙能力，充分发挥小浪底水库自身的调节功能，利用库容适时蓄存或泄放水沙，将天然的入库水沙过程调整为协调的出库水沙过程。如在 2002 年 7 月 4～15 日开展的黄河首次调水调沙试验中[7,8]，小浪底-花园口区间支流加入流量仅有 58m³/s，花园口站的水沙基本上为小浪底出库水沙演进而来，因此，这次主要为小浪底单库调水调沙。小浪底水库运用初期排沙以异重流运动为主，出库平均含沙量为 12.2kg/m³，并且以排细泥沙为主，细颗粒泥沙（$d <$ 0.025mm）、中颗粒泥沙（0.025mm ≤ $d <$ 0.050mm）和粗颗粒泥沙（$d ≥$ 0.050mm）的排沙比分别为 45.5%、4.8% 和 1.6%，水沙演进至花园口站时含沙量为 13kg/m³，细沙占全沙的比例为 51%，平均流量为 2649m³/s。若按上述公式计算，花园口站流量为 2649m³/s可携带这种泥沙（细沙占 51%）约 29kg/m³，因此黄河下游河道冲刷了 0.362 亿 t 泥沙。

而基于空间尺度的多水库调水调沙是指结合上下游多个水库（干流三门峡水库、万家寨水库和下游支流陆浑水库、故县水库）统一调度，上游水库泄放水流，利用小浪底水库不同泄水孔洞组合塑造一定历时和大小的流量、含沙量及泥沙颗粒级配过程，加载于小浪底水库下游伊洛河、沁河的"清水"之上，并使其在花园口站准确对接，形成花园口站协调的水沙关系，实现既排出小浪底水库的淤积泥沙，合理调整水库淤积形态，又能达到黄河下游河道不淤积的目标，如 2003 年和 2004 年的第二次和第三次黄河下游调水调沙试验都属于这类。在 2003 年 9 月实施的黄河下游第二次调水调沙中，黄河小浪底水库有洪水入库，同时小浪底水库以下至花园口区间的伊河（有陆浑水库控制）、洛河（有故县水库控制）、沁河也相继出现洪水。根据历史资料分析和前期试验验证，确定水沙调控指标是花园口水文站流量为 2400m³/s，含沙量为 30kg/m³，调控历时 12 天。围绕调控指标，依据水文站水沙测报数据和滚动预报信息，精细调度小浪底水库、三门峡水库、故县水库、陆浑水库四座水利枢纽的水沙泄流规模，使得通过黄河小浪底、伊洛河黑石关、沁河武陟三个水文站的水流在花园口水文站准确对接水沙过程调控指标。实现小浪底水库库区减淤、"拦粗排细"及解决水库泄水建筑物闸门前淤堵问题，并充分利用小浪底水库至花园口区间较清洪水的输沙能力，提高水流的输沙效率，使花园口下游河道冲刷了 0.388 亿 t 泥沙。黄河下游第三次调水调沙试验时段为 2004 年 6 月 19 日 9 时~7 月 13 日 8 时，整个试验过程中，万家寨水库、三门峡水库及小浪底水库三库联合调度，分别补水达 2.5 亿 m^3、4.8 亿 m^3 和 390 亿 m^3，进入下游河道总水量（以花园口断面计）为 44.6 亿 m^3。本次试验实现了如下的预期目标，一是实现了黄河下游主河槽全线冲刷，小浪底至利津河段冲刷为 0.665 亿 t，下游河道主槽的过流能力得到进一步恢复；二是调整了黄河下游两处卡口段的河槽形态，增大了过洪能力；三是调整了小浪底库区的淤积部位和形态；四是进一步探索研究了黄河水库、河道水沙运动规律，在水库群水沙调度、异重流运行状态、人工扰动泥沙的效果等方面取得了大量原始数据。

4.1.3 渠系调水调沙技术

结合山东、河南引黄灌区渠系泥沙问题的研究，提高渠道输沙能力是引水用沙的关键，其主要技术包括以下内容[10-13]，详细内容将在第 9 章中进行论述。

（1）加大渠道比降。首先是加大渠底比降，结合工程技术改造，抬高引水口高程及改善渠道输沙条件等措施，尽量增大渠道比降，提高渠道的水流速度，增加输沙能力；其次是通过在渠道下游或末端配置提水设施，消除渠道壅水，达到加大水面比降的目的。

（2）衬砌渠道。渠道糙率的合理性选择既影响渠道过水能力，又影响输沙能力。一般情况挟沙能力和糙率系数的三次方成反比，如果糙率 n 减小 5%，其挟沙能力将增加近 17%。通过渠道衬砌，改善渠道的边坡条件，确保断面规则稳定，水流平顺，减少水流阻力，加大流速，从而提高水流的挟沙能力。

（3）改善渠道断面形状。包括修建"U"形渠道、复式断面渠道及宽浅变窄深式断面等工程技术措施，目的是缩小渠道的宽深比，优化断面，增大渠道的过流输沙能力。

①最佳输沙断面形状：从水沙基本方程出发，通过极值推导分析可知，渠道最佳输沙断面为倒三角或梯形（即直线断面形状）。文献［11］指出小底宽（$b<15$）边坡对挟沙能力的影响最大，$m=1.0$ 时其挟沙能力和最大挟沙能力比较接近，小底宽渠道的边坡系数最好接近于 1.0 而不大于 1.5。较大底宽（$20<b<35$）边坡对挟沙能力的影响较小，m 介于 1.0~1.5 时的挟沙能力和最大值比较接近，因此较大底宽的渠道边坡系数最好为 1.0~1.5，不超过 2.0。宽渠道（$b>35m$）边坡对挟沙能力的影响很小，宽渠道的边坡系数只要不是过大都是可以接受的。

②合理的宽深比：宽深比（B/H）是断面形状的重要参数之一。如果宽深比过小，同流量下，湿周边壁阻力的影响增大，从而会影响过水流速，若宽深比过大，湿周同样会增加，边壁阻力的影响也会增大，流速减小。因此合理选择宽深比是非常重要的。设计流量下，簸箕李灌区不淤积渠道（二干总干）宽深比为 7 和 10，结合其他灌区（如胡楼和人民胜利渠的平均宽深比为 8），可取宽深比 6~10 为合理的宽深比。

③复式断面问题：黄河来沙随季节的变化很大，洪水期（7~10 月）来水量较大，而灌区需水量少，非汛期来水较小，甚至曾出现很小或断流的情况，难于满足引水要求；即

使能满足引水要求，有时灌区并不需要大量的水，也只能引较小的流量。显然，受黄河来水和灌区需水的限制，引黄闸引水流量并不是按照设计流量运行的，这也是渠道严重淤积的原因之一。据统计，引黄灌区年均引水流量约为设计流量的 50% ~70%，如簸箕李灌区引水流量由原来的 30m³/s 提高到近几年的 40m³/s，占设计流量的 50% ~70%。鉴于这一情况，我们可以采用复式断面的形式，主槽按照设计流量的 50% ~70% 确定底宽，边坡采用较大输沙能力边坡（如 $m=1.5$）进而确定水深，复式边坡可采用较大的边坡系数（如 $m=2.5$），利用设计流量确定设计水深。如此设计既可以满足常流量在较大的挟沙能力状态下运行，又可满足大流量的需求，同时达到束水攻沙的效果。

4）输沙渠道的调控运行。主要是调节渠道的水力要素（流量、流速、水面比降等）与水流含沙条件（含沙量、颗粒沉速等）之间的关系，使渠道在运行中的某一时段处于冲刷状态，可将淤积在渠道中的泥沙冲起并输送走，达到冲淤平衡或尽可能少的淤积。也可通过合理制定用水计划，优化配水，采用间歇引水，增大时段水面比降和时段流速，提高水流输沙能力。

5）机械拖淤输沙。利用拖淤机械在渠道中运动，增加水流动力，提高输沙能力，以减少渠道的淤积。

6）提水技术。利用提水灌溉工程和提水灌溉设施，通过调控手段使渠道同流量下低水位运行，增加渠道水流流速，从而达到减淤的目的。这一调度方式是减少淤积的技术措施之一。

4.1.4　水库水力清淤技术

1. 引水冲滩机制与过程

在引水冲滩的过程中，水力冲刷和重力侵蚀共同作用，冲沟的沟床下切、跌坎的溯源推进及冲沟的横断面拓宽同时进行[14]。

1）纵横向的重力侵蚀

在引水冲滩的过程中，土体沿纵向和横向坍塌称为重力侵蚀。在纵向剖面方向，当水流从引水渠沿着事先开挖好的浅沟顺坡而下时，由于顶坡段的坡度相对来说比较小，顶坡段没有明显的下切；当水流冲刷顶点进入前坡段时，水流以很大的落差下跌冲刷前坡段，并形成一个陡峭的临空面，在水流剪切力和重力的作用下，冲沟内的土体发生滑塌和倒塌[14,15]。第一块土体破坏后，冲刷顶点随之向坡顶移动，新的冲刷顶点也有一个临空面，经过一段时间水流的淘刷、振动作用，又会有一块土体被破坏，冲刷顶点随之向坡顶推进；同时，下层的土体也会产生类似的破坏；这样沟底就形成了台阶式的跌坎，随着土体一次一次倒塌或滑塌，跌坎不断向坡顶移动；跌坎冲塌下来的土体，在水流作用下向下输移，跌坎的溯源推进一直持续到坡顶，即达到冲刷的极限状态。在横断面方向，冲沟横断面也随纵向冲深增加而逐渐坍塌扩展，当冲沟冲刷到一定程度，临空面逐渐加大，沟岸会出现裂隙，沟岸将会发生坍塌现象，其坍塌机理类似于河岸坍塌[15]；冲沟两侧土体坍塌到沟槽中后，被水流剥蚀冲刷，并携带到水库的主槽，从而输送出库。

2）冲沟的水力冲刷

淤积土体发生重力侵蚀后，具有一定能量的水流把原来的土体或坍塌在沟床上的土体冲起并携带到下游称为水力冲刷，主要包括水流直接冲刷沟床和水流冲击沟床，水流冲击沟床比水流冲刷沟床的效果还要明显。水力冲刷遵循河床演变的一般输沙原理。水力冲刷和重力侵蚀是共同作用、相互影响的。首先，水力冲刷的淘刷和冲刷作用，为纵断面和横断面的重力侵蚀创造了条件。重力侵蚀使土体滑塌到冲沟里，为水力侵蚀和输沙提供了可能性。

2. 引水冲滩的适用条件

引水冲滩的适用条件主要包括以下几个方面：①中小型水库，尤其是小型水库；②要有放空水库或低水位运用的机会，使滩面暴露；③要有较低的排沙底洞；④要有一定的清水基流；⑤下游最好有浑水淤灌的条件，使出库浑水和泥沙及时充分地利用。红旗水库曾采用引水冲滩清淤技术，在 125 天内清除库内滩面淤积约 25.6 万 m^3，占总淤积量的 15%，恢复了部分库容；水库下游引浑淤灌新增耕地达 200 余亩，经济效益和社会效益显著[14]。

4.2　机械配置技术

符合一定的地形边界条件的区域及河道，泥沙水力配置技术是非常有效的，可以节省大量的人力与物力，而对于不能满足地形边界条件的区域、河道、水库湖泊等，水力调控技术将受到限制，有必要采用机械设备，以更有效地进行泥沙配置。泥沙机械配置技术主要包括机械清淤、机械疏浚和淤背固堤。机械清淤主要用于水库湖泊和引黄灌区；机械疏浚主要用于河道的淤积，特别是航道的疏浚；淤背固堤主要用于堤防加固。

4.2.1　机械挖泥疏浚

1. 基本情况

江河湖泊及水库的挖泥疏浚主要有机械挖泥、机械疏浚和爆破等形式[16]，包括挖、推、拖、冲和爆等五种施工方式。机械挖泥主要采用挖和推两种施工方式，前者是水中挖泥疏浚施工的常用方法，施工工具主要为挖泥船；后者是干河挖泥疏浚的常用方法，施工工具主要为铲运机、挖塘机和推土机等。水力机械疏浚主要包括拖和冲两种施工方式，前者是使用具有耙具的拖淤船进行疏浚，效率较低；后者是用射流冲沙船进行疏浚，但是冲起的泥沙难以全部长距离输走，一般在 1km 以下。爆破疏浚主要采用定向爆破，主要用于解决局部问题。

在现有清淤疏浚方法中，应用比较多的是挖泥船，采用挖泥船疏浚具有挖沙量大、效率高、效果明显等特点，而其他挖泥疏浚方法在引黄灌区的干渠内等特定的条件下采用，常用的清淤设备主要包括：小型水务挖塘机组、挖泥船、挖掘机、铲运机等。挖泥船挖泥疏浚在长江洞庭湖实竹岭、团洲垸和围堤湖垸安全试点等，海河流域海河口、官厅水库等，淮河流域南四湖、微山湖内修建庄台等都被广泛地使用[5,16,17]，并取得重要的经济效益。

另外，由于河道湖泊中的污染泥沙可能会成为新的污染源，为处理这些污染泥沙和恢复重建水体生态系统，世界上多采用环保疏浚的方法清除污染底泥。环保疏浚技术在我国清淤防污治理的实践中快速发展，并取得了一些成果[18-20]，在很多地方都有应用。如西安兴庆湖、南京玄武湖、安徽巢湖也进行了污染底泥的清淤疏浚工程。

2. 机械挖泥疏浚的技术

在进行机械挖泥疏浚过程中，一定要遵循挖泥疏浚的规划设计原则和重视挖泥疏浚的施工组织和布置。

1）挖泥疏浚的规划设计原则

（1）清淤疏浚与江河湖库的防洪标准相一致。泥沙的严重淤积，使江河湖库的现有防洪标准降低，远不能适应越来越严重的防洪形势。如果单纯依靠加高大堤，而不及时做好清淤疏浚工作，其后果是不堪设想的。

（2）挖泥疏浚应与河道整治相结合。我国的河流湖泊众多，特性差别很大，就是同一河流的不同河段，其河道特性差别也很大。只有结合河道的具体特点，通过人类清淤疏浚的干预，才能增强河道水流挟带泥沙的能力。同时，还必须与河道整治工程相结合，以达到减少河道淤积、提高河道防洪能力的目的。

（3）清淤疏浚应重视泥沙利用和环境保护。清淤疏浚作为江河湖库治理的一项重要举措，其挖沙量是比较大的。因此，清淤疏浚的泥沙如何存放就成了一个比较突出的问题。泥沙作为一种资源，在清淤疏浚过程中，清淤泥沙的存放与泥沙利用结合起来，做到物尽其用。否则，清淤泥沙处理不当，将对生态环境产生重要影响。

（4）清淤泥沙必须注重经济效益。江河湖库的清淤疏浚是一项社会公益性工程，但是，如果不重视一定的经济效益，将很难保证清淤疏浚队伍的持续健康发展。一般情况，挖泥船的运行经济指标与其型号、施工技术条件关系密切，施工条件恶劣，运行成本则高；当排距较大时，中小型挖泥船须采用接力泵等设备，运行成本比大型挖泥船高。

（5）清淤疏浚必须重视科学研究。在一般情况下，不同河流的来水来沙条件及河床的淤积物组成都是不一样的，当然所采取的清淤疏浚方式、方法也应有所区别，决不能无序地、盲目地乱挖，搞不好就有可能对河势造成破坏，引起河岸崩塌等严重后果。因此，对具体的江河湖库开展清淤工作，都要有科学的、合理的规划，选用什么机械效率最高，在什么地段、什么时间挖收效最快，开挖深度与范围多大最经济以及挖出的泥沙如何处理等等问题，都必须有科学依据。

2）挖泥疏浚的施工组织和布置

（1）合理选择挖泥船的型式。选择挖泥船的型式时，需要考虑水文气象条件、挖泥规模（工程量、排高、排距等）、河流来水来沙条件、航运要求、河床介质要求等因素。

（2）挖泥船队设备能力应合理匹配。从现有挖泥船队的设备配置来看，仅仅用单一型号的挖泥船是不适宜的，大中小型挖泥船应相匹配。此外，与挖泥船相匹配的设备还有拖轮、抛锚艇、生活船等各种辅助设施。

（3）施工组织设计。施工组织设计应注意的几个问题包括基本资料准备齐全、分段验收、顺流开挖、排距均衡、测量标准等。

（4）清淤队伍建设应与市场运行机制相适应。在我国清淤疏浚队伍中，仍存在设备老化、技术性能差、人员多、运行成本高等问题，要取得良好的经济效益，除了提高自身管理水平外，还必须适应市场，积极参与市场竞争。

4.2.2 淤临淤背

1. 基本情况

长江、黄河和海河等河流都曾采用机械进行过淤临淤背工程，其工程量如表 4-1 所示[16]。清淤固堤和填塘固堤土方量达 56 488 万 m^3，其中长江流域为 15 553 万 m^3，黄河流域为 40 000 万 m^3。淤临淤背工程所采用的机械多为国产绞吸式挖泥船，比较典型的工程主要是黄河下游防洪大堤加固和荆江大堤整险加固工程。从 2002 年起，水利部黄河水利委员会确定建设标准化堤防，对黄河下游堤防进行加高加固，在临河种植 50m 宽的防浪林，按照 2000 年设防标准，将背河淤区淤宽拓展至 100m，按株距 2m、行距 3m 种植适生林。其中机淤固堤在黄河下游标准化堤防建设中占有举足轻重的位置，发挥着不可替代的作用。荆江大堤加固工程，1975～1980 年共完成土方约 866 万 m^3；1976 年后，水利部门向荷兰购置了两艘海狸 4600-B 型挖泥船，先后在沿堤管涌险情严重的姚脑、潭家渊、龙二渊、黄陵挡、祁家渊、冲和观等地进行机械吹填施工，取得了良好的效果。

表 4-1 长江、黄河与淮河流域清淤固堤工程量统计

流域		清淤固堤工程名称	清淤固堤土方量/万 m^3
长江	湖北	荆江大堤等堤防加固工程	4 450
	湖南	洞庭湖堤垸堤防固堤工程等	8 000
	江西	鄱阳湖堤防固堤工程	103
	安徽	长江同马大堤、无为大堤加固工程	3 000
黄河	河南	黄河河南段大堤淤临淤背工程	10 000
	山东	黄河山东段大堤淤临淤背工程	30 000
淮河		淮北大堤、洪泽湖大堤固堤工程	935
合计			56 488

2. 淤临淤背固堤规划与技术

1）淤临淤背工程规划[21]

（1）淤临淤背位置的选择：①在黄河大堤的临河一侧存有较多的顺堤串沟、取土坑塘和洼地，在洪水漫滩期间，容易造成险情，因此这些串沟与洼地便是进行淤临的位置。

②在黄河大堤的背侧，仍有较多的取土坑塘和洼地，直接影响大堤的安全，选择这些坑塘和洼地进行放淤是必要的。③另外，有些河岸大堤的防洪安全标准没有满足要求，需要对这些堤段进行淤临淤背，加高和加宽大堤。

（2）取沙场选择：选择好的沙场是提高机淤生产效率的关键，沙场选择应首先查勘河道情况，其次遵循河道输沙、演变规律，再者还要考虑是从河床取沙还是从含沙水流用沙。

（3）淤临淤背河段的规划布置：主要包括放淤工程规模、工程围堰形式和使用材料等。

（4）机械设备选用：结合取沙形式，选用合理的挖泥机械，如挖泥船和泥浆泵等。

（5）选择合理的淤临淤背时期：淤临淤背时期与取沙形式有重要的关系，若从河床或滩地取沙，在中、枯水季节容易施工；若取用高含沙水流，洪水期取沙效率比较高。

2）淤背固堤设计

在淤背设计时，应遵循以下原则[21]：①对黄河历史上背河堤脚以外经常出现管涌等险情的区域应尽量进行覆盖，以避免类似险情再次发生。②淤背应充分考虑现有堤防的实际情况，高度应高于背河堤坡在大洪水时的出险（渗水、滑坡、漏洞等）范围。③淤背体的坡度应符合稳定要求（包括渗流、地震等）。④淤背固堤应充分考虑黄河今后的冲淤变化，结合黄河泥沙的处理，符合下游远期治理目标。

淤背固堤设计主要是淤背体的断面设计，主要内容有宽度、高度、边坡等[21]。20 世纪 70 年代进行淤背固堤初期的深入论证结果表明，淤背加固宽度达到 100m 时，可以基本覆盖背河经常出险的范围，多年实践表明，黄河淤背固堤宽度统一按 100m 进行全面加固是必要的。20 世纪 80 年代，黄河水利委员会将郑州、开封和济南附近的黄河堤防列为防洪确保堤段，淤背固堤设计高度与设防水位相平，这里充分考虑了堤防内部的不安全因素和防洪安全的需要，保证背河不再发生险情。边坡的设计不仅要满足正常运用安全的需要，而且要满足施工阶段稳定的需要，经过多年实践，黄河下游堤防的背水坡为 1∶3，可以在正常运用情况下满足稳定要求。

3）淤背固堤的生产技术

在开展黄河淤背工程生产过程中，机械淤背固堤的主要生产环节包括造浆、泥沙输送和泥沙沉放，其中任何一个环节对系统的生产率和生产成本都起着决定性的作用。

（1）造浆：就是将已经沉积的固体泥沙与水混合，形成可以流动的泥浆（或者高含沙水流），为水力输送泥沙创造条件，以便通过抽取泥浆的手段达到取土的目的。

（2）输送：就是将制造的泥浆（或高含沙水流）输送到设计地点。黄河下游的机械淤背固堤主要是采用泥浆泵和水力管道进行有压输送。在输送距离较近时，一般采用单级泵输送；在排距较远，单级泵输送困难时，需要进行接力输送。

（3）沉放：就是按照设计将泥沙沉放到指定地点，达到加固黄河大堤的效果，这是淤背固堤工程的最终目的。通过水力管道输送到大堤背河侧的是泥浆，泥沙沉放需要将泥浆中的水与泥沙进行分离，将水排走，将泥沙按照工程设计进行堆放。此外，由于在河道内挖取的泥沙颗粒较粗，多为粉沙和粉细沙，遇风雨天气易产生风沙和水土流失，所以，沉放这一环节也包括对淤背体的防护，即在沉沙达到一定程度以后，采取必要的措施，以保持工程的完整性和耐久性，达到设计要求。

4.3 工程配置技术

4.3.1 流域水土保持工程

1. 水土保持工程措施

水土保持工程措施是小流域水土保持综合治理措施体系的主要组成部分，它与水土保持生物措施及其他措施同等重要，不能互相代替。我国根据兴修目的及其应用条件，水土保持工程可以分为山坡防护工程、山沟治理工程、山洪排导工程和小型蓄水用水工程[22]。

在规划布设小流域综合治理措施时，不仅应当考虑水土保持工程措施与生物措施、农业耕作措施之间的合理配置，而且要求全面分析坡面工程、沟道工程、山洪排导工程及小型蓄水用水工程之间的相互联系，水保工程与生物工程相结合，实行沟坡兼治，上下游治理相配合的原则。

2. 典型流域水土保持现状

在我国主要江河的产沙区都进行了水土保持工作，如长江中上游、黄河中游和永定河上游。在长江流域，自 20 世纪 80 年代以来，长江流域水土流失防治经历了由试点小流域到重点防治的发展历程，特别是在长江上中游地区曾开展了水土保持重点防治工程，有关资料显示[23,24]，截至 2006 年全流域已累计治理水土流失面积为 28.4 万 km²，2006～2015 年长江流域累计治理水土流失面积为 14.73 万 km²，2016～2020 年国家水土保持重点工程治理水土流失面积为 2.07 万 km²。长江流域实施水土保持工程以来，水土流失严重的产沙区得到了控制，使得进入河道的输沙量减少；上、中游地区，在狠抓水土保持和植树造林的同时，兴建多级水库，层层拦蓄径流，削减洪峰流量。

黄河和永定河是我国北方最重要的多沙河流，其泥沙主要来源于黄河中游和官厅水库上游流域，在这些地区进行水土保持工程建设可以有效地拦截泥沙。20 世纪 60 年代末，黄河流域就开始了水土流失的治理工作，特别是 20 世纪 80 年代以来在黄河中游的黄土高原地区展开大规模的水土保持措施（主要包括梯田、造林、种草、封禁治理、淤地坝等），先后实施了上中游水土保持重点治理工程、黄土高原淤地坝试点工程、农业综合开发水土保持项目等国家重点水土保持项目[25]，1999～2015 年黄河流域新增水土流失综合治理面积为 10.74 万 km²，其中新修梯田为 1.93 万 km²、造林为 5.31 万 km²、种草为 0.85 万 km²、封禁为 2.65 万 km²，新修淤地坝为 10 743 座，改变了流域下垫面的产流产沙特性，增加入渗量，减小了径流系数和径流量，减轻了土壤侵蚀和水土流失，流域水土流失面积不断减小，多次调查普查资料结果显示[26]，黄河流域 20 世纪 80 年代中期、20 世纪 90 年代末、2011 年和 2019 年水土流失面积分别为 46.48 万 km²、42.65 万 km²、30.96 万 km² 和 26.42 万 km²，分别占全流域面积的 58.50%、53.68%、38.96% 和 33.25%，对流域保水滞沙与河道水沙量减少产生重要影响；据有关成果估计[25-27]，黄河流域水土保持措施的实施累计保土达 193.54 亿 t，其中 1996 年前累计保土约 106.55 亿 t，1996～2015 年累计保土约 86.99 亿 t；黄河中游地区和黄土高原地区水土保持面积分别从 20 世纪 60 年代的 1.58 万 km^2 和 0.70 万 km^2 快速增加到 20 世纪 90 年代的 17.13 万 km^2 和 6.26 万 km^2，2010～2015 年黄土高原区水保面积增加到 12.46 万 km^2，使得黄河中游年均减水量和年均减沙量分别从 20 世纪 60 年代的 9.82 亿 m^3 和 1.51 万 t 增至 20 世纪 90 年代的 29.04 亿 m^3 和 4.57 万 t，潼关站年径流量和年输沙量也分别从 20 世纪 60 年代的 451.0 亿 m^3 和 14.23 亿 t 减至 20 世纪 90 年代的 248.8 亿 m^3 和 7.90 亿 t，2010～2020 年分别为 297.5 亿 m^3 和 1.83 亿 t。

从 20 世纪 50 年代开始，官厅水库上游流域已开展了水土保持工作，确定了以生物措施与工程措施相结合的治理原则，兴建了一批水土保持工程[5]。截至 1980 年底，除自然和人为破坏外，共保存基本农田约 586.84 万亩（合 3912km^2）、造林约 497.9 万亩（合 552km^2），综合治理面积约 6273km^2，占原水土流失面积的 25.9%。此外，还有塘坝 704 座、谷坊 14.5 万座、小型渠道 2 万余条以及大量水库、灌区等水利工程，对控制流域水土流失发挥了积极的作用。1983 年国务院把永定河上游列为全国八片重点水土流失治理地区之一，永定河流域上游开展了规模空前的水土流失治理工作，主要的工程措施就是修梯田和造林工程。据 2001 年底的统计资料表明：山西大同地区治理水土流失面积共 4205.80km^2，河北永定河流域共治理水土流失面积为 6449.11km^2，北京延庆境内妫水河流域治理水土流失面积为 435.33km^2，三地共治理水土流失面积达 11090.24km^2，保存面积约 10000km^2，保存面积占水土流失总面积的 40% 以上。

3. 淤地坝技术

作为黄河流域水土保持工程措施之一，淤地坝是指在沟道里为了拦泥、淤地所建的坝，坝内所淤成的土地称为坝地[22]。淤地坝是黄土高原地区人民群众在长期同水土流失斗争实践中创造的一种行之有效的水土保持工程措施，既能拦截泥沙、保持水土，又能淤地造田、增产粮食，这一措施已有几百年的发展历史。新中国成立后，经过水利水保部门总结、示范和推广，淤地坝建设得到了快速发展。大体经历了四个阶段[28]：20 世纪 50 年代的试验示范，20 世纪 60 年代的推广普及，20 世纪 70 年代的发展建设和 20 世纪 80 年代以来以治沟骨干工程为骨架、完善提高的坝系建设阶段。据调查统计，截至 2002 年，黄土高原地区现有淤地坝约 11 万余座，淤成坝地 450 多万亩，可拦蓄泥沙约 210 亿 m^3；主要分布在陕西（36 816 座）、山西（37 820 座）、甘肃（6630 座）、内蒙古（17 819 座）、宁夏（4936 座）、青海（3877 座）、河南（4147 座）等七省区，其中陕、晋、蒙三省区共有淤地坝 9 万余座，占总数的 82.5%。第一次全国水利普查[29]，截至 2011 年，黄土高原淤地坝总数为 58446 座，其中骨干淤地坝有 5655 座，较 2002 年大幅度减少；其中陕西和山西淤地坝分别有 33 252 座和 18 007 座，占总数的 87.70%。通过调查表明，淤地坝在拦截泥沙、蓄洪滞洪、减蚀固沟、增地增收、促进农村生产条件和生态环境改善等方面发挥了重要作用，取得显著的生态、社会和经济效益。

淤地坝一般由坝体、溢洪道、放水建筑物三个部分组成[22]，其布置形式如图 4-2 所示。淤地坝设计、施工、管理技术与水库有相同的方面，也有不同的地方；淤地坝比水库大坝设计洪水标准低，坝坡比较陡，对地质条件要求低，坝基、岸坡处理和背水坡脚排水设施简单；淤地坝在设计和运用上一般可不考虑坝基渗漏和放水骤降等问题。结合黄土高原淤地坝建设的实际情况，高季章等[30]提出了淤地坝规划布置需要遵循流域全局系统、收益高效统一、生态建设兼顾、多方面并重、用户参与、可持续发展等几个原则。

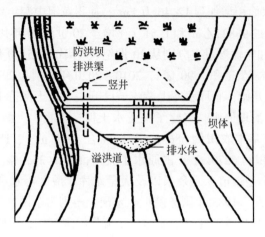

图 4-2　淤地坝的组成及布置形式

在一个小流域内修有多种坝，有淤地种植的生产坝，有拦蓄洪水、泥沙的防洪坝，有蓄水灌溉的蓄水坝，能蓄能排，形成以生产坝为主，拦泥、生产、防洪、灌溉相结合的坝库工程体系，称为坝系[22]。合理坝系布设方案，应满足投资少、多拦泥、淤好地，使拦泥、防洪、灌溉三者紧密结合为完整的体系，达到综合利用水沙资源的目的，尽快实现沟壑川台化。坝系规划主要考虑以下原则：①在流域综合治理规划的基础上，上下游、干支沟全面规划，统筹安排。要坚持沟坡兼治、生物措施与工程措施相结合和综合、集中、连续治理的原则，把植树种草、坡地修梯田和沟壑打坝淤地有机地结合起来，以利形成完整的水土保持体系。②最大限度地发挥坝系调洪拦沙、淤地增产的作用，充分利用流域内的自然优势和水沙资源，满足生产上的需要。③各级坝系，自成体系，相互配合，联合运用，调节蓄泄，确保坝系安全。④坝系中必须布设一定数量的控制性的骨干坝、安全生产的中坚工程。⑤在流域内进行坝系规划的同时，要对交通道路、水源利用、碱化影响等提出规划方案。

4.3.2　水库拦沙技术

1. 水库的淤积形态

河流上兴建水库后，调节了水流，拦截了大量的泥沙，形成泥沙淤积。据 20 世纪 80 年代初对北方 231 座大中型水库统计调查结果显示[16]，水库累计拦沙量达 115 亿 m³，占这些水库总库容（804 亿 m³）的 14.3%；对于多沙河流上的水库（如三门峡水库、汾河水库、官厅水库等），其拦沙量占原设计库容的比例达 25% ~ 30%。自官厅水库建成以来，永定河流域先后兴建了大量的水利工程，其中官厅水库以上就兴建大中小各类水库约275座，总库容约13.99亿m³（其中小型水库总库容为2.13×亿m³），水库泥沙淤积占总库容量的42.1%，具有很高的拦沙效率[1]。

水库的淤积形态对水库的拦沙效果有重要的影响，水库淤积形态不同，其拦沙效率也有很大的差异。水库的淤积形态大致可分为三种类型[31]，三角洲淤积、锥体淤积和带状淤积，其形成特点为：①当水库相对库容较大，来沙物质组成较粗，库区的地形开阔，并经常处于高水位运用时，淤积体通常形成三角洲形态，官厅水库就是这样一种水库的典型。②当水库库容不大，流域来沙丰富，物质组成又细，库区地形狭窄，水库水位有相当的变幅时，泥沙的淤积很快发展到坝前，淤积厚度上小下大，成为锥体形态，如巴家嘴水库。对于多沙河流上以蓄清排浑方式运用的中小型来说，锥体淤积较为多见，如恒山水库、镇子梁水库、太平庄水库和洗马林水库等。③如水库来沙量既少且细，库水位变幅又很大时，淤积形态就可能成为均匀的带状淤积。这种特殊淤积形态并不是水库淤积发展中的产物，而是水库水位大幅度变化，把淤积物沿纵向拉平所造成的，如山东白浪河水库等。

2. 水库拦沙与调控

水库的拦沙量随时间一般呈递减的趋势，在最初的一些年份，拦沙较多，随着水库的运用，拦沙逐渐减少。对一般中小型水库，随着运用年份的增加，库区淤积逐渐增多，在不采取排沙的情况下，水库就会淤满，致使水库报废。所以对一些水库，常常采取"蓄清排浑"的运用方式，来维持水库的有效库容。对于蓄水水库的拦沙率可用下式计算[32]

$$\lambda = \frac{\dfrac{V}{W_\text{入}}}{0.012 + 0.102\dfrac{V}{W_\text{入}}} \tag{4-5}$$

式中，λ 为水库多年平均拦沙率；V 为水库的库容（扣除淤积部分的库容）；$W_\text{入}$ 为多年平均入库水量。

从20世纪60年代，针对水库泥沙淤积问题，我国北方多沙河流的一些水库已开始摸索一些控制淤积、排沙运用等经验技术，在异重流排沙、蓄清排浑、空库排沙、蓄洪排沙等方面取得了重要的成果，为库容恢复发挥了重要作用。水库拦沙的调控技术就是水库泥沙淤积的调控，水库泥沙淤积的控制主要包括库容淤积调控和坝前泥沙调控，其中库容淤积调控包括一般水库排沙和平衡淤积控制；坝前泥沙调控包括异重流排沙、电站引水口及渠道引水口进沙调控。不管是库容淤积调控还是坝前淤积调控，都是通过调整水库运行方式［包括运行水位、泄（引）水建筑物的开启度和开启方式］来实现的。通过调控水库运行方式不仅可以改善水库泥沙淤积的分布，而且还可以调控水库下游河道的冲淤。从2002年开始，通过联合调度干流小浪底水库、三门峡水库、万家寨水库和下游支流陆浑水库、故县水库等进行多次调水调沙[7,8,17]，既改善了小浪底水库库区泥沙淤积形态，又达到了下游河道全线冲刷的目的，增加了下游河道的过流能力，取得了较好的效果。

4.3.3 引水用沙技术

1. 引水引沙情况

在多沙河流上，引水必引沙，引沙量与引水量成正比。随着河道两岸工农业的不断发展，引水灌溉不断发展，引沙量大幅度增加。引黄资料显示，1958～2020 年（1962～1965 年停灌除外），黄河下游引黄灌区累计引水量为 5144.00 亿 m^3，引沙量为 64.10 亿 t，平均每年引水量为 81.79 亿 m^3，引沙量为 1.09 亿 t，分别占同期花园口站来水来沙的 23.92% 和 15.33%。其中汛期引水占全部引水量的 38.00%，引沙占全部引沙量的 69.50%，非汛期引水占全部引水量的 62.00%，引沙占全部引沙量的 30.50%。表明汛期引水量比例较小，但引沙量比例却很高。进入引水灌区的泥沙主要分布于沉沙池、灌溉渠系、排水系统和田间，其中进入田间泥沙有利于作物生长，引沙入田是泥沙优化配置的目标之一；灌溉渠系和排水系统的泥沙淤积不利于灌溉事业的发展，尽可能减少灌溉渠系和排水系统的泥沙淤积也是泥沙配置的另一目标。

永定河官厅水库流域灌溉历史悠久，远在明朝万历年间（始于 1421 年）已建成惠民北渠，16 世纪建成惠民南渠、千石、民和等灌区，18 世纪建成大洋河、西洋河和东五渠等。解放后 50 余年，灌溉事业飞速发展，水库上游河道两岸已成为张家口主要产粮区。目前，全流域地表水灌溉面积为 413 万亩，其中凡有引洪淤灌条件的，都尽可能地扩大引洪淤灌，如山西御河灌区，张家口通桥河灌区、桑干河灌区及浑河的恒山灌区等都有引洪淤灌的历史。流域引洪灌溉面积为 200 万亩。

2. 取水防沙技术

在引水用沙的优化配置过程中，根据供水对象的特点，有时需要对引沙量及其组成进行较严格的控制，即所谓的引水防沙技术，主要包括取水口位置选择、布置形式、工程拦沙措施（拦沙闸、导流工程、拦沙潜堰、叠梁、橡胶坝等）。由于游荡性河段和弯曲性河段演变特性存在本质的区别，游荡性河段主流游荡摆动频繁，弯曲性河段的河势比较稳定，导致两种类型的河段的引沙特性也不一样，对应的取水防沙措施也有差异[33]。

取水工程主要分为有坝取水和无坝取水。对于有坝取水工程，由于建有拦河壅水闸坝，以控制河道的径流量，增加渠道的引水比；同时，还能提高河道水位，达到提高引水高程、扩大灌溉面积的目的。但是由于修建拦河坝，闸坝上游产生泥沙淤积，泥沙淤积可能对引沙产生影响，并影响河道的防洪。对于无坝取水，由于不建拦河壅水的闸坝，工程比较简单，不改变河道的冲淤形态及降低河道的防洪能力，缺点是渠道的引水比较小，引水水位不能提高，为了提高引水能力，不得不把进水闸底板降低，因此，引沙增多。除个别取水工程外，在黄河上多数引水工程为无坝取水。另外，在无坝和有坝引水防沙工程中，随着泥沙研究的进展，近期又派生出许多新的引水防沙技术[34]。如低坝沉沙冲槽式和闸坝式，利用冲沙闸与闸前的沉沙冲沙槽定期冲沙；弯道式，利用整治河流上游段人工弯道，造成横向环流，达到"正面引水、侧向排沙"的目的，凹岸建引水闸及挡沙导流坝引水排沙；底栏栅式，利用堰上栏栅及堰内廊道引水排沙；分层式，利用进水及冲沙闸前的悬隔板以分层导流和排沙；导流堤式，利用导流堤和冲沙闸引水排沙；多首式，以增加渠首工程单元达到提高引水防沙效果的目的等。

3. 引黄灌区用沙技术

引水用沙的主要形式包括放淤改土、洪水淤灌、建筑材料的转化、农用土与宅基土等。在引黄灌区内，无论在引水用沙技术上，还是在引水用沙效果方面都取得了丰富的经验[10,33,35]，如放淤技术、稻改技术等。

4. 渠首综合治理技术

在目前集中处理泥沙的状况下，一般来说，引黄灌区的中下游是受益者（引水灌溉使粮食增产），而上游特别是渠首地区则是受害者，如渠首地区次生盐碱地和沙化地的产生。这一受益不平衡直接影响灌区效益的正常发挥，政府和灌区管理部门对渠首地区的综合治理和长期规划应根据本灌区的具体特点进行研究。渠首综合治理的技术主要包括淤改、稻改、建材转化等用沙技术，同时还包括渠首沙化地的治理、经济林的开发和营造防护林带相结合、因地制宜地开展多种经营等治理防护经济措施。

4.3.4　跨流域调水工程

1. 基本情况

由于水资源随地区和时间的不均匀分布，在世界范围内实行了不同数量的调水工程如表4-2所示[36]，在调水的过程中，泥沙分布与配置也将随之发生变化。若从多沙河流调水，多沙河流泥沙配置发生变化，要么多沙河流淤积增加，要么大量的泥沙从多沙河流引走；若从少沙河流调水进入多沙河流，多沙河流的泥沙淤积减少。我国北方多沙河流的特点是水少沙多，水沙不协调导致河道泥沙淤积严重。主要对策之一就是增加流量来提高河道水流挟沙能力，使部分床沙质泥沙变为悬移质泥沙，防止泥沙淤积。据估算，对于黄河下游河道而言，增加 100 亿 m^3 的水量就能减少河道淤积泥沙 1.8 亿 t[37]。因此，结合南水北调的实际情况，配合小浪底水库调水调沙的作用，在保证适当引水的条件下，集中大流量定期对下游河道进行冲刷，改变河道泥沙的配置，扩大河槽断面面积，提高河道过洪能力。

表4-2　世界六大洲调水工程的主要参数统计表

大洲名	现有调水工程 数量/个	年调水量 /（亿 m^3/a）	输水干线 总长度/km	调水灌溉面积 /万 km^2	有调水工程的 国家/个
亚洲	165	3 413.7	17 603.7	4 495.9	13
欧洲	55	397.3	4 433.5	362.1	10
非洲	23	201.1	8 943.0	340.5	8

大洲名	现有调水工程 数量/个	年调水量 / (亿 m³/a)	输水干线 总长度/km	调水灌溉面积 /万 km²	有调水工程的 国家/个
大洋洲	1	23.6	500.0	16.0	1
北美洲	93	1 870.0	7 267.0	323.5	3
南美洲	8	66.0	359.0	21.7	4
合计	345	5 971.7	39 106.2	5 559.7	39

2. 南水北调工程[38]

我国自从 20 世纪 50 年代提出跨流域调水解决北方水资源不足问题的设想以来，在分析比较 50 多种规划方案的基础上，已逐步形成分别从长江下、中、上游调水的南水北调东、中、西线三条调水线路（工程）。

东线工程：利用江苏已有的江水北调工程，逐步扩大调水规模并延长输水线路。东线工程从长江下游扬州江都抽引长江水，利用京杭大运河及与其平行的河道逐级提水北送，并连接具有调蓄作用的洪泽湖、骆马湖、南四湖、东平湖。出东平湖后分两路输水：一路在位山附近经隧洞穿过黄河北上；另一路向东，通过胶东地区输水干线经济南输水到烟台、威海。一期工程调水主干线全长 1466.50km，其中长江至东平湖长 1045.36km，黄河以北长 173.49km，胶东输水干线长 239.78km，穿黄河段长 7.87km。东线工程规划分三期实施。

中线工程：从加高坝扩容后的丹江口水库陶岔渠首闸引水，沿规划线路开挖渠道输水，即沿唐白河流域西侧过长江流域与淮河流域的分水岭方城垭口后，经黄淮海平原西部边缘在郑州以西孤柏嘴处穿过黄河，继续沿京广铁路西侧北上，可基本自流到北京、天津。输水干线全长为 1431.945km（其中，总干渠为 1276.414km，天津输水干线为 155.531km）。中线工程规划分两期实施。

西线工程：在长江上游通天河、支流雅砻江和大渡河上游筑坝建库，开凿穿过长江与黄河的分水岭巴颜喀拉山的输水隧洞，调长江水入黄河上游。西线工程的供水目标主要是解决涉及青、甘、宁、内蒙古、陕、晋等六省（自治区）黄河上中游地区和渭河关中平原的缺水问题。结合兴建黄河干流上的大柳树水利枢纽等工程，还可以向邻近黄河流域的甘肃河西走廊地区供水，必要时也可相机向黄河下游补水。西线工程规划分三期实施。

南水北调工程的近期供水目标，主要是城市的生活和工业用水，同时兼顾农业和生态用水。解决农业缺水主要依靠发展节水灌溉、调整种植结构等措施，提高农业用水效率。同时，将现在城市挤占的部分农业用水份额退还给农业，以及将城市污水经处理达标后的水量部分供给农业。在丰水季节，通过合理调度还可直接向农业和生态补水。在充分考虑节水、治污和挖潜的基础上，本着适度偏紧的精神，合理配置受水区的生活、生产、生态用水。经过论证，规划到 2050 年南水北调东线、中线和西线工程多年平均调水规模分别达 148 亿 m³、130 亿 m³ 和 170 亿 m³，合计为 448 亿 m³。分期实施后可基本缓解黄淮海流域水资源严重短缺的状况，并逐步遏制因严重缺水而引发的生态环境日益恶化的局面。

4.4 生态配置技术

所谓生态泥沙配置技术就是通过改变流域的植被度来达到减沙的目标。流域内植被在水土保持方面具有拦截雨滴、调节地面径流、固结土体、改良土壤性质、降低风速等主要功效，高植被度还具有改善生态环境的作用。显然增加流域内植被度可以有效地减少产沙量，达到泥沙优化配置的目的。目前，常见的流域泥沙生态配置技术包括水土保持林与防护林带体系、营造防风固沙和农田防护林、植被恢复技术等；河道泥沙配置技术主要包括河道堤岸种植防护林和河道堤岸草皮植被护坡技术等。作为水土保持工程的重要组成部分，流域泥沙生态配置技术在黄河中游得到了广泛应用，并取得巨大成功，这一点已在4.3.1 流域水土保持工程一节中进行了介绍。

4.4.1 流域生态技术

1. 水土保持林与防护林带体系

水土保持林就是针对各种水土流失的现状、形成及程度等土壤侵蚀状况和影响因素因地制宜、因害设防而营造的各种类型的人工林工程[22]。水土保持林防止水土流失和保护土壤的成因主要是由于其具有庞大的根系改良、固持和网络土壤的作用，林冠层和枯枝落叶层削减和消灭侵蚀性降雨的雨滴动能及拦截、分散、滞缓和过滤地表径流的作用，维护土壤结构稳定等作用来实现的。实践证明，水土保持林具有防止多种水土流失的功效。但是，水土保持林防止水土流失的作用并不是无限的，如重力侵蚀的防治界限一般来说有效的深度以根系分布的深度为有效的深度，因此，必须辅佐以其他措施才能从根本上防止水土流失。

根据当地的气候、土壤结构和树木特点等发展与地方相适应的水土保持林，称为防护林带体系。防护林带体系建设因地制宜，如黄土高原适合种植沙棘、果桑以及林草或乔灌植物等不同复合方式（刺槐、刺槐+多年生香豌豆、刺槐+中国沙棘、黑核桃、黑核桃+多年生香豌豆）等[39]；而塔里木河两岸则适宜种植胡杨林、阔叶林和密灌等。

2. 营造防风固沙和农田防护林

营造防风固沙和农田防护林带是综合防治风沙雨蚀危害的最基本办法[18]。防风固沙林带主要是截阻流沙或防止表土被风蚀和雨蚀；农田防护林带的主要作用是防止强风吹蚀或飞沙，降低风速，削弱风力，改变温度、湿度，调节田间小气候，避免风沙、干旱、霜冻的危害，实行精耕细作，为作物的生长创造良好的环境条件，促使农作物高产稳产。如，簸箕李引黄灌区[40]，由于引黄沉沙造成渠首地区土地沙化，风沙环境恶化，簸箕李灌区进行了渠首土地沙化和风沙环境治理规划，其中通过植树造林可达到部分治理耕地沙化地的目的。仅渠首大年陈镇农田防风固沙林带面积占全乡总面积的65%以上，形成了纵横交错的防护林体系，绿化覆盖面积已达25%以上。在进行大规模营造防风固沙林带、绿化美化环境的同时，开展了一系列经济林的开发。据初步统计，由于林木面积的增长，灾害性天气（如雹灾）比往年明显减少，与周围其他地区的情况对比可明显看出这一点。

根据田、水、林、路总体规划，在农田上将农田防护林的主要林带配置成纵横交错，构成无数个网眼（或林网），即农田林网化。以农田林网化为骨架，结合"四旁"植树、小片丰产林、果园、林农混作等形成一个完整的平原森林植物群体，即农田防护林体系。目前世界各国在进行农业现代化建设中，尤其是进行生态农业建设中，都把农田防护林体系看作是其重要的内容。

3. 植被恢复技术

植被恢复技术是多方面的，其中植被对位配置技术和退耕还林还草是最重要的技术。植被对位配置技术认为植被是一个生物有机群体，而一个生物群体的生长发育、生殖繁衍，需要相应的生存条件[36]。其中林草种选择不当、植物需水严重不足和植被管护跟不上是植被建造的三大障碍。因此，人工植被建设中，植物类型和种源选择必须符合当地的自然生态植被分布规律。在实施植被对位配置过程中，需要考虑以下五个方面的特点[41]：①不同地形部位植物措施对位配置；②不同地形部位小气候分布规律；③不同植物种对小气候条件的适宜性；④不同树种的需水量及密度；⑤不同树种需水量与成林密度。

退耕还林还草实际上就是植被恢复采用自然修复和人工种植相结合的办法[42]。所谓的自然修复，就是把退下来的陡坡耕地不开展人工造林种草，而实行全封闭式自然封育。其中退耕还林还草是国家实施植被恢复的重要措施，退耕还林还草的同时还要采取禁伐禁收的措施，以有效地维持退耕还林还草成果。黄土高原退耕还林（草）的土地对象是大于25°的陡坡耕地，现有此类耕地约75.55万 hm^2，占总耕地面积的5%左右，主要集中在黄土高原中部的陕西、山西和甘肃三省，占比类耕地面积的98.6%，其中陕西省有陡坡耕地39.24万 hm^2，占全区耕地面积的51.9%。这一计划顺利实现后，其经济和生态效益是巨大的，更重要的是为今后生态建设和经济发展形成良性循环奠定牢固的基础。

从长远考虑，黄土高原生态环境建设投资的重点应该是坝系建设。坝系农业是实现荒山绿化、退耕还林还草的基础。坝地建设后，不仅使所有的>25°的陡坡耕地退下来，还可以使80%的15°~25°坡耕地退下来，从此黄土高原不再耕种坡耕地，而且还可以将部分梯田改作人工草地，有效地解决农牧矛盾。因此，黄土高原退耕还林还草必须放弃传统的、机械的退耕还林还草模式，灵活而系统地用好"退耕还林（草），封山绿化，个体承包，以粮代赈"政策，这是加速水土流失有效治理的关键。

4.4.2　河道生态技术

1. 河道生态植被的作用[15]

顾名思义，绿色植物护岸就是以树木、乔木、灌木和草本植物等为主要组成部分的自然护岸措施。生态植被护岸的作用主要表现为[43]：一是利用植物根系、根毛、地径穿插在土体中，并在土体中形成网络及根毡层，将土壤粒径吸附在根系周围，使土体通过根系的网络作用紧紧地固结在一起，大大提高土体的抗剪强度和抗蚀性；二是增加土体的有机质含量，使土体在水中的分解力大大提高，土体更加稳定，土体的理化性质得到明显改善；再者利用植物地上植株覆盖坡面，减少地表裸露面积，起屏障保护作用，使造成土壤侵蚀的外营力尽可能不与坡面土壤直接接触，进而减小外营力对坡面土壤表面的冲量，起到防浪、消能的作用，维护堤防坡面的稳定。

2. 河道堤岸种植防护林

江河堤防迎水坡面在非雨季通常较旱，但在汛期水淹情况下受河水分散侵蚀和水浪淘蚀严重，因此应选择根系发达、固结表土能力强、有较强的抗旱、耐淹、耐瘠薄等性能的护坡植物品种。对于河道较宽、河道比降小、水流较缓、河水排泄平稳的堤防，可在迎水坡脚设置防浪林，但防浪林应选择耐涝性能较强的灌木树种。背水坡坡面受降水影响，土壤侵蚀类型主要为击溅侵蚀、面蚀、细沟侵蚀和冻融侵蚀等，护坡植物应选择耐旱、耐瘠薄、具有观赏或经济价值的浅根系灌木或草本植物；护堤处应选择适宜做生物围栏的荆棘类乔灌木及具有经济价值的用材树种等。

最典型的岸堤防护林为复合混交防浪林带。复合混交防浪林带是树木、乔木和灌木的综合林带。合理布局、长远规划、树乔灌木并重，防护与效益相结合是复合混交防浪林带的重要特点。九江长江大堤在营造复合混交防浪林带取得了一定的经验[44]。并不是所有的树都适用护岸，而且树种不同，其岸堤防护形式与特点也不同，常用树种主要包括柳树、水曲柳或榆树、杨树或刺槐、紫穗槐，其具体特点参见有关研究成果[45]。

3. 河道堤岸草皮植被护坡技术

河岸生态草皮植被的播种方式主要分为直播技术和卷护坡技术，常见的集中生态治理形式包括草类植物护坡和土工网（三维网）植被护坡[15,46-48]。

1）草类植物护坡。草类植物护坡就是利用草类植物地上部分植株覆盖地表，形成地表软覆盖体系，利用植物地下根系网络固持土壤，改变地表面物质组成和物质结构，形成系统的植物护坡防蚀体系，提高堤防坡面的抗剪、抗蚀性。根据这一原理，吉林省水土保持研究所从数百种植物筛选了牛毛草、翦股颖、瓦巴斯早熟禾、大叶樟等25种草进行迎水护坡现场试验，同时堤脚布设数行河流防浪林。在嫩江大堤坡面进行护坡植物选优和抗冲防护技术试验研究，成果表明，植物护坡是可行的，并能取得较好生态效益和经济社会效益。

2）土工网（三维网）植被护坡是一项新的护岸技术，这种护岸技术综合了土工网和植被护坡的优点，能起到复合护坡的作用。这一技术有两种实施方法，一种是在修整好的坡面上铺设土工网并固定，然后撒播草种和肥料，最后覆盖表层土，待植被生长起来后与土工网共同起到坡面防护作用。另一种是在砂土或其他介质上铺土、网、播种、覆盖后，等草种生长起来后即形成预制草皮，可直接移植到需要防护的坡面和需要绿化的环境工程中，达到快速防护和美化环境的效果，苏嵌森、闫国杰就土工网（三维网）植被护岸的机理设计及施工过程进行的详细论述[48,49]，并给出了相应的应用实例，取得较好的效果。

参 考 文 献

[1] 胡春宏, 王延贵, 陈绪坚. 流域泥沙资源优化配置关键技术的探讨 [J]. 水利学报, 2005, 36 (12): 1405-1413.

[2] 王延贵, 胡春宏. 流域泥沙的资源化及其实现途径研究 [J]. 水利学报, 2006, 37 (1): 21-27.

[3] 王军, 姚仕明, 周银军. 我国河流泥沙资源利用的发展与展望 [J]. 泥沙研究, 2019, 44 (1): 73-80.

[4] 胡春宏, 王延贵. 流域水沙资源配置的调控技术与措施 [J]. 水利水电技术, 2009, 40 (8): 55-60.

[5] 胡春宏, 王延贵, 张世奇, 等. 官厅水库泥沙淤积与水沙调控 [M]. 北京: 中国水利水电出版社, 2003.

[6] 胡一三, 张红武, 刘贵芝, 等. 黄河下游游荡性河段河道整治 [M]. 郑州: 黄河水利出版社, 1998.

[7] 李国英. 黄河调水调沙 [J]. 人民黄河, 2002, 24 (11): 1-4, 46.

[8] 李国英. 基于空间尺度的黄河调水调沙 [J]. 人民黄河, 2004, 26 (2): 1-4, 46.

[9] 高兴, 朱呈浩, 刘俊秀, 等. 新时期黄河调水调沙思考与建议 [J]. 人民黄河, 2023, 45 (2): 42-46.

[10] 蒋如琴, 彭润泽, 黄永健, 等. 引黄渠系泥沙利用 [M]. 郑州: 黄河水利出版社, 1998.

[11] 王延贵等. 典型灌区的泥沙及水资源利用对环境及排水河道的影响 [R]. 中国水利水电科学研究院, 1995.

[12] 胡春宏等. 引黄取水新模式与水沙综合利用研究 [R]. 中国水利水电科学研究院泥沙研究所, 2001.

[13] 王延贵, 李希霞, 王冰伟. 典型引黄灌区泥沙运动及泥沙淤积成因 [J]. 水利学报, 1997, 28 (7): 13-18, 36.

[14] 张崇山, 王孟楼. 水库引水冲滩冲刷规律的研究 [J]. 泥沙研究, 1993 (2): 76-84.

[15] 王延贵, 匡尚富, 陈吟. 冲积河流崩岸与防护 [M]. 北京: 科学出版社, 2020.

[16] 胡春宏, 吉祖稳, 黄永健, 等. 我国江河湖库清淤疏浚实践与分析 [J]. 泥沙研究, 1998 (4): 47-55.

[17] 中华人民共和国水利部. 中国河流泥沙公报 [M]. 北京: 水利水电出版社, 2004.

[18] 张凤霞. 环保疏浚在我的应用前景 [J]. 中国水利, 2004 (11): 23-24, 5.

[19] 梁启斌, 邓志华, 崔亚伟. 环保疏浚底泥资源化利用研究进展 [J]. 中国资源综合利用, 2010, 28 (12): 23-26.

[20] 贾飞跃, 朱晓明, 魏华, 等. 环保疏浚底泥资源化利用技术研究和应用进展 [C] //中国环境科学学会, 中国环境科学学会 2020 科学技术年会. 南京: 2020.

[21] 杜玉海. 黄河下游淤背固堤技术研究与实践 [M]. 郑州: 黄河水利出版社, 2002.

[22] 王礼先. 水土保持学 [M]. 北京: 中国林业出版社, 1995.

[23] 水利部长江水利委员会. 长江流域水土保持公报 (2006—2015) [M], 2016.

[24] 水利部长江水利委员会. 长江泥沙公报 (2016—2020) [M], 武汉: 长江出版社, 2017-2021.

[25] 高云飞, 张栋, 赵帮元, 等. 1990—2019 年黄河流域水土流失动态变化分析 [J]. 中国水土保持, 2020 (10): 64-67.

[26] 王延贵, 史红玲, 陈吟, 等. 中国主要河流水沙态势变化及其影响 [M], 北京: 科学出版社, 2023.

[27] 高健翎, 高燕, 马红斌, 等. 黄土高原近 70a 水土流失治理特征研究 [J]. 人民黄河, 2019, 41 (11): 65-69, 84.

[28] 水利部水土保持司, 中央农村工作领导小组办公室, 水利部水土保持监测中心, 水利部发展研究中心, 黄河水利委员会等单位组成调查组. 黄土高原区淤地坝专题调研报告 [R]. 2002.

[29] 中华人民共和国水利部. 第一次全国水利普查水土保持情况公报 [J]. 中国水土保持, 2013 (10): 2-3, 11.

[30] 高季章, 曹文洪, 王浩. 加快黄土高原淤地坝建设 [J]. 中国水利, 2003 (11): 28-30.

[31] 钱宁, 张仁, 等. 河床演变学 [M]. 北京: 科学出版社, 1987.

[32] 中国水利学会泥沙专业委员会. 泥沙手册 [M]. 北京: 中国环境科学出版社, 1989.

[33] 张永昌, 杨文海, 兰华林. 黄河下游引黄灌溉供水与泥沙处理 [M]. 郑州: 黄河水利出版社, 1998.

[34] 梁志勇, 徐永年, 罗福安, 等. 引水防沙与河床演变 [M]. 北京: 中国建材工业出版社, 2000.

[35] 王延贵, 胡春宏. 引黄灌区水沙综合利用及渠首治理 [J]. 泥沙研究, 2000 (2): 39-43.

[36] 杨立信. 国外调水工程 [M]. 北京: 中国水利水电出版社, 2003.

[37] 崔庆瑞, 刘双歧. 减缓黄河下游河床淤积的措施探讨 [C] //第五届全国泥沙基本理论研究学术讨论会论文集. 武汉, 2002.

[38] 水利部南水北调规划设计管理局. 南水北调工程总体规划内容简介 [J]. 中国水利, 2003 (2): 11-13, 18.

[39] 闫培华. 种植沙棘走生态经济效益双丰收之路 [J]. 中国水利, 2003 (9): 75-76.

[40] 中国水利水电科学研究院. 簸箕李灌区的泥沙及水资源利用对环境及排水河道的影响 [R]. 1995.

[41] 张富, 胡朝阳. 黄土高原植被对位配置技术研究 [J]. 中国水土保持, 2003 (1): 24-25, 48.

[42] 景可, 申元村. 以退耕还林（草）政策为契机加快黄土高原生态环境建设 [J]. 中国水土保持, 2003 (4): 7-8.

[43] 许晓鸿, 王跃邦, 刘明义, 等. 江河堤防植物护坡技术研究成果推广应用 [J]. 中国水土保持, 2002 (1): 17-18.

[44] 曹道伍. 九江长江大堤营造混交防浪林带经验与初探 [C] //水利部长江水利委员会, 长江中下游护岸工程论文集 (4). 武汉, 1990.

[45] 吴玉杰, 常青, 李景春, 等. 山区河道堤防护坡的工程措施与生物措施 [J]. 东北水利水电, 2003, 21 (7): 9-10.

[46] 刘艳军, 张利, 刘明义. 嫩江堤防迎水坡植物护坡试验研究 [C] //中国水利水电科学研究院, 堤防加固技术研讨会论文集. 南昌. 1999.

[47] 王贵春. 绿色工程治理河道塌岸 [J]. 东北水利水电, 1994, 12 (5): 22, 35.

[48] 苏嵌森, 蔡松桃, 吕军. 土工网植草护坡技术在堤坝护坡中的应用研究 [C] //中国水利水电科学研究院堤防加固技术研讨会论文集, 南昌, 1999.

[49] 闫国杰. 三维植被网在温孟滩防护堤护坡工程中的应用 [C] //中国水利水电科学研究院堤防加固技术研讨会论文集. 南昌, 1999.

第 5 章 | 引水分流及其对河流演变的影响

引水分流（简称分流）问题无论在自然河道上，还是在水利工程中都普遍地存在着，也是区域水沙配置不可或缺的环节。自然河道上的分汊河段、散乱游荡河段、自然溢流分洪、决口改道、弯道自然裁弯等都是典型的分流问题；"禹播九河"是最早用来分流治河的传说，此后，人工分洪、人工引水、人工裁弯及人工改道都是水利工程中常用的分流措施。分流问题的分类可用图 5-1 表示。

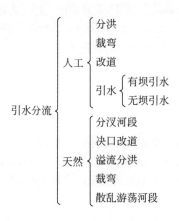

图 5-1　分流问题的分类图

引水分流既是自然存在，又是国计民生和工程的需要，在水沙资源配置中发挥重要的作用，但它又会使河床冲淤发生变化，带来一定的问题。由于引水分流问题的普遍性和重要性，国内外有很多学者就分流分沙特性、引水防沙措施、河流演变特性等问题进行了广泛的研究[1-22]。一般情况下，分流会导致下游河道的淤积增加，河工上说的"分流必淤"也表明了分流与淤积的关系。同时河工上也有"塞支强干""堵串并汊""束水攻沙"等与分流淤积相反的治河措施。鉴于分流问题的重要性和复杂性，文献[10,11]曾就常见的典型分流淤积特点进行了分析。

5.1　引水分流河道的分区及其特点

根据河道分流区平面外形的不同和引水口所处的位置，分流又可分为顺直分流和弯曲分流［如图 5-2 (a)］。因为它们边界条件（轮廓控制）不同，导致各类分流区的水流结构和泥沙运动特性有着很大的差异。无论是顺直分流还是弯曲分流，根据水沙运动特性和分流影响程度可以把引水分流河段分为上游河段、分流区和下游河段[11]［如图 5-2 (b)］。引水口门的上游河段和下游河段均视为单一河道，其水沙运动特性均由进入该河段的水沙条件和当时的河道条件决定，与一般的单一河道没有本质的差异。而分流区（即分流口门附近）内的水沙运动情况则比较复杂。

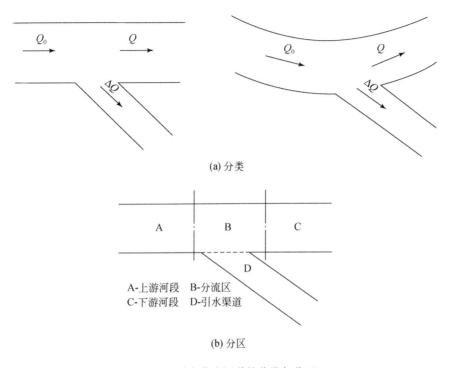

(a) 分类

A-上游河段　B-分流区
C-下游河段　D-引水渠道

(b) 分区

图 5-2　引水分流河道的分类与分区

就上游河段来说，由于引水分流处水位降低，会引起上游河段的水面比降和流速增大，河段可能发生溯源冲刷或者原来的淤积减少，这种作用沿程向上逐渐减弱以至消失。影响范围视分流引起分流点附近水位降低程度，原河道比降、河床组成条件等而定，一般都不是很大的，如黄河 1855 年铜瓦厢决口改道，该决口处水位降低可达 5～6m，而冲刷上溯仅到伊洛河口附近。此外，由于侧向分流一侧水面降低较多，上游河道的主流向分流侧偏移，可能会造成上游河势的改变，但这项影响的距离较短。史红玲和蒋如琴[17]就引黄灌区内引水对上游水面线的影响进行了分析计算。

就分流下游河段而言，一方面，由于分流后下游河道流量减小，河床演变会发生相应的变化；另一方面，分流引起分流区内水沙运动的变化，导致横向不平衡输沙，改变进入下游河道的水沙分配关系，进而促使下游河道诸因素发生变化[22]。也就是说，分流将打破原河道的输沙状态，由原来的基本平衡状态变为不平衡输沙状态，此后随河道的冲淤变化，比降调整，输沙特性也将逐渐达到另一个新的平衡状态。

在分流区内，侧向分流将引起水流结构和流态发生很大的变化。在平面上有水流扩散、分汊，甚至有漩涡和回流；断面上有离心力引起的螺旋流运动；与之相应泥沙分布和运动也很复杂，冲淤变化也比较剧烈。

5.2　引水分流区的水沙运动与冲淤变化

5.2.1　分流区的水沙分析模式

分流区的水沙运动很复杂，很难进行准确地分析。但是，在实际分析分流问题时，有时只需知道各断面的平均情况和各因素的变化趋势，有时需要了解各断面的细部变化。为此，根据分析问题的侧重点，以矩形断面河槽（或宽浅河段）为例，建立以下两种分析模式[11]。

1. 不考虑横向环流的影响——模式 1

在分析分流问题时，如果只需要知道各断面内各因素的平均情况及变化趋势。可以不必考虑分流口门附近的环流及相应的泥沙运动，而主要考虑分流区内流量沿程变化的影响。然后再按通常的单一河道进行分析计算，这样使分流问题得到简化 ［图 5-3 （a）］。分析求解问题时，虽然单一河道和分流河道之间有许多相似之处，但毕竟还有差别。在河道的基本微分方程组中，前者的流量是沿程不变的，后者的流量是沿程变化的。若来水流量为 Q_0，引水单宽流量为 $q_\pi(x)$，分流区内的流量 Q 为

$$Q = Q_0 - \int_{X_0}^{X_1} q_\pi(x)\, dx \tag{5-1}$$

式中，x 为沿河流方向的距离，X_0 和 X_1 分别为分流口上沿和下沿的距离，且 $X_1 = X_0 + b/\sin\theta$，见图 5-3 （a）。在实际分流中，若需要了解整个分流区的冲淤变化趋势，式 （5-1）代入水流的基本微分方程，就可利用此模式进行分析计算。

2. 考虑横向环流对平衡输沙的影响——模式 2

根据分流河道分水分沙的具体特点，可把分流区的水流进行如图 5-3 （b） 所示的概化。即把水流上下各层各分为两股，一股流入下游河道，另一股进入引水分流渠道。同时假定在两股水流的交界面上没有水量交换，但可有泥沙、动量的交换。分流区内产生横向环流，环流在运动过程中，对每一垂线而言，环流上下部的横向流量是封闭的，对分流区的水量分配影响不大；但是，由于含沙量和流速的垂线分布是不均匀的，因而将分别产生横向不平衡输沙（即泥沙横向转移）和动量不平衡交换。这样便把复杂的分流河道问题转化为求解单一河道的问题。各层分流宽度的划分，一般是根据实验首先确定表层和底层的分流宽度，然后再按照以下二次曲线划分其间各层。

$$\frac{y - B_s}{B_b - B_s} = \left(\frac{H - z}{H}\right)^2 \tag{5-2}$$

式中，y 和 z 分别为沿河宽（Y 轴）和水深（Z 轴）方向的坐标，H 为水深，见图 5-3 （b）。苏联沙乌勉根据试验成果提出了分流宽度与单宽流量分流比的经验关系式[23]

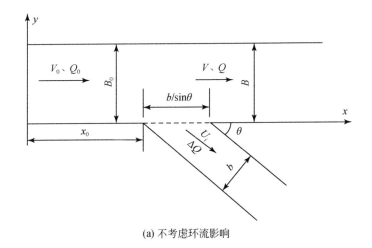

(a) 不考虑环流影响

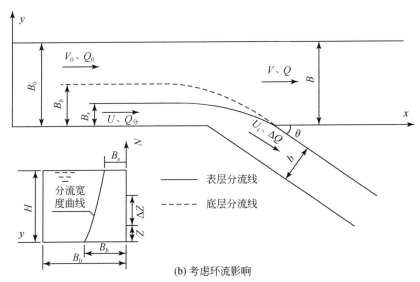

(b) 考虑环流影响

图 5-3　引水分流区的分析模式

$$\frac{B_s}{b}=0.72(k+0.07)$$

$$\frac{B_s}{b}=1.15(k+0.35)$$

（5-3）

其中 B_s 为表层分流宽度；B_b 为底层分流宽度；b 为引水渠的宽度；k 为单宽流量分流比；k 和分流比 η_Q 之关系为

$$k=\left(\frac{B_o}{b}\right)\eta_Q$$

其中，B_0 为不分流时主河槽的宽度。

严镜海[9]以分流部分的平均单宽流量与全断面的平均单宽流量近似相等及天然河道的分流量宽度曲线与水槽试验曲线相平行的假定为根据，对天然河道的表层、底层分流宽度进行了分析。

5.2.2　分流区的水流流态

1. 水面形态

1）纵向水面线

就整个分流区而言，侧向分流使得引水侧水位降低，上游水面比降增大，水面线呈降水曲线。离引水处越远比降增大越小，水面降落也越少，这是分流区上部和上游河段的情况。而在分流区下侧和下游河段的进口附近，由于分流影响，单宽流量减小，流速减小，或相当于河段扩散，即水流自上段的较高流速区经过分流或扩散变成下游的较低流速区，部分动能恢复为势能，水面呈现壅水曲线。图 5-4（a）和（d）是一平底分流试验的水深分布和纵向水面线[24]，试验结果和以上分析结论是一致的。

结合第二模式进而分析，侧向分流首先要引起分流侧（即分流宽度内）的水面比降增大，水面为降水曲线，降水程度也比较大，沿程向上游逐渐减小。而对于分流宽度以外的主河侧，分流区上部和上游河段同样由于分流的影响，水面比降有所增大，水面呈降水曲线，但变化幅度减轻；而分流区下侧由于水流扩散单宽流量减小，水面线呈壅水型水面线，从图 5-4（a）的试验水深分布可以看出这种局部水面形态的变化。可以说分流侧的水面线和主河侧的水面线进行合成便得上述的平均水面形态。

2）横向水面形态

侧向分流使引水口门侧的水位降低较多，横向离引水口越远降低越少。从而产生横向比降；同时引水口下游附近（如图 5-4 中的 A 处）还会出现流速很小的滞水区，水位也比较高。因此，对于顺直分流来说，分流区上部水面线由引水一侧沿河宽向另一侧逐渐升高，图 5-4（a）和（c）便是典型的例子；而下部水面线却由引水侧向另一侧逐渐降低，图 5-4（a）便是如此。对于弯曲分流，由于老河弯道离心力的作用，若引水口布设在凹岸，分流区上部水面线可能在中间形成峰脊形，即水面线由引水口一侧沿河宽逐渐升高，到中间达到最高，然后转而降低；而下部水面线由引水侧向另一侧逐渐升高；若引水口布设在凸岸，下上部水面将有可能形成中间低的"谷槽"水面线，即水面由引水侧沿河宽逐渐升高，到中间附近降为最低，然后转而升高。其实这些现象都可看成原有弯道横比降与引水造成的横比降的合成。

3）水流运动

在分流区的分流侧内，由于侧向分流，水面比降在横向和纵向产生附加值，其流速也会产生横向增值 ΔU 和纵向增 ΔV。分流侧的纵向流速 V 看成不分流时流速 V_0 和纵向增值 ΔV 的合成，即 $\vec{V} = \vec{V_0} + \vec{\Delta V}$；实际流速 U 又看成纵向流速 V 和横向流速增值 ΔU 的合成，即 $\vec{U} = \vec{V} + \vec{\Delta U} = \vec{V_0} + \vec{\Delta V} + \vec{\Delta U}$。因为 $\Delta V > 0$、$\Delta U > 0$，所以 $U > V_0$，即分流使得分流一侧的流速增大，离引水一侧越远所受影响越小。而对分流的另一侧，由于水流沿程扩散，单宽流量减小，其纵向流速产生一减值 ΔV，纵向流速 $\vec{V} = \vec{V_0} - \vec{\Delta V}$，分流另一侧的实际流速 $\vec{U} = \vec{V_0} - \vec{\Delta V} +$

$\Delta \overline{U}$，由于该侧横向流速增值ΔU较小，一般小于$\Delta \overline{V}$，所以$\overline{U}<U$，即分流后非分流侧的流速有所减小。图5-4（b）的试验成果也说明了这一点，即分流侧的流速大于另一侧的流速。除此之外，分流区的水流结构和单一河道有着明显的差异。单一河段断面上的流速分布一般只有一个流核，即一个较高的流速区，而分流区内的流核则自上游向下游逐渐分裂成两个，垂线平均流速的横向分布也从上游的单一峰值向下游逐渐分裂成为两个峰值。

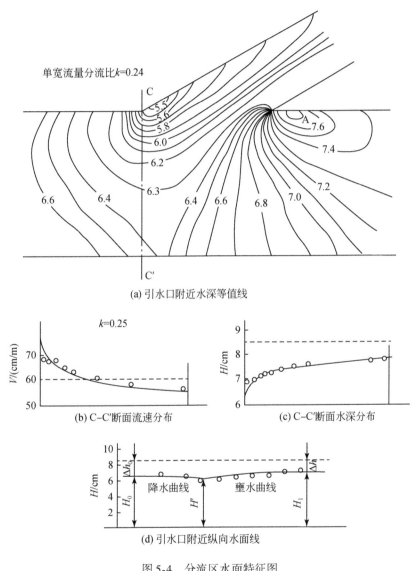

(a) 引水口附近水深等值线

(b) C-C'断面流速分布

(c) C-C'断面水深分布

(d) 引水口附近纵向水面线

图 5-4　分流区水面特征图

分流引起流线弯曲和水面变化，形成横向比降，从而产生环流。由于各层水流离心惯性力各异，分流区内的环流运动是很复杂的，不一定只会形成单向环流，而且不同环流，其性质也会有所差异。图5-5是分流口平面形态对环流影响的示意图，它表明不同的口门河床边界，形成的环流特性不同。对于顺直分流来说，各层流线弯曲程度和流速不同而产生环流运动，使得较多表层水流流入主河道，底流流入支河道。对于引水口布置在凹岸的弯曲分流来说，原河道弯曲和分流会引起环流，当原河弯曲产生的环流强度远大于分流产生的环流强度时，表流流入支河道，底流流入主河道；当二者相当时，形成两个并存的向心环流，使得表层水流自两侧向中心流动，底流由中间向两侧流动。

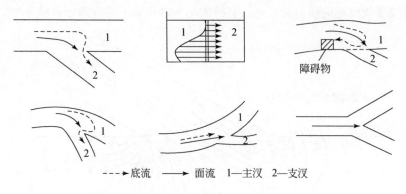

图 5-5　分流口平面形态对环流的影响

4）流态分区

结合分流区水流流态的变化，可以将分流区附近的水流流态分为八个区[25]，即加速区、稳速区、扩散减速区、分离减速区、潜流加速区、潜流减速区、滞流区、回流区，如图 5-6 所示。

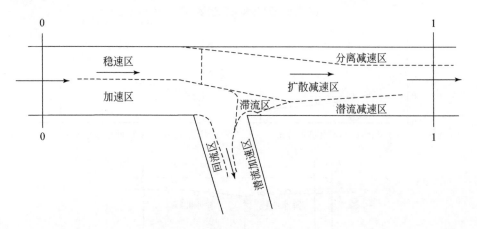

图 5-6　分流河道附近的水流流态

5.2.3　分流区的泥沙运动与冲淤变化

1. 泥沙运动

由于含沙量沿垂线的分布是不均匀的，横向环流在分流区将引起横向不平衡输沙，对水沙分配的相对关系起着重要的作用。悬移质悬浮在水中，并在水流方向上以水流相同的速度运动。但是，受分流边界的影响，水沙运动要发生弯曲。由于泥沙的质量大于水的质量，所受的惯性力也较大，因此泥沙运动的弯曲度大于水流运动的弯曲程度。而推移质则有所不同，由于推移质在河床附近运动，分流区的推移质运动不仅受其水流条件的影响，而且还和床面形态有关。比如引水口的底坎常常能阻止推移质进入引水渠道。

2. 床面形态的变化

侧向分流使得水流在横向产生水位差，并转化成横向流速，即分水口一侧的水面呈降水曲线，流速增大，造成分流口以上河床离分流口门越近其河床高程越低。

分流口门以下，老河道流量因分流而突然减少，或者说由于分流区水流沿程扩散，单宽流量 q 减少。由挟沙能力公式[26]

$$S_* = K \left(\frac{V^3}{gH\omega} \right)^m = K \left(\frac{q^3}{gH^4\omega} \right)^m \tag{5-4}$$

式中，V 为流速，q 为单宽流量，H 为水深。可以看出，刚分流时，因 q 减小，而 k 变化不大，故 S_* 减小，致使发生淤积，河床抬高。到逐渐恢复平衡后，q^3/k^4 也要逐渐恢复到或接近原有数值，q 减小了，H 也要减小，也表明河床要抬升。因此，分流会使分流口下游河道淤积，分流区内河床甚至出现倒比降。

显然，分流口上、下游河床的平均纵向变化可用如图 5-7（a）示意的河床形态来描述。有学者[3]利用水槽进行了分流试验研究，图 5-7（b）为河床变化的试验成果。可以看出，当分流比 $\eta_Q = 0.15$ 时，分流口上游河床发生溯源冲刷，河床降低近 2cm；下游则严重淤积，淤积厚度达 6cm，上、下游之间以倒坡的形式连接，这一床面形态和以上分析结果是一致的。

横向上看，分流使分流侧具有增冲减淤的作用，而另一侧具有增淤减冲的趋势。因此，顺直分流的上游段及分流区的横向床面形态，由引水侧向另一侧逐渐升高，下游段尤其是下游河道的进口处，由于引水侧的下游岸边有滞水点，此处流速很小，滞水点附近会发生淤积，床面也由引水侧沿横向逐渐降低。对于弯曲分流，由于弯曲边界的影响，若引水口布设在凹岸，上游附近的横向床面形态由引水侧向另一侧沿横向逐渐升高，河床横向比降比不分流时为大；下游附近由于滞水点和原弯道的共同作用，可能使横向河床形成中

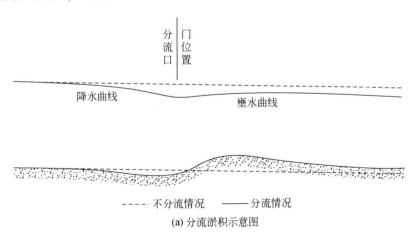

(a) 分流淤积示意图

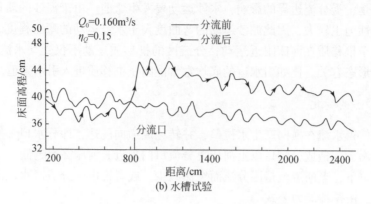

(b) 水槽试验

图 5-7　分流前后水面与河床形态变化

间有一"谷槽"的形态；若引水口布置在凸岸，上游附近的横向床面形态可能形成中间为"峰脊"的床面形态，即由引水侧沿横向逐渐升高，中间达最高，然后逐渐降低，下游附近床面将会由引水侧向另一侧沿横向逐渐降低。显然，分流的横向床面形态同样由原河道（顺直或弯曲）横向床面形态和由引水造成的冲淤共同合成的。

3. 分流区的冲淤

1）分流区冲淤特点

分流区内水流流态对分流区的冲淤有重要作用，对引水分沙特性也有重要影响。结合分流区附近的八个水流流态区的水流特性（图 5-6），根据分流区的泥沙运动规律，可以分析分流区的不同部位的冲淤特点。分流区附近，加速区和潜流加速区的水流结构比较复杂，水流流速有增加趋势，且伴有弯曲横向环流，此区域泥沙淤积可能减轻或冲刷；扩散减速区、分离减速区、潜流减速区等流速有所减小，回流区和滞流区的流速皆较小，这些区域可能会出现泥沙淤积，为增淤区域；稳速区受分流的影响较小，基本保持原有的流态与冲淤特性。

2）分流区冲淤量

分流区的泥沙淤积率 ΔW_s 可由分流区的泥沙淤积比公式获得，即

$$\Delta W_s = (1-\eta_{Q_s})Q_0 S_0 - (1-\eta_Q)Q_0 S \tag{5-5}$$

式中，Q_0 和 S_0 分别为上游河段来水流量和含沙量；S 为进入下游河段的水流含沙量；η_Q 和 η_{Q_s} 分别为分流比和分沙比。

5.2.4　分流区的含沙量变化

分流开始后，分流一侧具有增冲减淤的作用，另一侧则具有增淤减冲的趋势。与此相应，分流侧的含沙量增加且沿程增加；而另一侧的含沙量（沿程）减小。为较深入地分析分流区内含沙量的变化，做以下的简化分析。

1. 分流侧和主河侧的断面平均含沙量

悬移质含沙量有两种计算方法，①精确法，用悬移质输沙率除以流量，求得平均含沙量 $S = \dfrac{\int_o^H V \cdot s \, dy}{\int_o^H V \cdot dy}$。②简化法，假定沿水深的流速为均匀，即以平均流速代之，由含沙量分布公式进行积分，求得平均含沙量。前者计算比较麻烦，且计算结果与后者相差不多。因此实际应用时可采用简化法，对于多沙河流，泥沙较细，含沙量分布较均匀，故可采用莱恩（Lane）和卡林斯基（Kalinske）提出的含沙量分布公式[27]

$$S = S_a e^{-\omega(z-a)/\varepsilon_s} \tag{5-6}$$

式中，S_a 为离河底 a 处的临底含沙量；ω 为泥沙沉速；ε_s 为悬移质扩散系数，近似地取断面平均值 $\varepsilon_s = \dfrac{\kappa U_* H}{6}$，$\kappa$ 为卡门系数，U_* 为摩阻流速。其他符号同前。若令 $\bar{z} = \dfrac{z}{H}$、$\alpha = \dfrac{a}{H}$、$\beta = \dfrac{15\omega}{U_*}$，式（5-6）可改写为

$$S = S_a e^{-\beta(\bar{z}-\alpha)} \tag{5-7a}$$

考虑 $\alpha \ll 1$，利用上式可求得全断面沿水深的垂线平均含沙量为

$$S_{\text{cp}} = \frac{S_\alpha}{\beta}(1 - e^{-\beta}) \tag{5-8}$$

从临底 α 至某高度 $\bar{Z}$ 的平均含沙量为

$$S_{\text{cp}}' = \frac{S_\alpha}{\beta \bar{z}}(1 - e^{-\beta \bar{z}}) \tag{5-9}$$

从某高度 $\bar{z}$ 至水面的平均含沙量为

$$S_{\text{cp}}'' = \frac{S_\alpha}{\beta(1-\bar{z})}(e^{-\beta \bar{z}} - e^{-\beta}) \tag{5-10}$$

式（5-8）可作为全断面及矩形 A_2、A_4 [图 5-4（b）] 的平均含沙量，再利用分流宽度曲线（5-2）及公式（5-9）和（5-10）分别求得三角形 A_1 和 A_3 的平均含沙量。则分流宽度（$A_1 + A_2$）内（即分流一侧）的平均含沙量为：

$$S_{T_1} = \frac{S_{\text{cp}}}{1 - e^{-\beta}}\left\{ \frac{B_b[3(1 - e^{-\beta}) - M] + B_s M}{B_b + 2B_s} \right\} = K_1 S_{\text{cp}} \tag{5-11a}$$

分流宽度以外的（$A_3 + A_4$）区（即主流一侧）的平均含沙量

$$S_{T_2} = \frac{S_{\text{cp}}}{1 - e^{-\beta}}\left\{ \frac{3(1 - e^{-\beta})(B_0 - B_b) + M(B_b - B_s)}{3(B_0 - B_s) - (B_b - B_s)} \right\} = K_2 S_{\text{cp}} \tag{5-12a}$$

其中，$M = 2\beta - \dfrac{3}{4}\beta^2 + \dfrac{1}{5}\beta^3$；$K_1 = \dfrac{3B_b(1 - e^{-\beta}) - M(B_b - B_s)}{(1 - e^{-\beta})(B_b + 2B_s)}$；$K_2 = \dfrac{3(1 - e^{-\beta})(B_0 - B_b) + M(B_b - B_s)}{(1 - e^{-\beta})[3(B_0 - B_s) - (B_b - B_s)]}$。

若采用张瑞含沙量分布分式[26]

$$S = S_{cp} c (1+c) (c+\bar{z})^{-2} \tag{5-7b}$$

同样可求得

$$S_{T_1} = S_{cp} \left\{ \frac{6(1+c) \left[(1+c) \ln(\frac{1+c}{c}) - 1 \right] (B_b - B_s) + 3B_s}{B_b + 2B_s} \right\} \tag{5-11b}$$

$$S_{T_2} = S_{cp} \left\{ \frac{6c \left[(1+c) \ln\left(\frac{1+c}{c}\right) - 1 \right] (B_b - B_s) + 3(B_0 - B_b)}{3(B_0 - B_b) + 2(B_0 - B_s)} \right\} \tag{5-12b}$$

其中，c 为表征含沙量垂线分布均匀程度的特征参数，恒为正。c 值越小，分布越不均匀。

显然，若 $B_s = B_b$，则有 $K_1 = K_2 = 1$ 即 $S_{T_1} = S_{T_2} = S_{cp}$。也就是说，当表层分流宽度等于底层分流宽度时，分流一侧和主流侧的平均含沙量都等于断面平均含沙量 S_{cp}。一般情况，$B_b \neq B_s$，因此，仅因为分流一侧和主流侧断面形状的差别，使得各侧的平均含沙量不同。

2. 仅考虑环流引起的不平衡输沙影响

顺直分流河道的表层水流流向主河道，底流流入支汊河道，从而引起横向不平衡输沙，这正是环流运动的结果。为了书写方便，断面平均含沙量皆用 S 表示，丁君松[28]曾导出环流横向单宽输沙率净值：

$$\frac{\Delta G}{\Delta X} = qS \frac{H}{R} f(c) \tag{5-13}$$

其中，$\Delta G / \Delta X$ 为单位河长纵向输沙率的变化；R 为分流宽度交界线（面）的平均曲率半径；H 为分流区的平均水深。而且

$f(c) = 6c(1+c) \left(2\ln\frac{1+c}{c} + \frac{2c+1}{c(1+c)} \right)$。对于主河道，当分流区达到冲淤基本平衡时，$\dfrac{\Delta G}{\Delta x}$ 为主河侧输沙率的递减值，即

$$\frac{\mathrm{d}G}{\mathrm{d}x} = -qS \frac{H}{R} f(c) \tag{5-14}$$

其中 "–" 表示泥沙从主河侧横向转移到分流侧；$G = (1 - \eta_Q) SQ_0$；$q = q_0 - \dfrac{x}{B} q_\pi$；$x$ 为分析断面离引水口上游侧的距离，代入式（5-14）得

$$\frac{\mathrm{d}S}{\mathrm{d}x} = -\left(\frac{1}{B(1-\eta_Q)} - \frac{q_\pi x}{(1-\eta_Q) q_0 B^2} \right) \frac{HS}{R} f(c) \tag{5-15}$$

若令 $S|_{x=0} = S_0$ 且忽略 $\dfrac{H}{R} f(c)$ 的沿程变化，则积分式（5-15）得

$$S = S_0 e^{-\left[\frac{Hf(c)}{(1-\eta_Q)BR} x - \frac{q_\pi Hf(c)}{2(1-\eta_Q) q_0 B^2 R} x^2 \right]} \tag{5-16}$$

式（5-16）表明，仅考虑环流不平衡输沙的影响，顺直分流主河侧的含沙量呈指数减小。改变式（5-14）中的 "–" 为 "+"，经过相同的推导可得分流侧含沙量为 $S = S_0 e^{\left[\frac{Hf(c)}{(1-\eta_Q)BR} x - \frac{q_\pi Hf(c)}{2(1-\eta_Q) q_0 B^2 R} x^2 \right]}$，显然分流侧的平均含沙量呈指数增长。对弯曲分流也可进行类似的分析。

3. 仅考虑流量变化的影响

以第一分析模式为基础进行分析，侧向分流使得分流区特别是分流区的下半区沿程逐渐淤积，含沙量沿程有所减少。一维恒定变量流的非饱和输沙方程

$$\frac{\mathrm{d}}{\mathrm{d}x}(QS) = -\alpha\omega B(S - S_*) \tag{5-17}$$

上式变形为

$$\frac{\mathrm{d}}{\mathrm{d}x}(S - S_*) = -\frac{\alpha\omega B + q_\pi}{Q}(S - S_*) - \left(\frac{q_\pi S_*}{Q} + \frac{\mathrm{d}S_*}{\mathrm{d}x}\right) \tag{5-18}$$

若利用边界条件 $(S - S_*)\big|_{x=0} = S_0 - S_{*0}$，同时假定挟沙能力 S_* 沿程直线变化，即 $\frac{\mathrm{d}S_*}{\mathrm{d}x}$ $= \frac{S_* - S_{*0}}{L}$，$S_* = S_{*0} + \frac{\mathrm{d}S_*}{\mathrm{d}x}x$，且 $Q = Q_0 - q_\pi x$，代入式（5-18）求解一阶线性常微分方程并整理得

$$S = S_* + (S_0 - S_{*0})X + \left[\frac{Q_0(S_{*0} - S_*) - q_\pi L S_{*0}}{L(\alpha\omega B + q_\pi)}\right](1 - X) \tag{5-19}$$

其中，S_0、S 分别为进出口断面的含沙量；S_{*0}、S_* 分别为进出口断面的挟沙力（即饱和含沙量）；L 为划分河段的尺度，且 $Z = \left(\frac{Q_0 - q_\pi L}{Q_0}\right)^{\left(1 + \frac{\alpha\omega B}{q_\pi}\right)}$。若把分流区划分长为 L 的河段，那么，$\eta_Q = \frac{q_\pi L}{Q_0}$，$K_\omega = \frac{\alpha\omega B L}{Q_0}$，$X = (1 - \eta_Q)^{\left(1 + \frac{K_\omega}{\eta_Q}\right)}$，则式（5-19）变为

$$S = S_* + (S_0 - S_{*0})X + \left(\frac{S_{*0} - \eta_Q S_{*0} - S_*}{K_\omega + \eta_Q}\right)(1 - X) \tag{5-20}$$

式（5-19）和（5-20）表明，仅考虑流量变化的影响，分流区的平均含沙的沿程变化呈幂指数变化。出口断面的平均含沙量不仅与上游来水来沙条件、本河段的断面形态有关，而且还与分流情况有密切的关系。

对于非均匀沙，ω 并非不变化，若要考虑此点可把非均匀沙分为若干组，对每组泥沙按均匀沙处理，最后把每组粒径组的含沙量求和，即得非均匀沙在分流区内平均含沙量沿程变化公式：

$$S = S_* + (S_0 - S_{*0_i})P_{0i}X_i + \sum_{i=1}^{n} S_{*0_i}\frac{(1 - \eta_Q)P_{0i}}{(K_{\omega_i} + \eta_Q)}(1 - X_i)$$

$$- \sum_{i=1}^{n}\frac{S_{*i}P_i}{(K_{\omega_i} + \eta_Q)}(1 - X_i) \tag{5-21}$$

式中，P_{0i}、P_i 分别为进、出口断面第 i 粒径组泥沙的重量百分比。式（5-21）表明，非均匀沙分流区的平均含沙量和来沙的组成有着密切的关系。

4. 同时考虑流量变化和环流的影响

以第二模式为基础进行分析。为简单起见，仅分析顺直分流河道。分流后主河侧的一维恒定流的不平衡输沙方程为：

$$\frac{\mathrm{d}}{\mathrm{d}x}(QS) = -\alpha\omega B'(S-S_*) - Q'Sf(c)\frac{H}{RB} \tag{5-22}$$

其中，$Q=(1-\eta_Q)Q_0$；B' 为主河道侧的宽度；$Q'=Q_0-q_\pi x$，式（5-22）变形为

$$\frac{\mathrm{d}}{\mathrm{d}x}(S-S_*) = -\left[\frac{\alpha\omega B'}{Q} + \frac{(Q_0-q_\pi x)}{QB}\frac{Hf(c)}{R}\right](S-S_*)$$
$$-\left[\frac{(Q_0-q_\pi x)}{QB}\frac{Hf(c)}{R}S_* + \frac{\mathrm{d}S_*}{\mathrm{d}x}\right] \tag{5-23}$$

利用边界条件 $(S-S_*)\big|_{x=0}=S_0-S_{*0}$ 求解一阶线性常微分方程（5-23）得

$$S = S_* + \mathrm{e}^{-\int_0^L\left[\frac{\alpha\omega B'}{Q} + \frac{(Q_0-q_\pi x)}{QB}\frac{Hf(c)}{R}\right]\mathrm{d}x}\left\{\int_0^l - \left\{\left[\frac{(Q_0-q_\pi x)}{QB}\frac{Hf(c)}{R}S_* + \right.\right.\right.$$
$$\left.\left.\left. + \frac{\mathrm{d}S_*}{\mathrm{d}x}\right]\mathrm{e}^{\int_0^x\left[\frac{\alpha\omega B'}{Q} + \frac{(Q_0-q_\pi x)}{QB}\frac{Hf(c)}{R}\right]\mathrm{d}x}\right\}\mathrm{d}x + S_0 - S_{*0}\right\} \tag{5-24}$$

这就是分流区的主河侧的平均含沙量沿程变化公式。在上式中，被积表达式中的主河侧水面宽 B'、水深 H 及挟沙力 S_* 沿程都是变化的。虽经过适当简化能求出其具体表达式，但非常复杂。从式（5-24）可知，在分流区内主河侧某计算河段出口的平均含沙量 S 主要取决于进口含沙量 S_0、挟沙力 S_{*0}、出口挟沙能力 S_* 以及主河侧宽度 B'、水深 H、来水流量 Q_0、分流比 η_Q、曲率半径 R、河段表度 L、平均泥沙沉速 ω 等多种因素，表明分流区水沙运动的复杂性。

5.2.5　分流比和分沙比

1. 分流比

河道引水的分流比一般是可以控制的，定义为一定时段内引水分流水量与上游河道来水量之比，即 $\eta_a = \dfrac{W_\text{分}}{W_0} = \dfrac{Q_\text{分}}{Q_0}$。对于宽浅河道上的分流，也可以利用谢才曼宁公式近似求解分流比 η_a。分流前河道的流量为 $Q_0 = \dfrac{1}{n}B_0H_0^{5/3}J_0^{1/2}$；分流后河道的流量，$Q = \dfrac{1}{n}BH^{5/3}J^{1/2}$。分流比 η_Q：

$$\eta_Q = 1 - \frac{Q}{Q_0} = 1 - \left(\frac{n_0}{n}\right)^{-1}\left(\frac{B}{B_0}\right)\left(\frac{H}{H_0}\right)^{5/3}\left(\frac{J}{J_0}\right)^{1/2} \tag{5-25}$$

若河道分流前后具有相同的河相关系，如 $\dfrac{\sqrt{B}}{H}=\zeta$，则式（5-25）变为

$$\eta_Q = 1 - \left(\frac{n_0}{n}\right)^{-1}\left(\frac{H}{H_0}\right)^{11/3}\left(\frac{J}{J_0}\right)^{1/2} \tag{5-26}$$

其中，n 为糙率；J 为比降。

对分汊河道，丁君松和丘凤莲[7]利用谢才公式得出汊道分流比 η_{Q_1}

$$\eta_{Q_1} = 1/\left[1 + \left(\frac{A_2}{A_1}\right)\left(\frac{H_2}{H_1}\right)^{2/3}\left(\frac{n_1}{n_2}\right)\left(\frac{L_1}{L_2}\right)^{1/2}\right]$$

式中，脚标"0、1、2"为单股河道，第一汊道和第二汊道；A 为过水面积；L 为从分流点至汇流点各汊深泓线的长度。

2. 分沙比

河道分沙比定义为河道引水分流泥沙量与河道来沙量的比值，即 $\eta_{Q_s} = \dfrac{W_{sd}}{W_{s_0}}$。按照第二模式，设分流侧的流量为 Q_1，平均含沙量 S_1；另一侧流量为 Q_2，平均含沙量 S_2。则分沙比 η_{Q_s} 为

$$\eta_{Q_s} = \frac{Q_1 S_1}{Q_1 S_1 + Q_2 S_2} = \frac{\eta_Q}{\eta_Q + \dfrac{1-\eta_Q}{K_s}} \tag{5-27}$$

其中，$K_s = S_1 / S_2$。以公式（5-11b）和（5-12b）代入 K_s，得

$$K_s = \frac{\left\{2(1+c)\left[(1+c)\ln\left(\dfrac{1+c}{c}\right)-1\right](B_b - B_s) + 3B_s\right\}\left[3(B_0 - B_b) + 2(B_b - B_s)\right]}{\left\{2c\left[(1+c)\ln\left(\dfrac{1+c}{c}\right)-1\right](B_b - B_s) + 3(B_0 - B_b)\right\}(B_b + 2B_s)}$$

分沙比不仅受纵向水流结构、分流比和泥沙性质的影响，而且还受工程措施的人为影响，与横向水流结构，尤其横向环流有很大的关系。杨国录[29]综合考虑纵向输沙和环流产生的横向不平衡输沙，对汊道分流进行分析。求得 K_s 的计算公式。当单向环流导致泥沙向主汊横向转移时

$$K_s = \frac{1 + \dfrac{LH_0}{\eta_Q B_0 R} f(c)}{\dfrac{c}{c+\xi} - \dfrac{LH_0}{(1-\eta_Q) B_0 R} f(c)}$$

反之，

$$K_s = \frac{1 - \dfrac{LH_0}{\eta_Q B_0 R} f(c)}{\dfrac{c}{c+\xi} + \dfrac{LH_0}{(1-\eta_Q) B_0 R} f(c)}$$

式中，ξ 为支汊底坎对主汊的相对水深。

3. 分沙比与分水比的关系

河道引水分沙是区域水沙配置的重要环节，取决于引水分流工程和两岸用水需求，一般用闸门控制引水流量，用分流比衡量；而河道分沙量不仅取决于引水量，而且还与引水闸平面布置、引水闸底板高程、大河含沙量等因素有关，结合引水分流和含沙量垂线分布特性，作者探讨了引水含沙量与大河含沙量的关系，分沙比与分流比的关系一般用 $\eta_{Q_s} = K_s \eta_Q$ 表示[30]，K_s 称为分沙系数。

5.3 分流后下游河道演变因子的变化

一方面，分流后下游河道流量减小，河床演变会发生相应的变化；另一方面，分流要引起分流区内水沙运动的变化，导致横向不平衡输沙，改变进入下游河道的水沙分配关系，而且引水防沙也会影响进入下游河道的水沙关系，从而使下游河道诸因素发生变化。也就是说，分流将打破原河道的输沙状态，由原来的基本平衡状态变为不平衡输沙状态。此后，随河道的冲淤变化，比降调整，输沙特性也将逐渐达到另一个新的平衡状态，下游河道各水沙和河相因子也将发生一定的变化。

5.3.1 分流后河道演变因子关系

1. 下游河道的水沙基本方程

把河道水流看作一维恒定流，分流后下游河道恒定流的基本方程为

$$\begin{cases} \dfrac{\mathrm{d}Q}{\mathrm{d}x}=0 \\[2mm] \dfrac{\mathrm{d}H}{\mathrm{d}x}+\dfrac{V}{g}\dfrac{\mathrm{d}V}{\mathrm{d}x}=J-J_f \\[2mm] Q\dfrac{\partial S}{\partial x}+\gamma'_s B\dfrac{\partial Z}{\partial t}=0 \end{cases} \tag{5-28}$$

其中，γ'_s 为床沙干容重；Z 为河底高程；J 为河床比降；$J_f=\dfrac{V^2}{C^2 H}$。若上游来水流量为 Q_0；分流比为 $\eta_Q=\dfrac{\Delta Q}{Q_0}$，则进入下游河段的流量为 $Q=(1-\eta_Q)Q_0$。

在泥沙运动方面，水流挟沙能力是一个重要因素，水流挟沙能力为[26]

$$S_*=K\left(\dfrac{V^3}{gH\omega}\right)^m \tag{5-4}$$

其中，K、m 分别为系数和指数。经过长久分流后；水流含沙量 S 已基本和水流挟沙能力相适应，即：

$$S=S_*=K\left(\dfrac{V^3}{gH\omega}\right)^m \tag{5-29}$$

在实际应用中，常用谢才曼宁公式 $V=\dfrac{1}{n}H^{2/3}J^{1/2}$ 代替水流运动方程。设分流前的输沙率 $Q_{s_0}=Q_0 S_0$，分流后进入下游河道的输沙率 $Q_s=QS$。分沙比为 $\eta_{Q_s}=\dfrac{Q_{s_0}-Q_s}{Q_s}=1-\dfrac{Q_s}{Q_s}=1-\dfrac{S}{S_0}$ η_Q。长期分流后，分流区和下游河道逐步恢复相对冲淤平衡，即 $\Delta W_s=0$，由式（5-5）可得

$$S(1-\eta_Q)=S_0(1-\eta_{Q_s}) \tag{5-30}$$

以此式代替泥沙连续方程。那么方程组（5-28）变为：

$$\begin{cases} (1-\eta_Q) Q_0 = BHV \\ V = \dfrac{1}{n} H^{2/3} J^{1/2} \\ S_0 (1-\eta_{Q_s}) = S(1-\eta_Q) \\ S = K \left(\dfrac{V^3}{gH\omega} \right)^m \end{cases} \tag{5-31}$$

2. 分流后河道演变因子关系的推演

方程组式（5-31）中有五个未知量 B、H、J、U、S，而只有四个方程，还需增加一个方程式，这个方程式就是通常的河相关系式。若采用河相关系式

$$\frac{B^l}{H} = \zeta \tag{5-32}$$

则求解（5-31）和（5-32）的联合方程组便得

$$\begin{cases} J = g^{\frac{10l+6}{3(3+4l)}} \zeta^{\frac{2}{3+4l}} K^{-\frac{10l+6}{3m(3+4l)}} \omega^{\frac{10l+6}{3(3+4l)}} (1-\eta_Q)^{-\frac{2l}{3+4l}} \left(\dfrac{1-\eta_{Q_s}}{1-\eta_Q} \right)^{\frac{10l+6}{3m(3+4l)}} Q_0^{-\frac{2l}{3+4l}} S_0^{\frac{10l+6}{3m(3+4l)}} n^2 \\ B = g^{-\frac{1}{3+4l}} \zeta^{\frac{4}{3+4l}} K^{\frac{1}{m(3+4l)}} \omega^{-\frac{1}{3+4l}} (1-\eta_Q)^{\frac{3l}{3+4l}} \left(\dfrac{1-\eta_{Q_s}}{1-\eta_Q} \right)^{-\frac{1}{m(3+4l)}} Q_0^{\frac{3}{3+4l}} S_0^{-\frac{1}{m(3+4l)}} \\ H = g^{-\frac{l}{(3+4l)}} \zeta^{-\frac{3}{3+4l}} K^{\frac{l}{m(3+4l)}} \omega^{-\frac{l}{(3+4l)}} (1-\eta_Q)^{\frac{3l}{3+4l}} \left(\dfrac{1-\eta_{Q_s}}{1-\eta_Q} \right)^{-\frac{l}{m(3+4l)}} Q_0^{\frac{3l}{3+4l}} S_0^{-\frac{l}{m(3+4l)}} \\ A = g^{-\frac{l+1}{(3+4l)}} \zeta^{\frac{1}{3+4l}} K^{\frac{l+1}{m(3+4l)}} \omega^{-\frac{l+1}{(3+4l)}} (1-\eta_Q)^{\frac{3(l+1)}{3+4l}} \left(\dfrac{1-\eta_{Q_s}}{1-\eta_Q} \right)^{-\frac{l+1}{m(3+4l)}} Q_0^{\frac{3(l+1)}{3+4l}} S_0^{-\frac{l+1}{m(3+4l)}} \end{cases} \tag{5-33}$$

从以上各等式可以看出，分流后下游河道的水深、河宽、比降和过水面积等都与分流比 η_Q 和分沙比 η_{Q_s} 有重要关系。

为了对比分流前后河相的变化，若假定河相关系式（5-32）和水流挟沙能力式（5-4）在分流前后都是适用的。若把 $\eta_Q = \eta_{Q_s} = 0$ 代入式（5-33）中各式，便得不分流时的河相形态关系式，然后把所得关系式和（5-33）中的各式对应比较，便得

$$\begin{cases} \dfrac{J}{J_0} = \left(\dfrac{\omega}{\omega_0} \right)^{\frac{6+10l}{3(3+4l)}} (1-\eta_Q)^{-\frac{2l}{3+4l}} \left(\dfrac{1-\eta_{Q_s}}{1-\eta_Q} \right)^{\frac{6+10l}{3m(3+4l)}} \left(\dfrac{n}{n_0} \right)^2 \\ \dfrac{B}{B_0} = \left(\dfrac{\omega}{\omega_0} \right)^{-\frac{1}{3+4l}} (1-\eta_Q)^{\frac{3}{3+4l}} \left(\dfrac{1-\eta_{Q_s}}{1-\eta_Q} \right)^{-\frac{1}{m(3+4l)}} \\ \dfrac{H}{H_0} = \left(\dfrac{\omega}{\omega_0} \right)^{-\frac{l}{3+4l}} (1-\eta_Q)^{\frac{3l}{3+4l}} \left(\dfrac{1-\eta_{Q_s}}{1-\eta_Q} \right)^{-\frac{l}{m(3+4l)}} \\ \dfrac{A}{A_0} = \left(\dfrac{\omega}{\omega_0} \right)^{-\frac{l+1}{3+4l}} (1-\eta_Q)^{\frac{3(l+1)}{3+4l}} \left(\dfrac{1-\eta_{Q_s}}{1-\eta_Q} \right)^{-\frac{l+1}{m(3+4l)}} \end{cases} \tag{5-34}$$

倘若分流比 η_Q 和分沙比 η_{Q_s} 相等，即 $\eta_Q = \eta_{Q_s}$，且河相关系式采用 $\frac{\sqrt{B}}{H} = \zeta$ 的形式，即 $l = 0.5$，则上述方程式（5-34）变为

$$\begin{cases} \dfrac{J}{J_0} = \left(\dfrac{\omega}{\omega_0}\right)^{-\frac{11}{15}} (1-\eta_Q)^{-\frac{1}{5}} \left(\dfrac{n}{n_0}\right)^2 \\[3mm] \dfrac{B}{B_0} = \left(\dfrac{\omega}{\omega_0}\right)^{-\frac{1}{5}} (1-\eta_Q)^{\frac{3}{5}} \\[3mm] \dfrac{H}{H_0} = \left(\dfrac{\omega}{\omega_0}\right)^{-\frac{1}{10}} (1-\eta_Q)^{\frac{3}{10}} \\[3mm] \dfrac{A}{A_0} = \left(\dfrac{\omega}{\omega_0}\right)^{-\frac{3}{10}} (1-\eta_Q)^{\frac{9}{10}} \end{cases} \tag{5-35}$$

采用不同的河相关系式，便会得到不同的河相表达式。现就不同的河相关系进行求解，列表 5-1，以便比较分析。从表中可以看出，当采用 $\frac{B}{H} = \xi\left[\dfrac{Q}{D^2\sqrt{gDJ}}\right]^x$ 时，河相还与糙率 n、床沙平均粒径 D 有关。从以后的分析中可以知道，长久分流后，其粒径 D、糙率 n 和泥沙平均沉速 ω 的变化并不大，其河相比值仍然主要取决于分流比 η_Q 和分沙比 η_{Q_s} 的变化。因此，仅可分析其中一组河相，定性结论不变。

5.3.2　分流后下游河道纵剖面变化

分流将打破原河道的平衡输沙状态，水沙运动特性发生变化，河床发生冲淤变化，纵剖面比降调整，最终形成新的平衡输沙状态。从式（5-34）可得分流前后的纵剖面比降的关系式为

$$\frac{J}{J_0} = \left(\frac{\omega}{\omega_0}\right)^{-\frac{6+10l}{3(3+4l)}} (1-\eta_Q)^{-\frac{2l}{3+4l}} \left(\frac{1-\eta_{Q_s}}{1-\eta_Q}\right)^{\frac{6+10l}{3m(3+4l)}} \left(\frac{n}{n_0}\right)^2$$

对于同样的边界条件和水沙条件，分流前后的 n、ω 变化不大，上式变为

$$\frac{J}{J_0} = \left[\frac{1-\eta_{Q_s}}{(1-\eta_Q)^{1+\frac{3lm}{3+5l}}}\right]^{\frac{6+10l}{3m(3+4l)}} \tag{5-36}$$

如果

$$\eta_{Q_s} \geqslant 1 - (1-\eta_Q)^{1+\frac{3ml}{3+5l}} \tag{5-37}$$

则 $J \leqslant J_0$，也就是说 η_{Q_s} 和 η_Q 满足式（5-37）时，下游河道将不发生淤积，不会使比降增大。

当分流比 η_Q 较小时，展开式（5-37）可得

$$\eta_{Q_{s_k}} = \left(1 + \frac{3ml}{3+5l}\right)\eta_Q - \frac{1}{2}\frac{3ml}{(3+5l)}\left(1 + \frac{3ml}{3+5l}\right)\eta_Q^2$$

表 5-1　不同河相关系对应的分流前后河相对比关系

河相关系	一般情况	$\eta_Q=\eta_{Q_s},\ \omega=\omega_0$
$\beta=\zeta\dfrac{Q^{0.5}}{J^{0.2}}$	$\dfrac{J}{J_0}=\left(\dfrac{n}{n_0}\right)^{\frac{20}{11}}\left(\dfrac{w}{w_0}\right)^{\frac{25}{33}}\left(\dfrac{1-\eta_{Q_s}}{1-\eta_Q}\right)^{\frac{25}{33m}}(1-\eta_\alpha)^{\frac{5}{22}}$	$\dfrac{J}{J_0}=\left(\dfrac{n}{n_0}\right)^{\frac{20}{11}}(1-\eta_q)^{\frac{5}{22}}$
	$\dfrac{H}{H_0}=\left(\dfrac{n}{n_0}\right)^{\frac{3}{11}}\left(\dfrac{w}{w_0}\right)^{\frac{3}{22}}\left(\dfrac{1-\eta_{Q_s}}{1-\eta_Q}\right)^{-\frac{3}{22m}}(1-\eta_Q)^{\frac{15}{44}}$	$\dfrac{H}{H_0}=\left(\dfrac{n}{n_0}\right)^{\frac{3}{11}}(1-\eta_q)^{\frac{15}{44}}$
	$\dfrac{B}{B_0}=\left(\dfrac{n}{n_0}\right)^{\frac{10}{11}}\left(\dfrac{w}{w_0}\right)^{\frac{25}{66}}\left(\dfrac{1-\eta_{Q_s}}{1-\eta_Q}\right)^{-\frac{25}{66m}}(1-\eta_Q)^{\frac{27}{44}}$	$\dfrac{B}{B_0}=\left(\dfrac{n}{n_0}\right)^{\frac{10}{11}}(1-\eta_q)^{\frac{27}{44}}$
	$\dfrac{A}{A_0}=\left(\dfrac{n}{n_0}\right)^{\frac{7}{11}}\left(\dfrac{w}{w_0}\right)^{\frac{17}{33}}\left(\dfrac{1-\eta_{Q_s}}{1-\eta_Q}\right)^{-\frac{17}{33m}}(1-\eta_Q)^{\frac{21}{22}}$	$\dfrac{A}{A_0}=\left(\dfrac{n}{n_0}\right)^{\frac{7}{11}}(1-\eta_q)^{\frac{21}{22}}$
$\dfrac{B}{H}=\zeta\left[\dfrac{Q}{D^2(\sqrt{gDJ})}\right]^{x}$	$\dfrac{J}{J_0}=\left(\dfrac{n}{n_0}\right)^{\frac{14}{x+7}}\left(\dfrac{D}{D_0}\right)^{\frac{5x}{x+7}}\left(\dfrac{w}{w_0}\right)^{\frac{16}{3(x+7)}}\left(\dfrac{1-\eta_{Q_s}}{1-\eta_Q}\right)^{\frac{16}{3m(x+7)}}(1-\eta_Q)^{\frac{2(1-x)}{x+7}}$	$\dfrac{J}{J_0}=\left(\dfrac{n}{n_0}\right)^{\frac{14}{x+7}}\left(\dfrac{D}{D_0}\right)^{\frac{5x}{x+7}}(1-\eta_Q)^{\frac{2(1-x)}{x+7}}$
	$\dfrac{H}{H_0}=\left(\dfrac{n}{n_0}\right)^{\frac{3x}{x+7}}\left(\dfrac{D}{D_0}\right)^{\frac{15x}{2(x+7)}}\left(\dfrac{w}{w_0}\right)^{\frac{1-x}{x+7}}\left(\dfrac{1-\eta_{Q_s}}{1-\eta_Q}\right)^{-\frac{1-x}{m(x+7)}}(1-\eta_Q)^{\frac{3(1-x)}{x+7}}$	$\dfrac{H}{H_0}=\left(\dfrac{n}{n_0}\right)^{\frac{3x}{x+7}}\left(\dfrac{D}{D_0}\right)^{\frac{15x}{2(x+7)}}(1-\eta_Q)^{\frac{3(1-x)}{x+7}}$
	$\dfrac{B}{B_0}=\left(\dfrac{n}{n_0}\right)^{\frac{4}{x+7}}\left(\dfrac{D}{D_0}\right)^{\frac{10x}{x+7}}\left(\dfrac{w}{w_0}\right)^{-\frac{5x+3}{3(x+7)}}\left(\dfrac{1-\eta_{Q_s}}{1-\eta_Q}\right)^{-\frac{3-5x}{3m(x+7)}}(1-\eta_Q)^{\frac{3+5x}{x+7}}$	$\dfrac{B}{B_0}=\left(\dfrac{n}{n_0}\right)^{\frac{4}{x+7}}\left(\dfrac{D}{D_0}\right)^{\frac{10x}{x+7}}(1-\eta_Q)^{\frac{3+5x}{x+7}}$
	$\dfrac{A}{A_0}=\left(\dfrac{n}{n_0}\right)^{\frac{4}{x+7}}\left(\dfrac{D}{D_0}\right)^{\frac{5x}{x+7}}\left(\dfrac{w}{w_0}\right)^{\frac{6+2x}{3(x+7)}}\left(\dfrac{1-\eta_{Q_s}}{1-\eta_Q}\right)^{\frac{6-2x}{3m(x+7)}}(1-\eta_Q)^{\frac{6+2x}{x+7}}$	$\dfrac{A}{A_0}=\left(\dfrac{n}{n_0}\right)^{\frac{5x}{2(x+7)}}\left(\dfrac{D}{D_0}\right)^{\frac{5x}{x+7}}(1-\eta_Q)^{\frac{6+2x}{x+7}}$
$B=AD\left[\dfrac{Q}{D^2(\sqrt{gDJ})}\right]^{x_1}$	$\dfrac{J}{J_0}=\left(\dfrac{n}{n_0}\right)^{\frac{8}{x_1+4}}\left(\dfrac{D}{D_0}\right)^{\frac{5x_1}{x_1+4}}\left(\dfrac{w}{w_0}\right)^{\frac{16}{3(x_1+4)}}\left(\dfrac{1-\eta_{Q_s}}{1-\eta_Q}\right)^{\frac{16}{3m(x_1+4)}}(1-\eta_Q)^{\frac{2(1-x_1)}{x_1+4}}$	$\dfrac{J}{J_0}=\left(\dfrac{n}{n_0}\right)^{\frac{18}{x_1+4}}\left(\dfrac{D}{D_0}\right)^{\frac{5x_1}{x_1+4}}(1-\eta_Q)^{\frac{2-2x_1}{x_1+4}}$
	$\dfrac{H}{H_0}=\left(\dfrac{n}{n_0}\right)^{\frac{3x_1}{x_1+4}}\left(\dfrac{D}{D_0}\right)^{\frac{15x_1}{2(x_1+4)}}\left(\dfrac{w}{w_0}\right)^{\frac{1-x_1}{x_1+4}}\left(\dfrac{1-\eta_{Q_s}}{1-\eta_Q}\right)^{-\frac{1-x_1}{m(x_1+4)}}(1-\eta_Q)^{\frac{3(1-x_1)}{x_1+4}}$	$\dfrac{H}{H_0}=\left(\dfrac{n}{n_0}\right)^{\frac{3x_1}{x_1+4}}\left(\dfrac{D}{D_0}\right)^{\frac{15x_1}{2(x_1+4)}}(1-\eta_Q)^{\frac{3-3x_1}{x_1+4}}$
	$\dfrac{B}{B_0}=\left(\dfrac{n}{n_0}\right)^{\frac{4-9x_1}{x_1+4}}\left(\dfrac{D}{D_0}\right)^{\frac{5x_1}{x_1+4}}\left(\dfrac{w}{w_0}\right)^{\frac{5x_1}{3(x_1+4)}}\left(\dfrac{1-\eta_{Q_s}}{1-\eta_Q}\right)^{\frac{5x_1}{3m(x_1+4)}}(1-\eta_Q)^{\frac{5x_1}{x_1+4}}$	$\dfrac{B}{B_0}=\left(\dfrac{n}{n_0}\right)^{\frac{4x_1}{x_1+4}}\left(\dfrac{D}{D_0}\right)^{\frac{5x_1}{x_1+4}}(1-\eta_Q)^{\frac{5x_1}{x_1+4}}$
	$\dfrac{A}{A_0}=\left(\dfrac{n}{n_0}\right)^{\frac{8-3x_1}{x_1+4}}\left(\dfrac{D}{D_0}\right)^{\frac{x_1}{x_1+4}}\left(\dfrac{w}{w_0}\right)^{\frac{3+2x_1}{3(x_1+4)}}\left(\dfrac{1-\eta_{Q_s}}{1-\eta_Q}\right)^{\frac{3+2x_1}{3m(x_1+4)}}(1-\eta_Q)^{\frac{3+2x_1}{x_1+4}}$	$\dfrac{A}{A_0}=\left(\dfrac{n}{n_0}\right)^{\frac{8-3x_1}{x_1+4}}\left(\dfrac{D}{D_0}\right)^{\frac{x_1}{x_1+4}}(1-\eta_Q)^{\frac{3+2x_1}{x_1+4}}$

这就是下游河道不淤积、比降不增大的临界条件。可以看出，η_{Q_s} 要比 η_Q 大 $\left(\dfrac{3ml}{3+5l}\right)\eta_Q - \dfrac{1}{2}$ $\dfrac{3ml}{(3+5l)}\left(1+\dfrac{3ml}{3+5l}\right)\eta_Q^2$ 时，以维持下游河道不淤或者减淤。即分流含沙量要比未分流时的含沙量大很多，才能维持不淤。实际上，分流比一般与分沙比相差不大，甚至比流比大于分沙比，也就是说，一般情况分流后下游河道发生淤积。

若分流含沙量与原河道的含沙量相等，即 $\eta_{Q_s} = \eta_Q$。式（5-36）变为

$$\frac{J}{J_0} = (1-\eta_Q)^{-\frac{2l}{3+4l}} \tag{5-38}$$

由于式（5-38）右端的指数恒为负数，故 $\dfrac{J}{J_0}$ 恒大于 1，即分流后下游河道淤积和比降增大在所难免，和王延贵和史红玲[31]的结论是一致的。同时这一定性结论也得到分流水槽试验证实[3]。当分流比 $\eta_Q = 0.15$ 时，下游比降从原来的 1.95×10^{-3} 增加到最终平衡的 2.90×10^{-3}，即比降为原比降的 1.5 倍。

在实际引水时，常设置防沙措施，使更多的泥沙进入下游河道，这会使下游河道的淤积加重和比降增长加快。

5.3.3　分流后河道横断面冲淤变化

1. 水深变化

水深是断面形态的重要标志之一，长久分流后的水深 H 和不分流时水深 H_0 之间的关系式

$$\frac{H}{H_0} = \left(\frac{\omega}{\omega_0}\right)^{-\frac{l}{3+4l}} (1-\eta_Q)^{\frac{3l}{3+4l}} \left(\frac{1-\eta_{Q_s}}{1-\eta_Q}\right)^{-\frac{l}{m(3+4l)}}$$

由于分流前后的泥沙平均沉速 ω 变化不大，即 $\dfrac{\omega}{\omega_0} = 1$。因此上式变为

$$\frac{H}{H_0} = \left[\frac{1-\eta_{Q_s}}{(1-\eta_Q)^{1+3m}}\right]^{-\frac{l}{m(3+4l)}} \tag{5-39}$$

如果 η_{Q_s} 和 η_Q 满足

$$\eta_{Q_s} \geqslant 1-(1-\eta_Q)^{1+3m} \tag{5-40}$$

时，$\dfrac{H}{H_0} > 1$，即 $H > H_0$。也就是说，当 η_Q 一定，分沙比 η_{Q_s} 大于 $1-(1-\eta_Q)^{1+3m}$ 时，分流后的水深才不会减小。当 η_Q 较小时，式（5-40）展开得

$$\eta_{Q_s} \geqslant (1+3m)\eta_Q - \frac{3}{2}m(1+3m)\eta_Q^2 \tag{5-41}$$

可以看出，只有 η_{Q_s} 比 η_Q 大很多，才能保持分流后下游水深不减小。比如，若取 $m=1$，当 $\eta_Q = 0.100$ 时，$\eta_{Q_s} = 0.344$，η_{Q_s} 比 η_Q 大 2.4 倍；当 $\eta_Q = 0.050$ 时、$\eta_{Q_s} = 0.185$、η_{Q_s} 是 η_Q

的 3.7 倍。显然，下游流量减小，为保持水深不变，进入下游的泥沙必须大幅度减少，使河道发生冲刷及减小比降。但是，在实际引水时，如无特殊的工程措施，这种情况是很难发生的。这也从反面证明，分流后下游水深小于不分流时的水深。

如果假定 $\eta_{Q_s} = \eta_Q$，式（5-39）变为

$$\frac{H}{H_0} = (1 - \eta_Q)^{\frac{3l}{3+4l}} \tag{5-42}$$

显然，一旦分流，即 $\dfrac{H}{H_0} < 1$，表明分流后下游河道的水深减小。

2. 河宽和过水面积的变化

分流前后下游河道水面宽度和过水面积比较公式如下：

$$\begin{cases} \dfrac{B}{B_0} = \left[\dfrac{1 - \eta_{Q_s}}{(1 - \eta_Q)^{1+3m}}\right]^{-\frac{1}{m(3+4l)}} \\[4mm] \dfrac{A}{A_0} = \left[\dfrac{1 - \eta_{Q_s}}{(1 - \eta_Q)^{1+3m}}\right]^{-\frac{l+1}{m(3+4l)}} \end{cases} \tag{5-43}$$

仿照水深的分析过程，对分流后下游水面宽度 B、过水面积 A 进行同样分析。仅当 $\eta_{Q_s} \geqslant 1 - (1 - \eta_Q)^{1+3m}$，也就是说，只有 η_{Q_s} 比 η_Q 大很多，才会保持分流后下游河道的水面宽度和过水面积不减小。鉴于这一情况在实际中很难发生，反面证明，分流后下游河道的水面宽度和过水面积是减小的。

假如 $\eta_Q = \eta_{Q_s}$，式（5-43）变为

$$\begin{cases} \dfrac{B}{B_0} = (1 - \eta_Q)^{\frac{3}{3+4l}} \\[4mm] \dfrac{A}{A_0} = (1 - \eta_Q)^{\frac{3(l+1)}{3+4l}} \end{cases} \tag{5-44}$$

从上式可以看出，分流后下游河道的水面宽度和过水面积将会减小。

以上分析皆为分流后单股河道的变化，以下就分汊河道的各汊宽度之和及过水面面积之和进行讨论。先分析二个汊道的分汊河道。脚标 0、1、2 分别代表单一、主汊和支汊。以宽度为例进行分析。

由式（5-43）中的上式变形可得

$$\begin{cases} \dfrac{B_1}{B_0} = \eta_{Q_1}\left[\eta_{Q_1}^{-\frac{4ml-1}{m(3+4l)}}\eta_{Q_{s_1}}^{-\frac{1}{m(3+4l)}}\right] \\[4mm] \dfrac{B_2}{B_0} = (1 - \eta_{Q_1})\left[(1 - \eta_{Q_1})^{-\frac{4ml-1}{m(3+4l)}}(1 - \eta_{Q_{s_1}})^{-\frac{1}{m(3+4l)}}\right] \end{cases} \tag{5-45}$$

因此，

$$\frac{B_1 + B_2}{B_0} = \eta_{Q_1}\left[\eta_{Q_1}^{-\frac{4ml-1}{m(3+4l)}}\eta_{Q_{s_1}}^{-\frac{1}{m(3+4l)}}\right] + (1 - \eta_{Q_1})\left[(1 - \eta_{Q_1})^{-\frac{4ml-1}{m(3+4l)}}(1 - \eta_{Q_{s_1}})^{-\frac{1}{m(3+4l)}}\right]$$

一般来说，

$$\left[\eta_{Q_1}^{-\frac{4ml-1}{m(3+4l)}} \eta_{Q_{s_1}}^{-\frac{1}{m(3+4l)}} \right] \geqslant 1, \quad \left[(1-\eta_{Q_1})^{-\frac{4ml-1}{m(3+4l)}} (1-\eta_{Q_{s_1}})^{-\frac{1}{m(3+4l)}} \right] \geqslant 1$$

所以 $\dfrac{B_1+B_2}{B_0} \geqslant \eta_{Q_1} + (1-\eta_{Q_1}) = 1$，即 $B_1+B_2 > B_0$。这表明，虽然 $B_1 < B_0$、$B_2 < B_0$，但二者之和（B_1+B_2）大于 B_0。至于增大的程度，则与分流比 η_Q 和分沙比 η_{Q_s} 的大小有关（此时把 η_Q、η_{Q_s} 看作自变量处理）。同时由于 B_1、B_2 的相互消长，必有一分流比 η_Q 和一分沙比 η_{Q_s} 使得（B_1+B_2）最大。由

$$\frac{\partial}{\partial \eta_{Q_1}}(B_1+B_2) = 0 \quad \frac{\partial}{\partial \eta_{Q_{s_1}}}(B_1+B_2) = 0$$

经过求解并判别具有极大值后，得

$$\eta_Q = \eta_{Q_s} = 0.5$$

即二汊平分水沙时，（B_1+B_2）具有最大值 $2^{\frac{4l}{3+4l}} B_0$。因此（B_1+B_2）虽然大于 B_0，但却是有限的，其变化范围为

$$B_0 \leqslant (B_1+B_2) \leqslant 2^{\frac{4l}{3+4l}} B_0 \tag{5-46}$$

通过相同的分析可以得到过水面积的变化区间为

$$A_0 \leqslant (A_1+A_2) \leqslant 2^{\frac{l}{3+4l}} A_0 \tag{5-47}$$

式（5-46）和式（5-47）表明，分汊后，两汊水面宽度和过水面积的变化都受到一定的约束，不可能是任意的。若取 $l=0.5$，水面宽度之和最多增加 32.0%，过水面积最多增加仅为 7.2%。丁君松等[8]曾假定各汊道的比降相等及分流比 η_Q 和分沙比 η_{Q_s} 相等，也求得水面宽度和过水面积的变化区间。现就本文的变化区间绘入图 5-8，显然，本文成果较为符合实际。

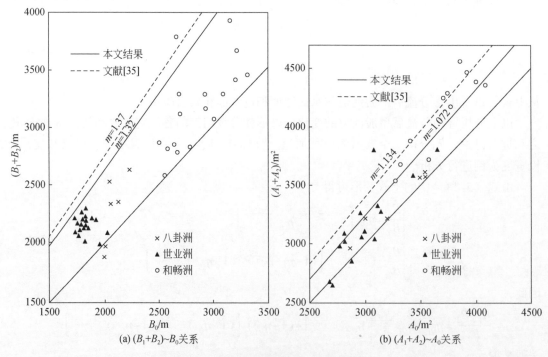

(a) $(B_1+B_2)\sim B_0$ 关系　　　　(b) $(A_1+A_2)\sim A_0$ 关系

图 5-8　分汊河道宽度与过水断面的变化

另外，对多股汉道也可作同样的分析，得到类似的定性结论。n 股汉道的水面宽度、过水面积的变化区间为

$$\begin{cases} B_0 \leqslant (\sum_{i=1}^{n} B_i) \leqslant n^{0.4} B_0 \\ A_0 \leqslant (\sum_{i=1}^{n} A_i) \leqslant n^{0.1} A_0 \end{cases} \tag{5-48}$$

比如三股汉道：

$$\begin{cases} B_0 \leqslant (\sum_{i=1}^{3} B_i) \leqslant 1.55 B_0 \\ A_0 \leqslant (\sum_{i=1}^{3} A_i) \leqslant 1.116 A_0 \end{cases} \tag{5-49}$$

比如四股汉道：

$$\begin{cases} B_0 \leqslant (\sum_{i=1}^{4} B_i) \leqslant 1.74 B_0 \\ A_0 \leqslant (\sum_{i=1}^{4} A_i) \leqslant 1.149 A_0 \end{cases} \tag{5-50}$$

很明显，增加汉数，总的水面宽度、过水面积虽然是增加的，但所增加的比重则是逐渐减小的。这一论点对汉道的整治具有一定的参考价值。

5.3.4　分流后下游河道泥沙因子与河床阻力的变化

1. 泥沙因子变化

分流后下游河道淤积增多或者冲刷减轻，冲淤特性发生变化。在变化过程中，含沙量、悬沙组成和床沙组成沿程、随时间发生变化。但在长期分流河道形成了新的冲淤平衡状态后，含沙量沿程基本不变，且等于分流后进入河段的含沙量，即 $S = S_u = \dfrac{1-\eta_{Q_s}}{\eta_Q} S_0$。

分流后下游河道达到冲淤平衡后，悬沙和床沙的交换就应该是等量而且是等质的。因此，长久分流后下游河道的悬沙组成与进口处的悬沙组成是一致的，即表现为悬沙的颗粒级配沿程变化不大。在自然分流情况下，当泥沙组成较细时，有时可认为进入河段的含沙量和悬沙组成和分流前相近。

床沙组成的变化更为复杂，它除了受悬沙及其组成变化的影响外，还受河床初始床沙、隐蔽作用和河段水流条件变化的影响，所谓河段水流条件变化主要包括分流后流量变小及河相因素的变化等。分流后使下游河道发生淤积、床沙细化，且在分流过程中，河道淤积和床沙细化逐渐减轻，床沙粒径逐渐接近分流前床沙粒径。因此，长久分流后，下游河道的床沙有细化的趋势，但粒径变化很小，图 5-9 是长江天兴洲分汉河段床沙粒径分区

比较[32]。长期以来，由于天兴洲右汊逐年趋向发展，河槽冲刷，床沙粗化，而左汊相对逐年趋向衰减，床沙细化，而单一段的分流区床沙变化介于二者之间，但粒径 D_{50} 大于左右汊床沙粒径之和的平均值，表明分汊后床沙有细化的趋势，但床沙粒径变化很小。

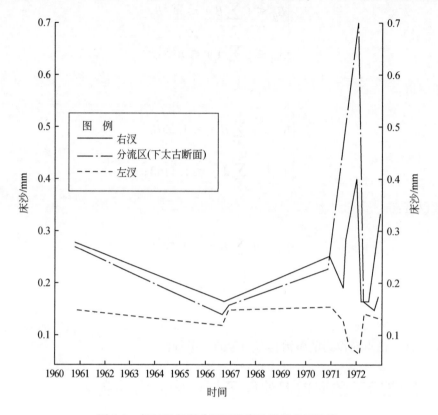

图 5-9　长江天兴洲分汊河段床沙粒径分区比较

2. 河床阻力的变化

对于冲积性河流，河床阻力主要是床面形态阻力（即沙波阻力）与沙粒阻力之和。沙波阻力是水流、泥沙和边界因子的函数，常以沙波阻力系数来反映其大小。Chang[33]曾根据试验和理论分析得到如下的沙波阻力系数 f''_b 公式：

$$f''_b = 7.6\, \frac{\mathrm{e}}{\cot\varphi}\left(\frac{\Delta}{H}\right) \tag{5-51}$$

式中，H 为水深；Δ 为波高；φ 为沙垄或沙纹背水面的倾角；e 为反映沙垄或沙纹分布密度的系数。而沙粒阻力与泥沙因子（比如泥沙粒径 D）的关系最为密切，若用糙率 n 反映沙粒阻力，那么有[27]

$$n = \frac{1}{A} D^{\frac{1}{6}} \tag{5-52}$$

其中，A 为与水流条件有关的系数。分流会引起下游河道的水流条件和泥沙因子发生变化，从而导致水流阻力的变化。由于沙波阻力的变化比较复杂，不易直接求解。对于沙粒

阻力而言，若假定分流前后的沙粒阻力公式是一致的，则有

$$\frac{n}{n_0} = \left(\frac{D}{D_0}\right)^{\frac{1}{6}} \tag{5-53}$$

若长久分流后，床沙有细化的趋势，那么分流后的沙粒阻力同样有减小的趋势，但变化也很微小。当然，这并不意味着河床综合阻力也要减小，因为综合阻力还包括较复杂的沙波阻力。

5.4 分流后下游河道的淤积分析

5.4.1 输沙能力公式的形式

一般挟沙能力可用 $S_* = K\left(\dfrac{V^3}{gH\omega}\right)^m$ 表示。引用一般河相关系式[26]

$$\begin{cases} B = \alpha_1 Q^{\beta_1} \\ H = \alpha_2 Q^{\beta_2} \\ U = \alpha_3 Q^{\beta_3} \end{cases} \tag{5-54}$$

可以得河道饱和输沙率 Q_s 与流量 Q 的关系式

$$Q_s = KQ^{\alpha} \tag{5-55}$$

很多学者用此式表达河道的输沙能力，以进行河床冲淤计算，不少河道的 α 值接近 2，多适用于少沙河流。对于多沙河流，由于其输沙中的非造床质泥沙含量随洪水来源及上游水库的运用不同，而会有很大差别，表现为河道多来多排的特性，即河道输沙不仅与上游河道的流量有关，还与上游河道断面的含沙量 S_u 有关。多沙河流输沙能力公式如下：

$$Q_s = KQ^{\alpha}S_u^{\beta} \tag{5-56}$$

式中，Q_s 和 Q 分别为计算河段出口断面的输沙率和流量；S_u 为计算河段上断面的含沙量；α、β 为指数；K 为系数，一般要根据实测水文资料确定。经实际资料分析表明[12]，α、β 之间存在如下关系

$$\alpha + \beta \approx 2$$

5.4.2 多沙河流初期分流淤积的分析

1. 初期分流淤积率和淤积比[13]

设分流前的来流流量为 Q_0，含沙量为 S_0，输沙率为 $Q_{S_0} = Q_0S_0$，分流流量为 ΔQ，那么分流比 $\eta_Q = \dfrac{\Delta Q}{Q_0}$，进入下游河道的流量 $Q = (1-\eta_Q)Q_0$。分沙比为 η_{Q_s}（即分出沙量与来沙量之比）进入下游河道的输沙率 Q_{su} 为

$$Q_{su} = Q_{s_0}(1 - \eta_{Q_s}) = Q_0 S_0 (1 - \eta_{Q_s})$$

下游河道进口水流的含沙量 S_u 可由式（5-30）变为

$$S_u = \frac{Q_{su}}{Q} = \frac{1 - \eta_{Q_s}}{1 - \eta_Q} S_0$$

在下游河道的出口处，设含沙量已基本恢复饱和，则输沙率 Q_{sd} 由式（5-56）给出，即

$$Q_{sd} = KQ^\alpha S_u^\beta = (KQ_0^\alpha S_0^\beta)(1 - \eta_Q)^{\alpha-\beta}(1 - \eta_{Q_s})^\beta$$

于是，河段内的淤积率，即单位时间的淤积量为

$$\begin{aligned}
\Delta Q_s &= Q_{su} - Q_{sd} \\
&= Q_{s_0}\left[(1 - \eta_{Q_s}) - C(1 - \eta_Q)^{\alpha-\beta}(1 - \eta_{Q_s})^\beta\right] \\
&= Q_{s_0}(1 - \eta_{Q_s})\left[1 - C(1 - \eta_Q)^{\alpha-\beta}(1 - \eta_{Q_s})^{\beta-1}\right]
\end{aligned}$$

其中，$C = (KQ_0^\alpha S_0^\beta)/(Q_0 S_0) = KQ_0^{\alpha-1} S_0^{\beta-1}$，称之为原河道冲淤判别数，它主要取决于分流前河道的来水来沙条件，同时也反映了河道不分流时的冲淤状态。$C=1$ 时，原河道处于冲淤平衡状态；$C>1$ 时，原河道处于冲刷状态；$C<1$ 时，原河道处于淤积状态。令 $\varphi = \dfrac{\Delta Q_s}{Q_{s_0}}$，称之为淤积比（即淤积量与来沙总量之比），那么

$$\varphi = (1 - \eta_{Q_s}) - C(1 - \eta_Q)^{\alpha-\beta}(1 - \eta_{Q_s})^\beta \tag{5-57}$$

显然，φ 主要表明河段淤积量的多少，φ 越大，淤积量越多。当 $\eta_Q = 1$，$\eta_{Q_s} = 1$ 时，$\Delta Q_s = 0$，$\varphi = 0$，即水流全部分出时，河道不再有泥沙淤积；当 $\eta_Q = 0$，$\eta_{Q_s} = 0$ 时，$\Delta Q_s = (1-C) * Q_0 S_0$，$\varphi = 1 - C$，即不分流时，河道按原来的状态而冲淤。

像黄河这样的多沙河流，$\alpha > 1$，$\beta < 1$，且 $\alpha + \beta = 2$。从式（5-57）可以看出：当 η_Q 一定时，分沙比 η_{Q_s} 越大，或者 η_{Q_s} 不变，分流比 η_Q 越小，φ 则越小。这反映如下事实：进入下游河道的泥沙相对越少，或进入下游的水量相对越多，下游河道的淤积量就越少或冲刷越多；反之，当 η_Q 一定时，分沙比 η_{Q_s} 越小，或者 η_{Q_s} 不变，分流比 η_Q 越大，φ 则越大，也就是进入下游的泥沙相对越多，或进入下游的水量相对越少，下游河道的淤积量就越多或冲刷越少，其中取水防沙就是这方面的典型例子。

对来水来沙条件和边界控制一定的河段，求 φ 对 η_Q 的导数 $\dfrac{\mathrm{d}\varphi}{\mathrm{d}\eta_Q}$，并令 $\dfrac{\mathrm{d}\varphi}{\mathrm{d}\eta_Q} = 0$ 便得淤积比 φ 达到极大值的条件为

$$\frac{\mathrm{d}\eta_{Q_s}}{\mathrm{d}\eta_Q} - \frac{C(\alpha-\beta)(1 - \eta_Q)^{\alpha-\beta-1}(1 - \eta_{Q_s})^\beta}{1 - C\beta(1 - \eta_Q)^{\alpha-\beta}(1 - \eta_{Q_s})^{\beta-1}} = 0 \tag{5-58}$$

一般说来，对于来水来沙条件一定的河段，分流比 η_Q 和分沙比 η_{Q_s} 存在一定的函数关系，这种关系一旦确定，当分流比 η_Q 满足式（5-58）时，下游河道的淤积比 φ 达到最大值，即淤积量最多。

当 $C>1$ 时，若分流比达到一定程度，下游河道则可能会由冲刷转向淤积，令 $\Delta Q_s = 0$，便得分流后河道由冲转淤的临界分流比 $\eta_{Q_k}^\varphi$

$$\eta_{Q_k}^\varphi = 1 - C^{-\frac{1}{\alpha-\beta}}(1 - \eta_{Q_s})^{\left(\frac{1-\beta}{\alpha-\beta}\right)} \tag{5-59}$$

显然，当 $\eta_Q < \eta_{Q_k}^\varphi$ 时，河道处于冲刷状态，当 $\eta_Q > \eta_{Q_k}^\varphi$ 时，河道处于淤积状态。

在以细颗粒悬移质为主的黄河下游引水分流，分流比 η_Q 和分沙比 η_{Q_s} 相差不大，为进一步讨论分流淤积问题，取 $\eta_{Q_s}=\eta_Q$（当然也可取 $\eta_{Q_s}=K_s\eta_Q$ 进行讨论，K_s 称为分沙系数）和文献[12]中 α、β 的平均值，即 $\alpha=1.22$，$\beta=0.85$ 作为分析的基础，把它们代入以上各式便得表 5-2 的具体公式，并给出相应的淤积比 φ 曲线，如图 5-10 所示。从表 5-2 和图 5-10 可以看出分流淤积的特点。

表 5-2　分流淤积比和增淤比的有关公式

项目		一般式	$\eta_Q=\eta_{Q_s}$	$\alpha=1.22$，$\beta=0.85$
冲淤	淤积比 φ	式 (5-57)	$(1-\eta_Q)-C(1-\eta_Q)^\alpha$	$(1-\eta_Q)-C(1-\eta_Q)^{1.22}$
	最大淤积比 φ_m	式 (5-57)	$(C\alpha)^{\frac{1}{\alpha-1}}-C(C\alpha)^{-\frac{\alpha}{\alpha-1}}$	$0.073C^{-4.55}$
	φ_m 相应的 η_{Q_m}	式 (5-58)	$1-(C\alpha)^{-\frac{1}{\alpha-1}}$	$1-0.405C^{-4.55}$
	冲淤临界分流比 η_{Q_k}	式 (5-59)	$1-C^{-\frac{1}{\alpha-1}}$	$1-C^{-4.55}$
增减淤	增淤比 ψ	式 (5-60)	$C-\eta_Q-C(1-\eta_Q)^\alpha$	$C-\eta_Q-C(1-\eta_Q)^{1.22}$
	最大增淤比 ψ_m	式 (5-60)	$(C\alpha)^{\frac{1}{\alpha-1}}+C-1-C(C\alpha)^{-\frac{\alpha}{\alpha-1}}$	$C-1+0.073C^{-4.55}$
	ψ_m 相应的 η_{Q_m}	式 (5-61)	$1-(C\alpha)^{-\frac{1}{\alpha-1}}$	$1-0.405C^{-4.55}$
	增减淤临界条件	式 (5-62)	$\eta_{Q_K}=C[1-(1-\eta_{Q_K})^\alpha]$	$\eta_{Q_K}=C[1-(1-\eta_Q)^{1.22}]$

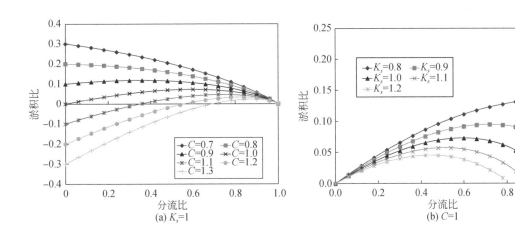

图 5-10　分流淤积比与分流比的关系

（1）当 $C\leqslant 1$ 时，分流后河道都处于淤积状态，即 $\varphi>0$；当 $C>1$ 时，分流比 η_Q 增大到一定程度，如 $\eta_{Q_k}=1-C^{-4.55}$，下游河道开始由冲刷转向淤积，即由 $\varphi<0$ 转为 $\varphi>0$。

（2）一定的来水来沙（即 C 值一定）条件下，随着分流比 η_Q 的增大，淤积比 φ 逐渐增大。当 $\eta_Q=1-0.405C^{-4.55}$，淤积比 φ 达到最大值 $\varphi_m=0.073C^{-4.55}$，此时淤积量最多；然后淤积量随 η_Q 增大而减少。

（3）在其他条件不变时，分流后下游道的淤积和原河道的冲淤有很大的关系。原河道淤积越严重（即 C 值越小），分流后河道的淤积量（包括最大淤积量）越大。原河道淤积状态（$C<1$）下的淤积比 φ 大于冲刷状态（$C>1$）下的淤积比；反之，原河道淤积越轻或冲刷越严重，相应的淤积量（包括最大淤积量）越小。而且原河道淤积严重时，分流后达到最大淤积比所需的分流比 η_Q 小于原河道淤积较轻或冲刷时的分流比。

（4）对于来水来沙一定的河道分流，分沙系数 K_s 越大，分流后下游河道的淤积比越小。

2. 分流增淤与增淤比[13]

不分流时河道的淤积率 ΔQ_{s_0} 为

$$\Delta Q_{s_0} = (1-C) Q_0 S_0$$

分流后下游河道的增淤率 δ 为

$$\delta = \Delta Q_s - \Delta Q_{s_0} = Q_0 S_0 \left[C - \eta_{Q_s} - C (1-\eta_Q)^{\alpha-\beta} (1-\eta_{Q_s})^\beta \right]$$

令 $\psi = \dfrac{\delta}{Q_0 S_0}$，称之为分流后河道的增淤化（即增淤量与来沙总量之比），那么，

$$\psi = C - \eta_{Q_s} - C (1-\eta_Q)^{\alpha-\beta} (1-\eta_{Q_s})^\beta \tag{5-60}$$

ψ 主要表明分流后下游河道增加淤积的多少，ψ 值越大，增淤量越多。当 $\eta_Q=0$、$\eta_{Q_s}=0$ 时，$\delta=0$，$\psi=0$，即不分流分沙时，河道不增淤；当 $\eta_Q=1$、$\eta_{Q_s}=1$ 时，$\delta=-(1-C) Q_0 S_0$ 及 $\psi=-(1-C)$，即全部分流分沙后，河道已不过水，从而不存在淤积问题；但是，原河道淤积时，全部分流分沙，河道减淤 $(1-C) Q_0 S_0$，原河道冲刷时，减冲刷 $(C-1) Q_0 S_0$。

像黄河这样的多沙河流，$\alpha>1$，$\beta<1$，$\alpha+\beta\approx2$。对一定的来水来沙条件，当分流比 η_Q 一定时，分沙比 η_{Q_s} 越大，或者 η_{Q_s} 不变，η_Q 越小，ψ 越小，即进入下游的泥沙相对越少或者进入下游河道的水量相对越多，河道增淤量越少。反之亦然。

对于来水来沙及边界控制一定的河段，求 ψ 对 η_Q 的导数 $\dfrac{\mathrm{d}\psi}{\mathrm{d}\eta_Q}$，并令 $\dfrac{\mathrm{d}\psi}{\mathrm{d}\eta_Q}=0$ 便得 ψ 达到极大值的条件为

$$\frac{\mathrm{d}\eta_{Q_s}}{\mathrm{d}\eta_Q} - \frac{C(\alpha-\beta)(1-\eta_Q)^{\alpha-\beta-1}(1-\eta_{Q_s})^\beta}{1-C\beta(1-\eta_Q)^{\alpha-\beta}(1-\eta_{Q_s})^{\beta-1}} = 0 \tag{5-61}$$

当分流比 η_Q 满足式（5-61）时，下游河道的增淤量达到最大值。同时下游河道的淤积量也达到最大值［因式（5-58）和式（5-61）具有相同的表达式］，这在实际引水过程中应该引起足够的重视。

$C<1$ 时，即原河道处于淤积状态，当分流比达到一定程度时，下游河道将由增淤转为减淤，因此，令 $\delta=0$ 便得分流后河道增淤转为减淤的临界条件为

$$\eta_{Q_k}^\psi = 1 - \left[\frac{C-\eta_{Q_s}}{C(1-\eta_{Q_s})^\beta} \right]^{\frac{1}{\alpha-\beta}} \tag{5-62}$$

当 $\eta_Q>\eta_{Q_k}^\psi$ 时，分流后河道是减淤的，当 $\eta_Q<\eta_{Q_k}^\psi$ 时，分流后河道则是增淤的。

同样，选取 $\eta_Q=\eta_{Q_s}$，$\alpha=1.22$，$\beta=0.85$，并获得相应的具体表达式（见表5-2），绘制相应的增淤比 ψ 曲线，如图5-11所示。分流增淤的特征如下

（1）分流后，原河道冲刷严重的河道增淤比 ψ 将大于原河道冲刷较轻或淤积的增淤

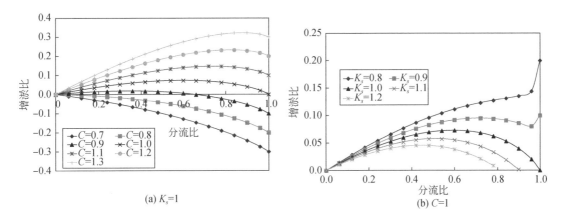

图 5-11　分流后增淤比与分流比间的关系

比 ψ，或者说原河道冲刷严重的，其减冲量将大于冲刷较轻的减冲量，而且也大于原河道淤积时的增淤量。

（2）若 $C=1$，当不分流和全部分流时，河道都不会增加淤积，但此时，分流则使下游河道增淤（即 $\psi>0$），并且当 $\eta_Q=0.6$ 时，增淤量达到最多，为来沙量的 7.3%。

（3）若 $C<1$，分流后河道的淤积量将会增多，当分流比 $\eta_Q=1-0.405C^{-4.55}$ 时，增淤比达到最大值 $\psi_m=C-1+0.073C^{-4.55}$，此后增淤比随 η_Q 增大而减小，当分流比 η_Q 增加到增减淤临界分流比 $\eta_{Q_k}^{\psi}=C\left[1-(1-\eta_Q)^{1.22}\right]$ 时，河道随分流比的增大将会由增淤转为减淤，当原河道严重淤积时，即 C 值比较小，分流后下游河道不但不会增淤，而且反会减少淤积量。若 $\eta_Q=\eta_{Q_s}$，令 $\psi_m\leqslant 0$，便得分流后下游河道一直不增淤的条件是 $C\leqslant\dfrac{1}{\alpha}$。若取 $\alpha=1.22$，$\beta=0.85$ 时，分流一直不增淤的条件为 $C\leqslant 0.82$，图 5-10、图 5-11 中与 $C=0.80$ 对应的曲线就反映了这一点，原河道淤积严重时，分流对下游河道的淤积量来说是有利的（淤积量减少）。

（4）$C>1$，即原河道处于冲刷状态，分流后下游河道一直是减冲刷的，即 $\psi>0$ 恒成立。当分流比增大到 $\eta_{Q_m}=1-0.405C^{-4.55}$ 时，河道减冲量达到极大值 $\psi_m=C-1+0.073C^{-4.55}$，即减冲量为来沙量的 ψ_m 倍。

3. 分流淤积程度和增淤程度[13]

就分流淤积问题，以来沙量作为河道分流淤积和增淤分析的基础，引入河道淤积比和增淤比来分析分流淤积量的变化特点。为了进一步说明分流淤积的程度，引入河道淤积程度和增淤程度的概念，淤积程度 Φ 和增淤程度 Θ 定义为分流后下游河道的淤积量和增淤量与进入下游河道的输沙量之比。淤积程度 Φ 和增淤程度 Θ 与淤积比 φ 和增淤比 ψ 之间关系是 $\Phi=\dfrac{\varphi}{1-\eta_{Q_s}}$，$\Theta=\dfrac{\psi}{1-\eta_{Q_s}}$。结合河道分流淤积比和增淤比的推导过程，可以求得河道分流淤积程度和增淤程度的具体表达式分别为

$$\Phi=1-C\left(1-\eta_Q\right)^{\alpha-\beta}\left(1-\eta_{Q_s}\right)^{\beta-1} \tag{5-63}$$

$$\Theta = (C - \eta_{Q_s})(1 - \eta_{Q_s})^{-1} - C(1 - \eta_Q)^{\alpha - \beta}(1 - \eta_{Q_s})^{\beta - 1} \qquad (5\text{-}64)$$

式中，淤积程度 Φ 和增淤程度 Θ 分别反映分流后河道淤积的程度和淤积增加程度，淤积程度 Φ 和增淤程度 Θ 越大，分流后下游河道淤积和增淤越严重。从式（5-63）和式（5-64）可知，分流后下游河道淤积程度和增淤程度最大的条件分别为

$$\frac{\mathrm{d}\eta_{Q_s}}{\mathrm{d}\eta_Q} - \left(\frac{\alpha - \beta}{1 - \beta}\right)\left(\frac{1 - \eta_{Q_s}}{1 - \eta_Q}\right) = 0 \qquad (5\text{-}65)$$

$$\frac{\mathrm{d}\eta_{Q_s}}{\mathrm{d}\eta_Q} - \frac{C(\alpha - \beta)(1 - \eta_Q)^{\alpha - \beta - 1}(1 - \eta_{Q_s})^{\beta - 1}}{(1 - C)(1 - \eta_{Q_s})^{-2} - C(\beta - 1)(1 - \eta_Q)^{\alpha - \beta}(1 - \eta_{Q_s})^{\beta - 2}} = 0 \qquad (5\text{-}66)$$

当分流比 η_Q 分别满足式（5-65）和式（5-66）时，下游河道的淤积程度和增淤程度达到最大值，此时分流下游河道淤积最严重或下游河道增淤最严重。

同样，当 $\eta_{Q_s} = \eta_Q$，$\alpha = 1.22$，$\beta = 0.85$ 时，对应的分流淤积程度、增淤程度和其他有关公式参见表5-3，并绘制淤积程度和增淤程度的曲线，如图5-12和图5-13所示。分流淤积程度的变化特点如下。

表5-3 分流淤积程度和增淤程度的有关公式

项目		一般式	$\eta_Q = \eta_{Q_s}$	$\alpha = 1.22$，$\beta = 0.85$
冲淤	淤积程度 Φ	式(5-63)	$1 - C(1 - \eta_Q)^{\alpha - 1}$	$1 - C(1 - \eta_Q)^{0.22}$
	冲淤临界分流比 η_{Q_k}	式(5-59)	$1 - C^{-\frac{1}{\alpha - 1}}$	$1 - C^{-4.55}$
增减淤	增淤程度 Θ	式(5-64)	$1 - C(1 - \eta_Q)^{\alpha - 1} - (1 - C)(1 - \eta_Q)^{-1}$	$1 - C(1 - \eta_Q)^{0.22} - (1 - C)(1 - \eta_Q)^{-1}$
	最大增淤程度 Θ_m	式(5-64)	$1 - C\left(\frac{1 - C}{C(\alpha - 1)}\right)^{\frac{\alpha - 1}{\alpha}} - (1 - C)\left(\frac{1 - C}{C(\alpha - 1)}\right)^{-\frac{1}{\alpha}}$	$1 - 1.602 C^{0.82}(1 - C)^{0.18}$
	Θ_m 相应的 η_{Q_m}	式(5-66)	$1 - (1 - C)^{\frac{1}{\alpha}}[C(\alpha - 1)]^{-\frac{1}{\alpha}}$	$1 - 3.461\left(\frac{1 - C}{C}\right)^{0.82}$
	增减淤临界条件	式(5-62)	$\eta_{Q_k} = C[1 - (1 - \eta_{Q_k})^{\alpha}]$	$\eta_{Q_k} = C[1 - (1 - \eta_Q)^{1.22}]$

（1）对于一定的来水来沙，当分流比一定时，分沙比 η_{Q_s} 越大，或者 η_{Q_s} 不变，分流比 η_Q 越小，河道分流后的淤积强度和增淤强度越小，即进入下游河道的泥沙相对越少，水量越多，河道淤积和增淤程度越轻；反之，当分流比一定时，分沙比 η_{Q_s} 越小，或者 η_{Q_s} 不变，分流比 η_Q 越大，河道分流后的淤积强度和增淤强度越大，即进入下游河道的泥沙相对越多，水量越少，河道淤积和增淤程度越严重。

（2）当 $C < 1$ 时，即原河道处于淤积状态，同分流条件下，原河道淤积越严重的淤积程度 Φ 值大于原河道淤积轻或冲刷的 Φ 值，也即前者淤积更为严重。

若原河道淤积较轻，其增淤程度 Θ 值随分流比增加而增大，当分流比增加到 $1 -$

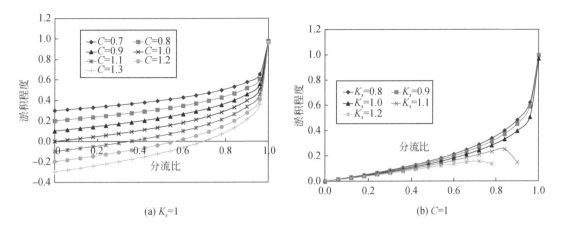

(a) $K_s=1$ (b) $C=1$

图 5-12 分流淤积程度与分流比的关系

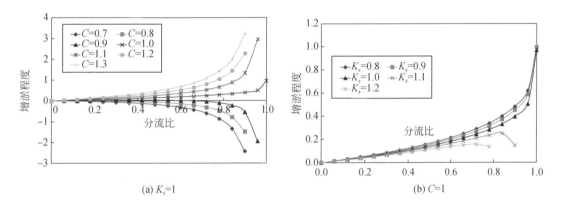

(a) $K_s=1$ (b) $C=1$

图 5-13 分流增淤程度与分流比的关系

$(1-C)^{\frac{1}{\alpha}}\left[C\left(\alpha-1\right)\right]^{-\frac{1}{\alpha}}$，增淤程度 Θ 达到最大，然后增淤程度随分流比增加而减小；若原河道淤积比较严重时，其增淤程度 Θ 值随分流比增加而减小，即分流会使淤积程度减轻。

（3）当 $C>1$ 时，即原河道处于冲刷状态，同分流条件下，原河道冲刷严重的淤积程度小于原河道冲刷较轻的淤积程度，原河道冲刷严重的增淤比大于原河道冲刷较轻的增淤比。

河道淤积程度 Φ 和增淤程度 Θ 随着分流比的增加而逐渐增加，当分流比增大到临界分流比 $\eta_{Q_k}=1-C^{-\frac{1}{\alpha-1}}$，河道由冲刷转为淤积，而且原河道冲刷越严重，所需的临界分流比越大。

5.4.3 少沙河流分流淤积分析

对于长江、塔里木河等一些少沙河流，河道输沙率公式可用式（5-55）表达。参考多沙河流分水淤积公式的推导过程，或者令 $\beta=0$，可得少沙河流分流后相应的淤积率、淤积

比、增淤率和增淤比的计算公式。引水分流后河段内的淤积率为

$$\Delta Q_S = Q_{su} - Q_{sd} = Q_{S_0} \left[(1 - \eta_{Q_s}) - C (1 - \eta_Q)^\alpha \right] \tag{5-67}$$

引水分流后的河段内的淤积比 φ 和淤积程度 Φ 分别为

$$\varphi = (1 - \eta_{Q_s}) - C (1 - \eta_Q)^\alpha \tag{5-68}$$

$$\Phi = 1 - \frac{C (1 - \eta_Q)^\alpha}{1 - \eta_{Q_s}} \tag{5-69}$$

引水分流后下游河道的增淤率为

$$\delta = \Delta Q_s - \Delta Q_{S_0} = Q_0 S_0 \left[C - \eta_{Q_s} - C (1 - \eta_Q)^\alpha \right] \tag{5-70}$$

引水分流后下游的增淤比 ψ 和增淤程度 Θ 分别为

$$\psi = C - \eta_{Q_s} - C (1 - \eta_Q)^\alpha \tag{5-71}$$

$$\Theta = \frac{C - \eta_{Q_s} - C (1 - \eta_Q)^\alpha}{1 - \eta_{Q_s}} \tag{5-72}$$

同样，令 $\dfrac{\mathrm{d}\varphi}{\mathrm{d}\eta_Q} = 0$ 及 $\eta_{Q_s} = K_s \eta_Q$，便可得淤积比 φ 达到极大值的条件为

$$\eta_Q = 1 - \left(\frac{K_s}{c\alpha} \right)^{\frac{1}{\alpha - 1}} \tag{5-73}$$

令 $\Delta Q_s = 0$，便得分流后河道由冲转淤的临界分流比 $\eta_{Q_k}^\varphi$

$$\eta_{Q_k}^\varphi = 1 - C^{-\frac{1}{\alpha}} (1 - \eta_{Q_s})^{\frac{1}{\alpha}} \tag{5-74}$$

$\dfrac{\mathrm{d}\psi}{\mathrm{d}\eta_Q} = 0$ 及 $\eta_{Q_s} = K_s \eta_Q$，便得 ψ 达到极大值的条件为

$$\eta_Q = 1 - \left(\frac{K_s}{c\alpha} \right)^{\frac{1}{\alpha - 1}} \tag{5-75}$$

令 $\delta = 0$ 便得分流后河道增淤转为减淤的临界条件为

$$\eta_{Q_k}^\psi = 1 - \left[\frac{C - \eta_{Q_s}}{C} \right]^{\frac{1}{\alpha}} \tag{5-76}$$

作为分析例子，取塔里木河干流各站输沙率公式中系数的平均值 $K = 0.025$，$\alpha = 1.89$，且 $\eta_{Q_s} = \eta_Q$，便可计算出不同分流比下的 φ 和 ψ，计算成果如图 5-14 所示。少沙河流分流淤积的主要特点如下：

(1) 在其他条件不变时，分流后下游河道的淤积和原河道的冲淤有很大的关系。原河道淤积越严重（即 C 值越小），分流后河道的淤积量（包括最大淤积量）越大，而增淤量越小。原河道淤积状态（$C<1$）下的淤积比 φ 大于冲刷状态（$C>1$）下的淤积比，增淤比则相反；反之，原河道淤积越轻或冲刷越严重，相应的淤积量（包括最大淤积量）越小，增淤比则越大。而且原河道淤积严重时，分流后达到最大淤积比所需的分流比 η_Q 小于原河道淤积较轻或冲刷时的分流比。

(2) 若 $C=1$，当不分流和全部分流时，河道都不会增加淤积。其间分流则使下游河道增淤（即 $\varphi>0$ 和 $\Psi>0$），并且当 $\eta_Q = 0.51$ 时，增淤量和淤积量达到最多，为来沙量的 23%。

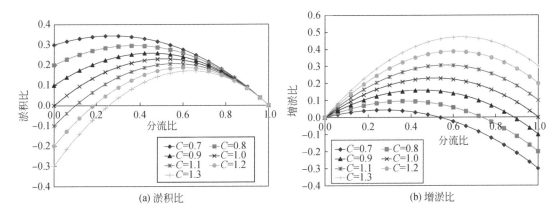

图 5-14 少沙河流分流淤积与分流比的关系

（3）若 $C<1$，分流后河道处于淤积状态，且淤积量将会增多。当分流比 $\eta_Q=1-0.49C^{-1.12}$ 时，淤积比达到最大值 $\varphi_m=0.23C^{-1.12}$，增淤比达到最大值 $\psi_m=C-1+0.23C^{-1.12}$，此后淤积比和增淤比随 η_Q 增大而减小，当分流比 η_Q 增加到增减淤临界分流比 $\eta_{Q_k}^{\psi}=C\left[1-(1-\eta_Q)^{1.89}\right]$ 时，河道随分流比的增大将会由增淤转为减淤。当原河道严重淤积时，即 C 值较小，分流后河道不但不会增淤，反而会减少淤积量。若 $\eta_Q=\eta_{Q_s}$，令 $\psi_m\leqslant0$，便得分流后下游河道一直不增淤的条件是 $C\leqslant\dfrac{1}{\alpha}$。

（4）$C>1$，即原河道处于冲刷状态，当分流比 η_Q 增至 $1-C^{-1.12}$ 时，河道开始由冲刷转为淤积，分流后下游河道一直是减冲的，即 $\psi>0$ 恒成立。当分流比增大到 $\eta_{Q_m}=1-0.49C^{-1.12}$ 时，河道减冲量达到极大值 $\psi_m=C-1+0.23C^{-1.12}$，即减冲量为来沙量的 ψ_m 倍。

另外，尹学良和王延贵及林秀芝等[10,34]同样根据河道输沙特点，就分流淤积问题进行了分析和研究，得到了类似的成果。

5.4.4 分流淤积的分区

在分析分流淤积和增淤过程中，得到了冲淤、增减淤和最大值的临界条件，以此作为依据就分流淤积分区问题进行深入分析。当 $\eta_Q=\eta_{Q_s}$，$\alpha=1.22$，$\beta=0.85$ 时，把冲淤临界分流比曲线、增减淤临界分流比曲线、淤积比 φ 和增淤比 ψ 最大条件等绘制在同一图中，如图 5-15（a）所示。显然，淤积比 φ 最大条件曲线重合于增淤比 ψ 最大条件曲线 a，都是 $\eta_{Q_m}=1-0.405C^{-4.55}$，即当 $\eta_{Q_s}=\eta_Q$ 时，φ 和 ψ 同时达到各自的最大值。为考虑原河道冲淤状态的影响，在图 5-15 中绘制 $C=1$ 对应的直线。显然，冲淤临界曲线、增减淤临界曲线和原河道冲淤平衡直线（即 $C=1$）把坐标平面划分Ⅰ区（冲刷减冲区）、Ⅱ区（冲刷转淤积区）、Ⅲ区（淤积增淤区）和Ⅳ区（淤积减淤区）四个区域。

Ⅰ区：冲刷减冲区，只有在 $C>1$ 的情况下发生，即原河道冲刷，分流后仍然冲刷，但冲刷量减少，黄河下游在大水期引水常常发生在此区，即引水后下游河槽仍然是冲刷的。人们往往因此认为黄河下游在大水期引水不会发生问题，其实不然，我们知道黄河下游河

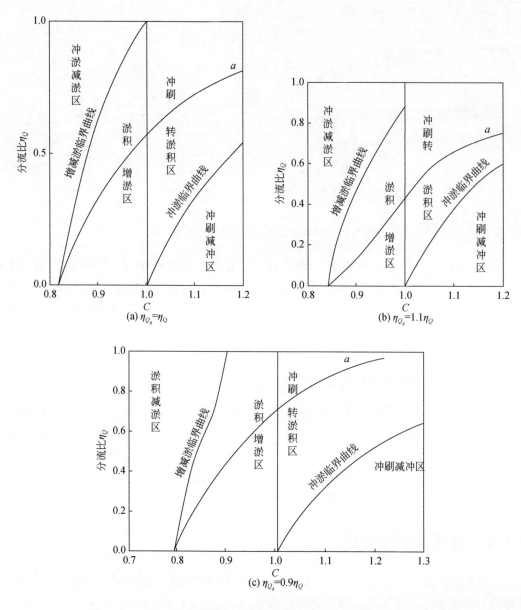

图 5-15　分流淤积分区图

槽小水期淤积是靠大小冲刷抵消一部分，维持曾经的平均每年淤高约 0.1m 的局面，因此，虽然分流后河槽仍然冲刷，但冲刷减少了，从而加速河槽的淤积上升。因此，以黄河大水期分洪或引水后河槽仍处于冲刷状态的事实，得出大水期分流不会造成困难的说法是值得商榷的。

Ⅱ区：冲刷转淤积区，只有在 $C>1$ 的情况下分流才会发生在此区。当原河道处于冲刷，分流比 η_Q 增加到一定程度时，河道则由冲刷转入淤积，而且在曲线 a 的两侧，分流后的淤积量和增淤量都最多，此时的引水为最不利的工况，应尽量避开，以便减少河道淤积量。同时，在黄河下游洪水期引水，当分流比增加到一定程度时，下游河槽也将会由冲刷转为淤积。

Ⅲ区：淤积增淤区，当$C<1$时，河道分流将会发生在此区。当原河道淤积时，分流后下游河道不但是淤积的，而且也是增淤的。在曲线a的两侧，分流后的淤积量和增淤量都最多，在实际引水时应当避开。

Ⅳ区：淤积减淤区，原河道处于严重淤积状态时，分流比增大到一定程度后，分流后河道由增淤转为减淤。在这一情况下，引水分流对河道减淤有利。比如$C=0.85$时，只要$\eta_Q>0.32$分流后，下游河道就会减淤。

就一般情况（$\eta_{Q_s}=k\eta_Q$），根据前面的分析及式（5-59）~式（5-62）的进一步分析各区如下：若$C>1$，当$\eta_Q<\eta_{Q_k}^\varphi$时，分流后河道处于冲刷减冲区；当$\eta_Q>\eta_{Q_k}^\varphi$时，河道处于冲刷转淤积减淤区。若$C<1$，当$\eta_Q<\eta_{Q_k}^\psi$时，分流后河道处于淤积增淤区；当$\eta_Q>\eta_{Q_k}^\psi$时，河道处于淤积减淤区。作为一般情况下分区的例子[13]，取①$\eta_{Q_s}=0.90\eta_Q$，$\alpha=1.22$，$\beta=0.85$；②$\eta_{Q_s}=1.10\eta_Q$，$\alpha=1.22$，$\beta=0.85$，绘出相应的两个分区图［图5-15（b）和（c）］。显然，以上分区可供引水设计和引水调度参考。

5.4.5 分流对下游河道推移质的影响

在冲积河流中，推移质所占比例不如悬移质大，但分流对推移质的影响仍然是比较明显的。推移质输沙率Q_b一般以流速的高次方表示，而流速与流量的某次方成正比。于是有

$$Q_b=\zeta Q^m \tag{5-77}$$

此式和式（5-56）的形式是一致的，如令式（5-56）$\alpha=m$，$\beta=0$就变为式（5-77）的形式。因此，对推移质的淤积特性可以仿效上几节的方法和过程进行分析。当$\eta_Q=\eta_{Q_b}=\eta$时，分流后下游河道的推移质淤积率为

$$\Delta Q_b=Q_{b_0}\left[1-\eta-C_b\left(1-\eta\right)^m\right] \tag{5-78}$$

淤积比φ_b为

$$\varphi_b=1-\eta-C_b\left(1-\eta\right)^m \tag{5-79}$$

分流后下游河道的增淤率δ_b

$$\delta_b=Q_{b_0}\left[C_b-\eta-C_b\left(1-\eta\right)^m\right] \tag{5-80}$$

增淤比δ_b为

$$\psi_b=C_b-\eta-C_b\left(1-\eta\right)^m \tag{5-81}$$

等等都与悬移质对应的公式类似。以上$C_b=\dfrac{\zeta Q_0^m}{Q_{b_0}}$为不分流时推移质的冲淤判别数。$Q_{b_0}$为来流推移质输沙率。

但是必须说明，按一般经验，m值比悬移质中的α值大，因此，分流后的淤积比将比悬移质的淤积比大，而且最大淤积比所对应的分流比较小。即分流较少时，推移质淤积就比较严重。这些认识都能从前面所列各式中看出。另一方面，推移质泥沙大多沿深槽运行，分水口高于深槽较多时，很少推移质被分出，大部分推移质将进入下游河道，即推移

质分沙比 η_{Q_b}，远小于分流比 η_Q，这样下游的推移质淤积将更为严重。

推移质泥沙恢复平衡的距离要比悬移质泥沙短得多，超过水流推移能力的那部分泥沙将在分水口下很短的距离内淤积下来。在实际问题中，裁弯的老河口、决口和改道的老河进口等处很快淤积成沙坎，其中推移质占有一定的比例。

参 考 文 献

[1] Odom L M. Atchafalaya diversion and its effect on the Mississippi River [J]. Transactions of the American Society of Civil Engineers, 1951, 116 (1): 503-526.

[2] Lindner C P. Diversions from alluvial streams [J]. Transactions of the American Society of Civil Engineers, 1953, 118 (1): 245-269.

[3] Kerssens P J M, Van Urk A, Experimental studies on sedimentation due to water withdrawal [J]. Journal of Hydraulic Engineering, 1986, 112 (7): 641-656.

[4] 佐藤清一，吉川秀夫. 河川分流的研究 [R]. 南京：南京水利科学研究所译，1960.

[5] 黄河水利委员会规划办公室下游组，武汉水力电力学院治河工程及泥沙系 7481 班实验队. 分流分沙对河道淤积的影响 [J]. 武汉水利电力学院学报，1977 (2): 67-78.

[6] 焦恩泽. 黄河下游决口对主河道冲淤影响的分析 [R]. 郑州，1980.

[7] 丁君松，丘凤莲. 汊道分流分沙计算 [J]. 泥沙研究，1981 (1): 58-64.

[8] 丁君松，杨国禄，熊治平. 分汊河段若干问题的探讨 [J]. 泥沙研究，1982 (4): 39-51.

[9] 严镜海，低水头枢纽及引水口分水分沙的初步分析 [J]. 水利水运科学研究，1982 (1): 72-81.

[10] 尹学良，王延贵. 关于分流淤积的一些问题 [J]. 水利学报，1988, 19 (3): 65-73.

[11] 王延贵. 分流对河床演变的影响之研究 [D]. 北京：水利水电科学研究院，1987.

[12] 牛文臣，徐建新. 引黄与河道冲淤关系的研究 [J]. 泥沙研究，1987 (2): 21-29.

[13] 王延贵，尹学良. 分流淤积的理论分析及其计算 [J]. 泥沙研究，1989 (4): 60-66.

[14] 佟二勋，黄河下游河道分水分沙对河道淤积的影响分析 [R]. 黄委河务局，黄河水沙变化研究基金项目.

[15] 卞玉山，甘志升. 潘庄引黄闸引水口门水沙观测与分析 [J]. 人民黄河，1991, 13 (3): 52-55, 63.

[16] Wang Y G, Li X X. Effect of diversion on the lower Yellow River [J]. International Journal of Sediment Research, 1994, 9 (3): 193-205.

[17] 史红玲，蒋如琴. 黄河下游引黄灌溉对策研究：论提水灌溉的作用与效果 [J]. 泥沙研究，2000 (2): 5-9.

[18] 徐永年，梁志勇，刘峡，等. 引水工程对河流河床演变的影响 [J]. 泥沙研究，2000 (2): 23-27.

[19] 王延贵，胡春宏. 塔里木河干流引水灌溉及其对河道冲淤的影响 [J]. 水利水电技术，2003, 34 (1): 48-51.

[20] 史红玲，胡春宏. 分流对引黄灌区渠道淤积的影响研究 [J]. 人民黄河，2017, 39 (1): 1-5, 20.

[21] 胡茂银，李义天，朱博渊，等. 荆江三口分流分沙变化对干流河道冲淤的影响 [J]. 泥沙研究，2016 (4): 68-73.

[22] 王延贵. 长久分流后下游河道诸因素变化 [C] //水科院科学研究论文集 (33), 北京：水利电力出版社，1990.

［23］ A. C. 奥菲采洛夫. 泄流建筑物水力学问题 ［R］. 北京：水利部, 1952.

［24］ 室田明. 开水路分水工研究 ［C］. （日）土木学会论文集第 70 号, 1960.

［25］ 罗福安, 梁志勇, 张德茹. 直角分水口水流形态的实验研究 ［J］. 水科学进展, 1995, 6（1）：
71-75.

［26］ 武汉水利水电学院. 河流动力学 ［M］. 北京：中国工业出版社, 1965.

［27］ 钱宁, 万兆惠. 泥沙运动力学 ［M］. 北京：科学出版社, 1983.

［28］ 丁君松. 弯道环流横向输沙 ［J］. 武汉水院学报, 1965（1）：59-80.

［29］ 杨国录. 鹅头型汊道首部水流、泥沙运动的探讨 ［J］. 武汉水利电力学院学报, 1982（2）：
49-60.

［30］ 王延贵, 史红玲. 引黄灌区不同灌溉方式的引水分沙特性及对渠道冲淤的影响 ［J］. 泥沙研究,
2011（3）：37-43.

［31］ 尹学良. 黄河口的大型并汊改造 ［J］. 泥沙研究, 1982（4）：13-25.

［32］ 中国科学院地理研究所, 长江水利水电科学研究院, 长江航道局规划设计研究所. 长江中下游河
道特性及其演变 ［M］. 北京：科学出版社, 1985.

［33］ Chang F M. Ripple concentration and friction factor ［J］. Journal of the Hydraulic Division, 1970, 96
（2）：417-430.

［34］ 林秀芝, 刘琦, 曲少军. 黄河下游引水引沙对河道冲淤调整影响分析 ［J］. 泥沙研究, 2010（6）：
42-47.

第 6 章 | 渠系泥沙运动与输移

我国北方地区水资源短缺问题日趋严重，引水分流是流域水资源配置的重要技术措施，引水灌溉是流域水资源利用的重要内容和形式。对于多沙河流引水灌溉，妥善解决以河道为水源的灌渠泥沙问题将面临诸多新挑战，黄河流域高质量发展目标也对引黄灌区引水用沙提出了新要求[1,2]；从河道引取大量的水流供农业灌溉的同时，将引取大量的泥沙，这会造成灌区渠系大量的泥沙淤积，直接影响灌区灌溉效益的正常发挥[3,4]。结合多沙河流灌区内存在的泥沙问题，许多学者就渠系泥沙运动、输移等开展了深入研究[3-9]，研究成果对灌区输配水系统的长期安全运行和效益发挥起到了重要作用。

6.1 灌区泥沙的起动与悬浮

6.1.1 泥沙起动

由于引黄灌区泥沙含有较多的细沙，具有一定黏性，因此在研究泥沙起动流速时，应该考虑泥沙的黏性，对于低黏性的引黄泥沙，使用比较普遍的起动流速公式主要包括窦国仁、武汉水利电力学院河流动力学及河道整治教研组和沙玉清的公式[10-12]。从灌区引黄水沙及渠道资料可知，泥沙粒径分布在 $0.001 \sim 0.005\text{mm}$，渠道水深分布于 $0.5 \sim 2.4\text{m}$，渠道底宽变化范围在 $5 \sim 40\text{m}$。蒋如琴等和王延贵等[4,5]利用窦国仁、武汉水利电力学院河流动力学及河道整治教研组和沙玉清的公式同时计算灌区泥沙的起动流速，如图 6-1 所示。从图可以看出[3,5,13]：

1）对于较细（和山区泥沙相比）具有黏性的灌区泥沙，泥沙粒径越小，泥沙间的黏结力增大，需要的泥沙起动流速越大，泥沙颗粒越大，其黏结力相对减小，泥沙起动流速越小。如对粒径为 0.015mm 的细泥沙来说，在水深 2m 时其起动流速为 $0.7 \sim 0.9\text{m/s}$，而粒径小于 0.015mm 的泥沙在水深 2m 时的起动流速将会更大；粒径大于 0.050mm 的较粗泥沙，在水深 2m 时的起动流速仅为 0.5m/s，如此的水流流速是很容易满足的，即如果在较大流量下运用，淤积的较粗泥沙是可以起动的。

以簸箕李灌区为例，灌区干渠的水流流速一般为 $0.53 \sim 0.98\text{m/s}$，以总干和二干为最大，分别为 0.86m/s 和 0.98m/s，条渠和一干较小，一般为 0.53m/s。通过对不同粒径泥沙起动流速分析可知，在泥沙运动过程中，如在过大含沙量和低流速条件（比如，小流量的夏秋灌引水）下运行，细颗粒泥沙（如 $D<0.015\text{mm}$）可能淤积下来，一旦淤积密实的细沙如再让其起动扬起，需要的水流流速较大（$V>0.7 \sim 0.9\text{m/s}$）。即在一般水流状态，细颗粒泥沙是难于起动冲刷的。但是细颗粒泥沙在较大流量下运用是难于淤积的，因此仅

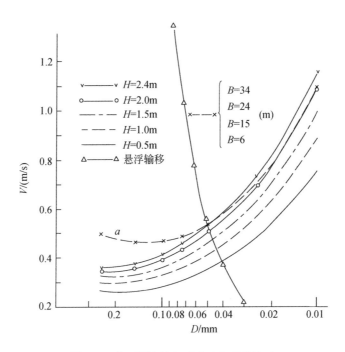

图 6-1　灌区泥沙的起动流速与悬移流速

通过调控引水流量，避免细沙淤积就可以了。对于较粗的泥沙（$D > 0.050 \text{mm}$），在泥沙运动过程中，较粗泥沙容易沉落到渠底进行交换或淤积下来。虽然在一般水流条件或较大流速作用下，较粗泥沙是可以起动并和底沙发生交换或跃起。但是，粗颗粒泥沙悬浮输移仍是比较困难的。

2）影响泥沙起动的主要因素之一是水深，对于同一粒径的泥沙，水深越大，起动流速越大；水深越小，起动流速越小。但就簸箕李灌区需水情况和干渠的具体条件（如条渠末端的倒坡和渡槽），就某一段干渠（比如条渠）而言，其水深有一定的变化，但其变化并不很大，对泥沙起动流速的影响仍小于泥沙粒径的影响。另外，从图 6-1 中 a 线看出，渠道底宽对起动流速的影响和以上两因素相比小得多。但灌渠底宽对渠道的流速影响比较大，同一来水流量下，合理缩窄可以增加水流流速。

6.1.2　灌区泥沙的悬浮与悬移

1. 悬浮指标

悬移质之所以能够在水流下浮游前进，实现其远距离输移主要是重力作用与紊动扩散作用二者相结合的结果。灌渠水流含沙量垂线分布服从 Rouse 分布[14]

$$\frac{S}{S_a} = \left(\frac{\dfrac{h}{y} - 1}{\dfrac{h}{a} - 1} \right)^{z} \tag{6-1}$$

式中，h 为水深；S 为水深 y 处的含沙量；S_a 为 $y = a$ 处的参考点的含沙量；Z 为悬浮指标的理论计算值，$Z = \dfrac{\omega}{\kappa U_*}$，$\omega$ 为泥沙沉速，κ 为卡门常数；U_* 为摩阻流速。悬浮指标 Z 越小，则含沙量分布越均匀；Z 越大，分布则越不均匀。

通过对灌溉区陈谢测流站含沙量垂线观测资料进行推测，悬浮指标 Z 相对都比较小，一般 $Z < 0.6$，这说明引黄灌区下游泥沙比其他河流泥沙较细，沿垂线含沙量变化不大，分布比较均匀。影响悬浮指标 Z 的因素主要是泥沙沉速 ω 和摩阻流速 U_*。其中摩阻流速 $U_* = \left(\dfrac{n'}{n}\right)^{3/4}\sqrt{gRJ}$。就簸箕李灌区的一般引水灌溉情况而言，由于夏秋灌期引黄泥沙较细，沉速 ω 较小，悬浮指标 Z 较小，因此含沙量分布较均匀，但当含沙量较大时，相应的 κ 值较小仍会出现 Z 值较大的情况；而冬春灌期引黄泥沙较粗，沉速 ω 较大，悬浮指标 Z 较大，因此含沙量分布较不均匀，但当含沙量很小时，仍能出现 Z 值较小的情况；同时，当引水流量较大，水面比降较其紊动强度增强，悬浮指标 Z 较小，含沙量的垂线分布比较均匀。

在计算悬浮指标 $Z = \dfrac{\omega}{\kappa U_*}$ 的理论值时，同时还要确定卡门常数 κ 的值，卡门常数 κ 在清水情况下取定值 0.4。而在浑水情况下为变数，与悬移质含沙量，泥沙级配及水力要素有关，其变化范围为 $0.15 \sim 0.40$（簸箕李灌区陈谢测流站的卡门常数 κ 的变化范围为 $0.240 \sim 0.321$）。根据窦国仁[10]的办法求得 κ 值，进而求得悬浮指标的理论值，和实测含沙量求得的悬浮指标具有图 6-2 所示的关系[3,13]。

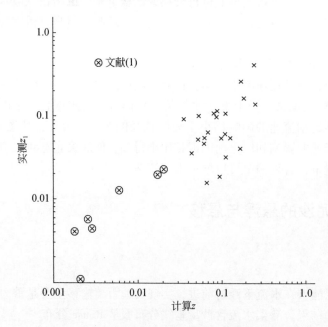

图 6-2　实测悬浮指标和理论悬浮指标的关系

2. 悬移条件

通过分析,当 $Z = 5.000$ 时,泥沙悬浮高度甚低,可近似地看成由推移到悬浮的临界状态;当 Z 为 0.500 时,悬浮高度达到水面,当 Z 为 0.250 时,大量颗粒悬浮在水面;当 Z 为 0.032 时,含沙量沿垂线分布均匀,泥沙基本上不沉落床面。就陈谢测流站的实测 Z 值而言,Z 值分布在 0.032 ~ 0.500 之内(图 6-2),从而保持了二干上的冲淤平衡状态,且略有冲刷。因此,我们取 $Z = 0.250$ 作为泥沙大量输移的条件,进而推得相应的水流平均流速[3,13]

$$U_s = \frac{A}{\kappa Z \sqrt{g}} \left(\frac{h}{d} \right)^{1/6} \omega \qquad (6-2)$$

式中,A 为与水流条件有关的系数;h 为水深;d 为泥沙粒径。若取 $A = 19$,$\kappa = 0.4$,$g = 9.81$,$Z = 0.250$ 代入上式得

$$U_s = 60.4 \left(\frac{h}{d} \right)^{1/6} \omega \qquad (6-3)$$

若取水深 $h = 2m$,室内温度,便得泥沙输送的水流条件(图 6-1)。显然,粒径大于 0.05mm 的粗沙难于悬浮输移,若要全部输送粗颗粒泥沙,水流流速需要提高 1.0m/s。当然,由于受不同来水含沙量的影响,式中的 κ 略小于 0.4,ω 则有所减小,但减小甚微,因此若要全部输送粗颗糙泥沙,水流流速一般大于 1.0m/s。

6.2 灌区泥沙的输移特征

6.2.1 床沙质与冲泻质的区分

床沙质和冲泻质对不同来水来沙条件和不同渠段有很大的差异。结合几个典型灌区床沙和悬沙级配关系,根据文献[14]划分床沙质和计泻质的方法(床沙级配拐点法和 5% 定值法相结合),可求得不同渠段的临界粒径。结果显示,灌区平均情况的临界粒径为 0.02mm 即大于 0.02mm 的泥沙为床沙质,小于 0.02mm 的泥沙基本不参与造床,因灌区条件不同,其临界粒径值有所差别[5,13]。在簸箕李灌区:条渠 $D_m = 0.016mm$,总干 $D_m = 0.018mm$。因灌区泥沙的问题主要是沉沙条渠的淤积,以条渠为例具体分析(图 6-3)。粒径小于临界粒径($D = 0.016mm$)的泥沙为冲泻质,基本不参与造床,此部分泥沙很少淤积;而粒径大于临界粒径 D 的泥沙为床沙质,这部分泥沙占整个悬移质的 54%,主要参与了河床的冲淤变化,即沉沙条渠的淤积主要是床沙质,其占整个淤积物的 95%,其中 $D > 0.05mm$ 的泥沙占床沙质的 76%,仅占悬移质的 22.8%。因此,处理床沙质中的较粗泥沙特别是 $D > 0.05mm$ 的泥沙是非常重要的[13,15]。

6.2.2 不同泥沙粒径组的输移特性

图 6-4 为不同粒径组泥沙淤积率与进口含沙量的关系[13,15],显然含沙量越大,淤积越

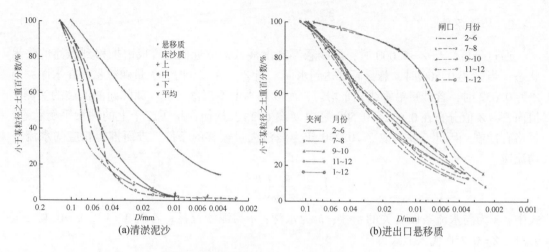

(a)清淤泥沙   (b)进出口悬移质

图 6-3 簸箕李灌区沉沙条渠泥沙级配曲线

多，对于较粗泥沙，淤积不仅和来水流量有关，而且还和分组泥沙含量的关系比较密切，相应各粒径组泥沙的平衡含沙量：$D>0.05\text{mm}$ 的含沙量为 2.5kg/m^3，粒径为 $0.020\sim0.050\text{mm}$ 的含沙量为 5.5kg/m^3，粒径为 $0.008\sim0.020\text{mm}$ 的泥沙含量可达 8.0kg/m^3。平衡含沙量随粒径的减小而增大；当粗沙含量小于平衡含沙量时，沉沙条渠仍会冲刷，当分组泥沙含沙量大于平衡含沙量时，渠道将会大量淤积，而且粗沙进口含量起重要作用，对

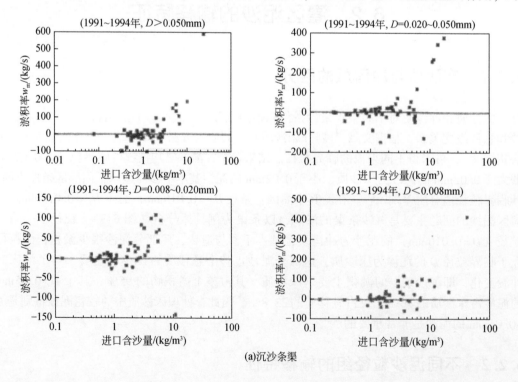

(a)沉沙条渠

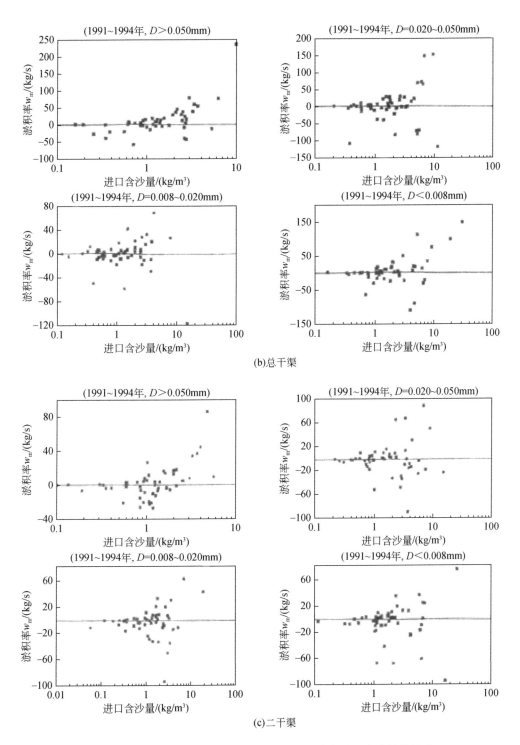

(b)总干渠

(c)二干渠

图 6-4　簸箕李灌区渠道不同粒径组泥沙淤积率与进口含沙量的关系

于较细的泥沙（比如 $D<0.008$mm 的泥沙，属于冲泻质），泥沙淤积的点群基本分布于平衡线的两侧，即细沙冲淤主要取决于来水条件，和来水含沙量关系不大，即具有多来多排的特性，进一步表明粗颗粒泥沙难于输送，细沙易于输送，一旦增加水流条件，粗沙也是可以输送的。

6.2.3 粗沙是影响干渠渠道冲淤的主要因素

粗颗泥沙和细颗泥沙的输移有很大的差异，粗颗糙泥沙是影响渠道冲淤的关键，以簸箕李灌区干渠为例进一步说明，从图 6-5 所示的不同粒径组进出口含沙量的变化可知[5,13,15]，当泥沙粒径较粗时，进出口含沙量的相对关系比较散乱，其差值较大，冲淤变幅较大说明输沙量不仅和进口含沙量有关，而且和来水条件有关；当泥沙粒径较细时，进出口含沙量的点群比较集中，其差值较小，冲淤变幅较小，说明输沙率和含沙量的关系比较密切，和来水条件关系不大，从图 6-4（b）和（c）的不同粒径组的泥沙淤积情况也可以看出粗颗粒泥沙对干渠冲淤的影响较大，而细含沙量的范围随泥沙粒径组的减小而增大，即粗颗粒含沙量对于干渠冲淤的影响较大，而细颗粒泥沙对干渠冲淤的影响程度大为减小。

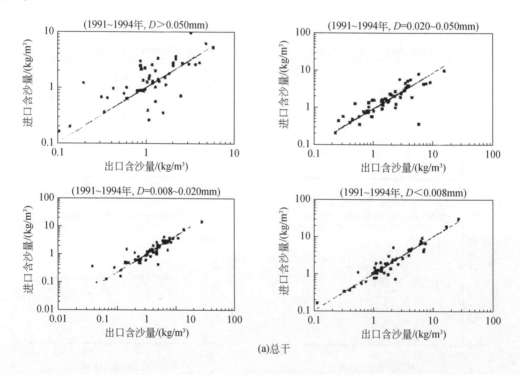

(a)总干

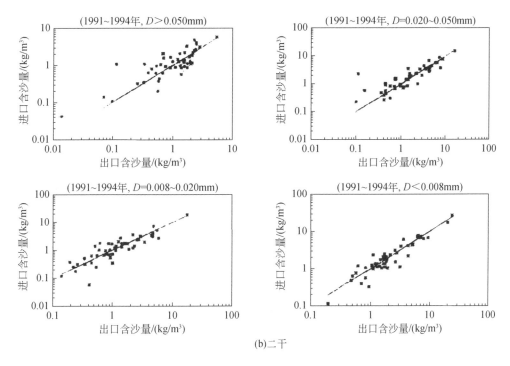

图 6-5 簸箕李灌渠不同粒径进出口含沙量的关系

6.3 灌渠输沙能力

6.3.1 灌区泥沙多来多排的特性

从干渠进出含沙量的关系（图 6-5）可以看出：同流量范围内，上站含沙量越大，下站含沙量也越大。即说明灌区泥沙具有多来多排规律性，与黄河下游具有类似的规律[5,13,15]。灌区泥沙多来多排的特性可用下式表达：

$$Q_s = KQ^\alpha S_u^\beta \tag{6-4}$$

式中，Q_s 为输沙率；Q 为渠道流量；S_u 为上站含沙量；K 为系数；α、β 为指数。但不同渠段，其系数和指数有所不同（表 6-1）。利用上式计算输沙率 Q_{sc} 和实测输沙率 Q_{sm}，如图 6-6 所示。显然，公式计算输沙率和实测输沙率基本相符，相对误差基本都在±30%以内。

1）不同粒径组的泥沙仍具有多来多排的特性[13,15]，但其 K、α、β 随着粒径组的不同而变化。泥沙粒径越粗，α 值越大，β 值越小，$\dfrac{\alpha}{\beta}$ 的值越大，表明增加渠道流量可有效地提高粗颗粒泥沙的输沙量，集中大流量引水有利于把更多的有害泥沙输送到下游。反之，细颗粒泥沙输沙量受来流量的影响较小，而受进口含沙量影响较大，即细颗粒泥沙越多，排沙越多，进一步说明泥沙具有多来多排的特性。

表 6-1　典型灌区渠道 α、β、K 的变化

（a）簸箕李灌区不同渠段不同粒径组

粒径组/mm	变量	>0.050	0.050~0.020	0.020~0.008	<0.008	全沙
条渠	K	1.999	0.373	1.206	1.816	0.238
	α	1.529	1.230	0.926	0.816	1.434
	β	0.535	0.745	0.916	0.915	0.831
	$\dfrac{\alpha}{\beta}$	2.858	1.651	1.011	0.892	
总干	κ	0.084	1.623	9.469	3.753	1.029
	α	1.701	0.893	0.442	0.640	1.015
	β	0.469	0.791	0.870	0.923	0.967
	$\dfrac{\alpha}{\beta}$	3.627	1.129	0.508	0.694	
沙河-陈谢	κ	0.040	0.145	0.142	0.925	0.643
	α	2.011	1.630	1.628	1.058	1.214
	β	0.498	0.861	0.818	0.895	0.850
	$\dfrac{\alpha}{\beta}$	4.037	1.893	1.992	1.182	
陈谢-白杨	κ	0.115	1.605	30.840	22.563	0.651
	α	1.754	0.874	0.038	0.058	1.125
	β	0.396	0.426	0.125	0.334	1.015
	$\dfrac{\alpha}{\beta}$	4.433	2.050	0.307	0.168	

（b）位山灌区不同渠段

渠系	区间	K	α	β	$\dfrac{\alpha}{\beta}$
输沙渠	关山东-张广	0.492	1.402	0.644	2.178
	关山西-苇铺	0.983	1.287	0.230	5.601
一干渠	兴隆村-固堆王	0.787	1.299	0.382	3.403
	固堆王-纪庄	0.954	1.349	0.591	2.283
二干渠	周店二干-碱刘	2.211	1.056	0.457	2.311
	碱刘-尹庄	0.247	1.447	0.993	1.457
三干渠	周店三干-耿庄	1.665	0.918	0.775	1.184
	耿庄-王堤口	0.948	1.107	0.643	1.721

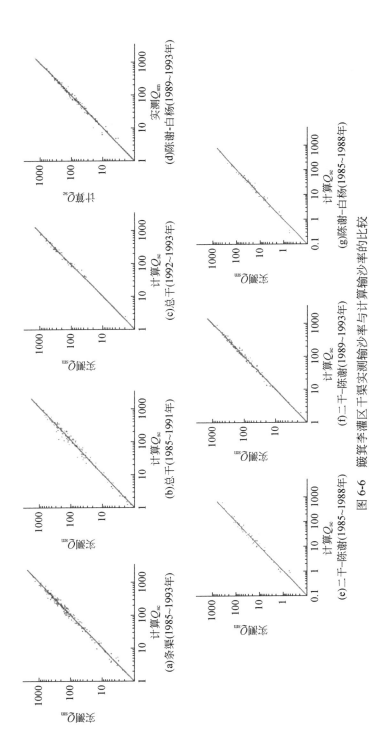

图 6-6 鲅箕李滇灌区干渠实测输沙率与计算输沙率的比较

2）在同一灌区内，对于相同边界条件的渠道，随着上游渠道粗颗粒泥沙的处理或者渠道泥沙的不断淤积，进入下游渠道的细颗粒泥沙比例增加，从而表现为$\frac{\alpha}{\beta}$从上游至下游沿程减小。

3）对于衬砌渠道和土质渠道，由于衬砌渠道的糙率较小，其输沙能力较大，表现为衬砌渠道的$\frac{\alpha}{\beta}$小于土质渠道的$\frac{\alpha}{\beta}$。

6.3.2 灌渠水流挟沙能力

1. 挟沙能力的形式

渠道挟沙能力就是渠道冲淤基本平衡时渠道挟带泥沙的能力。目前，渠道水流挟沙能力公式的形式是比较多的，应用比较普遍的主要有两种形式。

1）武汉水院（现武汉大学水利水电学院）公式

武汉水院通过重力理论和大理资料的分析，得出床沙质挟沙能力公式[11]：

$$S_* = K\left(\frac{V^3}{g\omega R}\right)^{m'} \tag{6-5a}$$

式中，K、m'为一变数，是$\left(\frac{V^3}{g\omega R}\right)$的函数。把上述挟沙能力公式变形为

$$S_* = K\left(\frac{J^{\frac{3}{2}}R}{g\omega n^3}\right)^{m'} \tag{6-5b}$$

显然影响挟沙能力主要因素是渠道糙率n、纵比降J、断面水力半径R和泥沙沉速ω。

2）其他挟沙能力公式

文献［16］就以下三种形式的渠道水流挟沙能力公式[17]进行了分析。

（1）山东水科所（现为山东水利科学研究院）土渠挟沙能力公式

$$S_* = k\left(\frac{V^2}{R\omega^{2/3}}\right)^m \tag{6-6}$$

山东水科所利用实测资料分析，$k = 5.036$，$m = 0.629$。

（2）山东水科所公式

$$S_* = k\left(\frac{V^2}{gR}\right)^\alpha \left(\frac{V}{\omega}\right)^\beta \tag{6-7}$$

山东水科所通过对衬砌渠道资料的分析，建议$k = 0.117$，$\alpha = 0.381$，$\beta = 0.910$。

（3）黄委水科所公式

$$S_* = k\left(\frac{V^2}{gR}\right)^\alpha \left(\frac{V_*}{\omega}\right)^\beta \tag{6-8}$$

黄委水科所等通过分析人民胜利渠的资料，公式中的指数和系数对不同粒径组的泥沙采用不同的参数值。$D > 0.050\text{mm}$，$k = 2.460$，$\alpha = 1.303$，$\beta = 1.380$；$D < 0.050\text{mm}$，$k = 23.000$，$\alpha = 1.400$，$\beta = 0.700$。

以上各式中符号意义：S_* 为挟沙能力；ω 为泥沙加权平均沉速；V 为水流平均流速；R 为水力半径；V_* 为摩阻流速；g 为重力加速度。

2. 典型灌区渠道挟沙能力

根据簸箕李灌区比较齐全的陈谢站（土渠）和总干大湾站（或白家桥）选出 27 组水沙资料，以及位山灌区实测水沙资料，对以上各公式进行核实，其结果如下[3,13,15]：

（1）簸箕李水流挟沙能力基本符合武汉水院挟沙能力公式（6-5），如图 6-7 和图 6-8（a）所示。当 $K=1.439$，$m=0.503$（全沙）或 $K=0.946$，$m=0.546$（床沙质）时，实测含沙量和计算挟沙能力相差不大。同时考虑簸箕李灌区和位山灌区干渠输水输沙资料，$K=1.447$，$m=0.510$。当 K、m 为变数时，其实测值和计算挟沙能力符合更好。

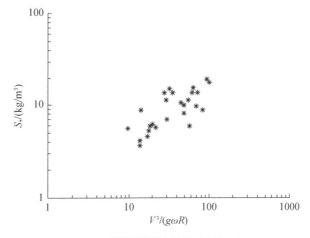

(a) 簸箕李灌区全沙($D>0.001$mm)

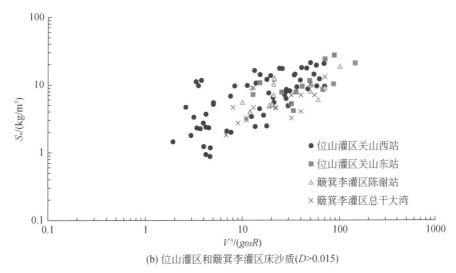

(b) 位山灌区和簸箕李灌区床沙质($D>0.015$)

图 6-7　典型灌区挟沙能力与 $\left(\dfrac{V^3}{g\omega R}\right)$ 的关系

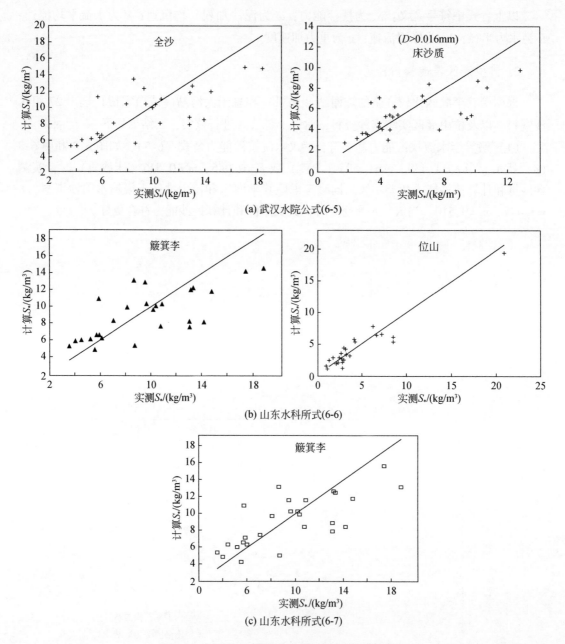

图6-8 渠道挟沙能力公式实测值与计算值对比

（2）山东水科所土渠挟沙能力公式（6-6）的计算值和实测值是比较一致的，如图6-8（b）所示。其中，对于簸箕李灌区，$K=5.250$，$m=0.715$；对于位山灌区，$K=1.194$，$m=0.906$。

（3）山东衬砌渠道挟沙能力公式（6-7）的计算值普遍大于实测值（无论是衬砌渠道还是土渠），若系数 $K=0.428$，$\alpha=0.375$，$\beta=0.624$，实测值和计算值比较接近，如图6-8（c）所示。

（4）黄委水科所渠挟沙能力公式（6-8），$D>0.050\text{mm}$ 的泥沙，计算值普遍小于实测值；$D<0.050\text{mm}$ 的泥沙，计算值和实测值的误差比较大。

6.4 渠道断面形状对输沙的影响

6.4.1 单一最佳输沙断面形态[17,18]

断面的形式对渠道输水输沙能力有很大的影响，一般水力学中，对于梯形断面渠道的最大输水能力进行了分析计算。那么对于渠道的最佳输沙能力问题仍需要进一步分析，以下针对此问题进行分析计算。一般天然河流与渠道相比要宽浅得多，其水力半径 R 用其水深 H 代替，从其输沙能力 $S_*=K\left(V^3/gR\omega\right)^{m'}$ 可以推知：窄深河道的输沙能力较大。但是，与天然河道比较，渠道是比较窄深的河道，其水力半径已不能完全用其水深代替，越窄深的渠道，其输沙能力并不一定越大。

水流连续方程和运动方程用下式表达

$$Q=AV \tag{6-9}$$

$$V=\frac{1}{n}R^{\frac{2}{3}}J^{\frac{1}{2}} \tag{6-10}$$

$$A=PR \tag{6-11}$$

$$Q=\frac{1}{n}PR^{\frac{5}{3}}J^{\frac{1}{2}} \tag{6-12}$$

$$R=\frac{n^{\frac{3}{5}}Q^{\frac{3}{5}}}{P^{\frac{3}{5}}J^{\frac{3}{10}}} \tag{6-13}$$

式中，R 为水力半径；Q 为流量；P 为湿周；A 为过水面积；n 为糙率；J 为水面比降。如果假定渠道边坡形式为非直线（断面形式如图 6-9 所示）

$$Y=C\left(x-\frac{b}{2}\right)^{\frac{1}{a}} \tag{6-14}$$

其中，b 为渠底宽度，且设 B 为水面宽度，那么断面基本参数分别为过水面积：

$$A=CB\left(B-\frac{b}{2}\right)^{\frac{1}{a}}-2\int_{\frac{b}{2}}^{\frac{B}{2}}C\left(x-\frac{b}{2}\right)^{\frac{1}{a}}\mathrm{d}x$$
$$=CB\left(B-\frac{b}{2}\right)^{\frac{1}{a}}-2\left(\frac{Ca}{1+a}\right)\left(B-\frac{b}{2}\right)^{\frac{1+a}{a}} \tag{6-15}$$

湿周 P：

$$P=b+2\int_{\frac{b}{2}}^{\frac{B}{2}}\left[1+\left(\frac{\mathrm{d}y}{\mathrm{d}x}\right)^2\right]^{\frac{1}{2}}\mathrm{d}x$$
$$=b+2\int_{\frac{b}{2}}^{\frac{B}{2}}\left[1+\frac{C^2}{a^2}\left(x-\frac{b}{2}\right)^{\frac{2-2a}{a}}\right]^{\frac{1}{2}}\mathrm{d}x \tag{6-16}$$

水力半径：$R=A/P$

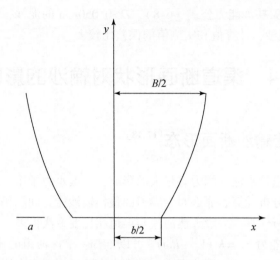

图 6-9　渠道非直线边坡断面示意图

水流挟沙能力公式采用武汉水院公式 (6-5)。对于给定的渠道而言，其渠道的比降 J 和糙率 n 都是给定的，同时渠道的过水能力 Q 是人为控制的。因此，来流条件给定的情况下，同一来沙条件 (沉速 ω 基本为常数) 时的最大过沙断面形式的条件为 $\frac{\partial S_*}{\partial C}=0$ 和 $\frac{\partial S_*}{\partial a}=0$。

即

$$\begin{cases} km'\left[\dfrac{J^{\frac{3}{2}}R}{gn^3\omega}\right]^{m'-1}\dfrac{\partial R}{\partial C}=0 \\ km'\left[\dfrac{J^{\frac{3}{2}}R}{gn^3\omega}\right]^{m'-1}\dfrac{\partial R}{\partial a}=0 \end{cases} \Longrightarrow \begin{cases} \dfrac{\partial R}{\partial C}=0 \\ \dfrac{\partial R}{\partial a}=0 \end{cases} \tag{6-17}$$

式中，m' 为式 (6-5) 中的指数 m，以区别下面的边坡系数 m。但是，由于求解方程组式 (6-17) 的条件比较复杂，同时水力半径 R 在不同底宽 b 的条件，存在最大值或极限最大值 (即当 C 或 a 值趋向于极限值时，水力半径为最大值)，难以求解方程组式 (6-17) 的解析值和数值解。因此，我们通过数值分析计算的方法来确定最大输沙能力断面条件。

就簸箕李灌区而言，其渠底比降 $J=1/7000$，取平均糙率 $n=0.016$，那么在给定不同来流量 Q 和底宽 b 的情况，利用方程 (6-17) 可以求得在不同边坡方程下的水面宽度 B，进而求得过水断面基本参数 A、P、Q 和挟沙能力 S (取 $K=1$，$m'=1$，及泥沙沉速 $\omega=0.002\text{m/s}$)，如图 6-10 所示。显然：在同一流量和底宽 b 时，当方程 $Y=C\left(x-\dfrac{b}{2}\right)^{\frac{1}{a}}$ 中的指数 $a=1$ 时，即边坡为直线时，渠道挟沙能力最大，即渠道断面为梯形时，渠道的挟沙能力最大。我们知道，断面的水力半径 (或湿周) 是水力断面影响渠道挟沙能力的主要因素，对于边岸而言，直线的湿周永远短于曲线的湿周，梯形 (或三角形) 的湿周最短。因此，梯形 (或三角形) 的挟沙能力最大。目前渠道的断面形状都是梯形或三角形。边坡直线方程 $Y=C(X-b/2)$ 中的 C 值相当于边坡系数 m 的倒数，即 $C=1/m$。那么，在固定设计流量的情况下，什么样的边坡系数 m 使得水流挟沙能力最大的呢？以下就此进行分析。

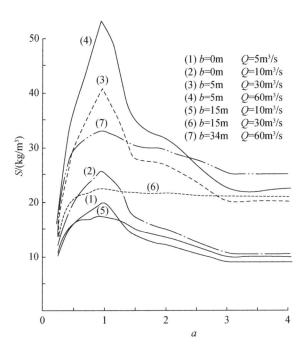

图 6-10　各种非直线不同流量的挟沙能力对比

对于梯形断面渠道，断面基本参数分别为

$$A = (B^2 - b^2)/4m \qquad (6\text{-}18)$$

$$P = b + (B - b)\sqrt{1 + \frac{1}{m^2}} \qquad (6\text{-}19)$$

$$R = \frac{B^2 - b^2}{4mb + 4(B - b)\sqrt{1 + m^2}} \qquad (6\text{-}20)$$

对方程（6-19）取 m 的偏微分，并令 $\dfrac{\partial P}{\partial m} = 0$，便得

$$\frac{\partial B}{\partial m} = \frac{B - b}{m(1 + m^2)} \qquad (6\text{-}21)$$

对方程（6-6）取 m 的偏微分并令 $\dfrac{\partial S_*}{\partial m} = 0$ 便得

$$\frac{\partial B}{\partial m} = \frac{(B^2 - b^2)\left[m(B + b) + b\sqrt{1 + m^2}\right]}{2Bbm\sqrt{1 + m^2} + (B - b)^2(1 + m^2)} \qquad (6\text{-}22)$$

从（6-21）和（6-22）便得

$$m^2\sqrt{1 + m^2}(B^2 - b^2) + (Bb + b^2)(1 + m^2) - 2Bbm - (B - b)^2\sqrt{1 + m^2} = 0 \qquad (6\text{-}23)$$

这便是最大输沙能力的边坡系数方程。对于给定的不同流量 Q 和底宽 b 求解方程（6-23），便得相应的最大挟沙能力边坡系数 m（如图 6-11）。从图可以看出：最大挟沙能力边坡系数 m 取决于渠底宽度 b 和来水流量 Q。同一流量 Q，底宽增大，其边坡系数 m 以指数形式减小。对于同一底宽 b，流量越大，最大挟沙能力边坡系数 m 也增大。但是无论对

任何渠底宽度 b 和流量 Q，其最大挟沙能力边坡系数 m 总小于 1.0，仅当底宽为零时，即三角形断面最大挟沙能力边坡系数为 1.0，如此陡的边坡在灌区中是不多见的。但是边坡系数对挟沙能力的影响并不是同步的，图 6-12 为不同底宽 b 和不同流量情况下，挟沙能力与边坡系数的关系。从图看出：①对于三角形断面，最佳边坡系数 $m=1.0$，比边坡系数 $m=1.5$ 时的挟沙能力仅减小 2.5%~3.0%；边坡系数 $m=2.0$ 时，挟沙能力则减小 8.0%~9.0%。②随着底宽增加到 5~15m，边坡 m（比如 $m=1.0$、1.5、2.5）的输沙能力和最大挟沙能力相比，减小最大，即边坡的影响最大，边坡 $m=1.0$ 的挟沙能力减少不大于 5.0%，边坡 $m=1.5$ 减少不大于 10.0%，边坡 $m=2.0$ 减少不大于 15.0%。③当底宽大于 20.0m 时，边坡对挟沙能力的影响进一步减小，边坡 $m=1.0$ 的挟沙能力减少不大于 3.0%，$m=1.5$ 减少不大于 5.0%，而 $m=2.0$ 减少不大于 10.0%。④同时流量的不同，边坡对挟沙能力的影响也不一样。小底宽，流量越大，边坡对挟沙能力的影响越小，大底宽则相反。

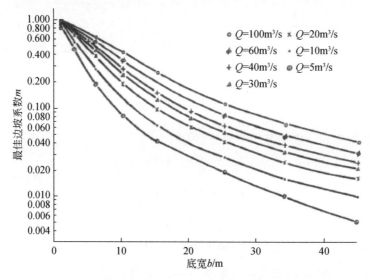

图 6-11　不同流量下最大挟沙能力边坡系数与底宽的关系

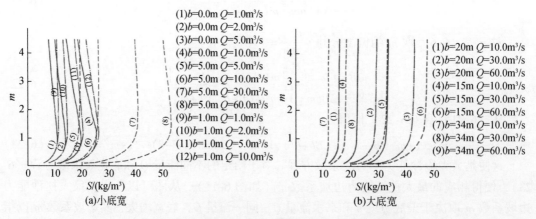

图 6-12　不同流量和底宽情况下挟沙能力与边坡的关系

6.4.2 复式断面渠道输水输沙特性

复式断面明渠形态特殊,受河床组成及滩地上可能的植被等因素影响,局部阻力系数沿河宽分布可能很不均匀,导致主槽和滩地输水输沙能力差异显著,因此,复式断面明渠的输水输沙特性相对于单一断面明渠更为复杂,深入研究复式断面明渠的水流泥沙特性,揭示其内在规律,无疑对复式断面明渠的河床演变分析、水资源规划、滩地利用、防洪水位设计、河道整治及渠道设计等问题的解决具有重要的意义,复式断面概化形式如图6-13所示[7,15,18,19]。

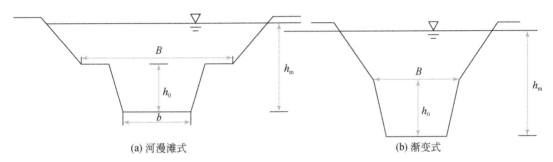

(a) 河漫滩式   (b) 渐变式

图 6-13 复式断面形态

1. 控 制 方 程

复式断面主槽尺寸按照梯形断面的计算方法确定。主槽流量可以按照设计流量的 50%~70% 计算,从而确定底宽、边坡、主槽水深等相关水力参数。当水流漫滩时,设计水深的确定可以按照式(6-24)、式(6-25)确定。

输水条件:

$$\frac{1}{n}R^{2/3}J^{1/2}A = Q \tag{6-24}$$

输沙条件:

$$S = \frac{Q_s}{Q} = \frac{\int vhs\mathrm{d}y}{Q} \tag{6-25}$$

式中,v 和 s 分别为水深 h 处的水流流速和含沙量,分别采用曹志先流速分布公式[20]和张瑞瑾含沙量分布公式[11];其他符号意义同前。

根据上述两式最终确定 H 及水面宽度,式(6-24)和式(6-25)均是关于水深 h 的函数,对于给定渠道可以绘制 $H \sim QS$ 的关系曲线,在给定设计含沙量的情况下,直接查得设计水深 H。

1)综合糙率计算

研究复合明渠水力特性的关键在于断面综合糙率的计算。河道糙率是反映河流阻力的一个综合性参数,也是衡量河流能量损失的一个特征值。它是水流与河槽相互作用的产物，影响河道糙率的因素既有河槽方面的也有水流方面的，两者相互作用，相互影响，有些因素难以截然分开。式（6-24）中断面综合糙率应用曹志先等提出的一种新的方法计算[20]。

$$n_0 = \frac{I_{2R}^{1/2} I_1^{7/6}}{I_{R1} P^{2/3}} \tag{6-26}$$

式中，I_1，I_{R1}，I_{2R}，P 都是对整个断面积分的中间变量，计算公式参见文献［20］。

2）水流挟沙力计算

水流挟沙力公式一般都是针对单一、简单断面发展的，主要由断面的平均水力要素（如平均流速、平均水深、水力半径等）所确定。然而，复合断面明渠在自然界是存在的。水流临界漫滩时河宽、湿周突然增大，水力半径急剧减小，河漫滩上的水深很小，且与主槽内水深差别很大。不可避免地，水流流速在河宽方向上分布极不均匀，必将导致主槽和河漫滩局部水流挟沙力差异很大。如果还是沿用现有的单一、简单断面而发展的，基于断面平均流速的水流挟沙力公式，计算误差会很大。所以要使用新的方法来计算符合明渠的水流挟沙力。

认为断面输沙为平衡输沙，含沙量 S 等于水流挟沙力 S_*。S 使用张瑞瑾公式：

$$S = S_* = K \left(\frac{V^3}{gR\omega} \right)^m \tag{6-27}$$

又知断面的输沙率

$$Q_s = \int vhs \mathrm{d}y \tag{6-28}$$

断面挟沙能力为

$$S_* = \frac{Q_s}{Q} \tag{6-29}$$

2. 复式断面输水输沙能力影响因素分析

1）河漫滩宽度

利用曹志先的验证结果和资料，本书讨论复合明渠河漫滩相对大小对水流挟沙能力的影响。在实验模型中，主槽水深 $h_0 = 0.15\mathrm{m}$，底宽 $b = 1.5\mathrm{m}$，边坡系数 $m_1 = 1.0$，$m_2 = 1.0$，糙率 $n = 0.01$，底坡 $S_f = 0.001027$。其中 B 可调整以改变河漫滩宽度进行不同类型实验，B/b 反映了渠道漫滩宽度与主槽底宽的相对大小。取 B/b 为 4.2、2.2、1.2 三种情况：当 $B/b = 4.2$ 和 $B/b = 2.2$ 时，对应河漫滩相对主槽很大和稍大的情况；当 $B/b = 1.2$ 时，为无河漫滩的情况。

根据上述方法和资料，计算了复式断面的输水输沙情况，主要成果如图 6-14 所示[7,19]。可以看出：

漫滩前（$h < 0.15\mathrm{m}$），水流挟沙力都是随着水深增加而增加，但在漫滩瞬间，水流挟沙力都是会突然减小，且 B/b 值越大，减小幅度越大。

漫滩后（$h > 0.15\mathrm{m}$），水深在一定范围内，B/b 值越大水流挟沙能力越小，而超出这个范围，B/b 值越大水流挟沙能力越大。

同流量下，漫滩后 B/b 值越大对应的水流挟沙能力越小。因为 B/b 值越大意味着河漫

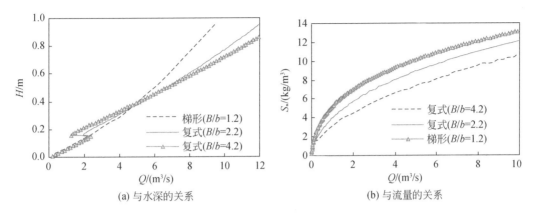

图 6-14 河漫滩宽度对水流挟沙能力的影响

滩越宽，湿周亦大，相应的阻力也大。

同水深下 B/b 值越大即过流面积越大，其输水能力也越大。

当边坡系数 m_1 与 m_2 不相等，渐变式复式断面在相同流量下具有较大的挟沙能力。

2）边坡系数

为了研究边坡系数对输水输沙特性的影响，分别取上边坡系数 m_2 分别取 1，2，计算结果见图 6-15[7,19]。由图可知：

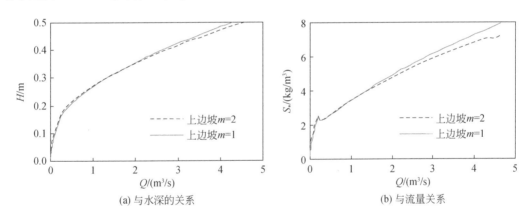

图 6-15 边坡系数对水流挟沙能力的影响

（1）漫滩后，同水深下上边坡系数越大，其过流量亦越大；漫滩后，同流量下上边坡系数越小，水流挟沙力亦相应增大。

（2）复式断面上边坡可采用输沙能力较大的边坡系数，较主槽边坡可以稍大些。总之，结合当地土壤、地质条件，应尽量采用较小的边坡系数，以增加渠道的挟沙能力。

6.4.3 梯形断面与复式断面输水输沙能力比较

考虑灌区引水实际情况和渠道输水输沙特点：引黄灌区多数情况下引水流量达不到设

计流量，小流量全断面过流是造成梯形断面渠道泥沙淤积的重要原因；而复式断面形态具有小水过小断面，大水过大断面的特点。结合梯形断面的输水输沙能力，探讨了复式断面的输水输沙能力[7,19]。

1. 计算条件

基本假定：①梯形断面与复式断面的过流面积相等，且水深相等（图6-16）；②梯形断面渠道与复式断面渠道糙率，比降相等。

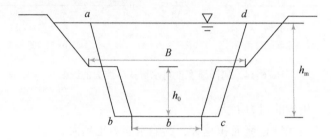

图 6-16 梯形断面与复式断面概化

参数取值：糙率 $n=0.014$，比降 $J=0.0001$；梯形断面，底宽 $b=20$m、边坡系数 $m_1=1.0$、$h=3.0$m；复式断面，底宽 $b=18$m、边坡系数 $m_1=1.0$、$m_2=1.0$、主槽水深 $h_0=2.4$m、河漫滩宽度 $B=32.8$m、$h=3.0$m。依据上述尺寸按明渠恒定均匀流计算：

$Q_{设}=89$（m³/s），$Q_{主槽}=55$（m³/s），$Q_{主槽}/Q_{设计}≈62\%$，在 50%~70% 范围内。

2. 结果分析[7,19]

1）输水能力对比

表6-2 为两种渠道断面输水输沙能力的计算结果，从表计算结果可以看出，

表 6-2 二种渠道断面的输水输沙能力比较 （$H=3.0$m）

项目	湿周	过流面积	水力半径	平均流速	过流能力	输沙能力
	$P/$m	$A/$m²	$R/$m	$V/$（m/s）	Q	V^3/R
梯形断面	28.5	69	2.42	1.29	89	0.89
复式断面	36.0	70	1.92	1.10	77	0.69

（1）在水深 $H=3.0$m 时，梯形断面的过流能力为 89m³/s，复式断面的过流能力为 77m³/s，复式断面的过流能力为梯形断面过流能力的 86.5%。

（2）梯形断面 $H=3.0$m 时，平均流速 $V=1.29$m/s，$R=2.92$m，输沙能力与 $\dfrac{V^3}{R}$ 有关，为 0.89，而相同条件下复式断面 $V=1.10$m/s，$R=1.92$m，$\dfrac{V^3}{R}=0.69$，表明其输沙能力也不如梯形断面，为梯形断面下输沙能力的 77.5%。

（3）复式断面渠道水面宽度为 34m，而梯形断面水面宽度为 26m，复式断面渠道相应

的渠道占地多。反映了复式断面大流量过大断面的特性。

2）水流挟沙能力比较

图 6-17 为两种断面形态的水流挟沙能力计算结果，计算结果表明：

（1）水流漫滩前，复式断面水流挟沙力是随着水深增加而增加，但漫滩后，水流挟沙力会突然减小然后继续随水深增加而增加；

（2）当引水流量 $Q \leqslant Q_{\text{主槽}}$，复式断面的水流挟沙能力大于梯形断面的水流挟沙能力，因为复式断面相对窄深使主流经常保持在渠道中心，束水攻沙，避免了梯形断面下小流量大断面过流造成渠道淤积的问题；

（3）当引水流量 $Q \geqslant Q_{\text{主槽}}$，复式断面的输沙力比梯形断面小，而同水深下复式断面的过流量比梯形大，体现了复式断面渠道大水过大断面的特点。

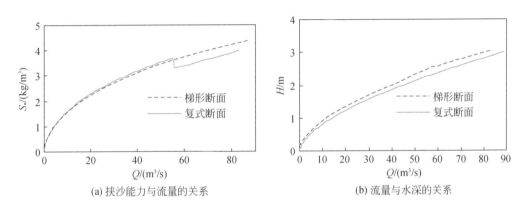

（a）挟沙能力与流量的关系　　　　　　（b）流量与水深的关系

图 6-17　复式断面挟沙能力与梯形断面的对比

6.5　典型灌区渠道冲淤特性

渠道的淤积或冲刷都不是单向发展的，而是冲刷和淤积相互交替。渠道的冲刷和淤积主要依赖于来水来沙条件和水流挟沙能力之间的对比关系。当进口含沙量较大、泥沙较粗、来流量较小时，渠道就会淤积；反之，当来水含沙量较小且泥沙较细，来流量较大时，渠道就会冲刷。结合国家八五科技攻关项目典型簸箕李灌区水沙实测资料，深入分析沉沙条渠，总干渠和干渠的冲淤特点[13,15,21]。

6.5.1　沉沙条渠冲淤交替，淤积为主

图 6-18（a）所示的沉沙条渠进出口含沙量变化表明[13,15]，沉沙条渠进出口含沙量的点群多数分布于 45°线上侧，出口含沙量一般小于进口含沙量，也有出口含沙量大于出口含沙量的情况，沉沙条渠以淤积为主，极少数情况出现冲刷的现象，仍能体现沉沙条渠存在冲淤交替的特点。灌区沉沙条渠一般是拦截较粗泥沙和削减大含沙量，但有时也拦截较细泥沙，当引水含沙量很小时，沉沙池就会冲起前期的淤积细沙，甚至粗沙，但平均情

况，沉沙池以淤积为主，从簸箕李灌区沉沙条渠的实测淤积率［图6-18（b）］可以看出：
①含沙量越大，条渠的淤积越多，控制引水含沙量是很有必要的。②当含沙量较小时（如小于5kg/m³），条渠时常出现冲刷状态；当含沙量较大时（如12kg/m³），条渠将会淤积。但就条渠实际情况（如底宽较大，流量较小，引沙较多较粗），冲刷是次要的，淤积占主导地位，年内处于淤积状态。不同灌区冲淤临界含沙量是不同的，而且冲淤临界含沙量不仅与来水含沙量有关，而且与引水流量和引沙粒径有很大的关系。

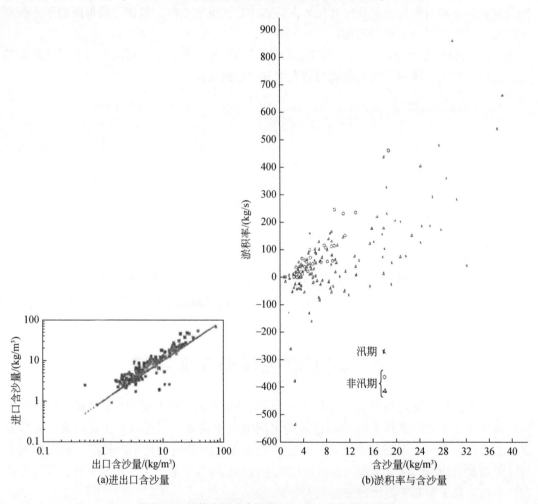

图6-18 簸箕李沉沙条渠淤积与来水含沙量的关系

6.5.2 总干、二干冲淤交替，年内冲淤平衡或略有淤积

干渠的冲淤特性是比较复杂的，若干渠前面无沉沙条渠处理较粗泥沙，渠道冲淤交替，一般会有淤积，比如人民胜利渠的输沙干渠就是如此，大含沙量特别是粗沙含沙量高时，干渠淤积；含沙量小时，渠道冲刷。但若干渠前有沉沙设施，渠道冲淤交替，年际间略有淤积或冲淤平衡，如簸箕李灌区干渠就是如此，总干渠进口（夹渠河站）和出口

（沙河站）含沙量的相关关系表明［图6-19（a）（b）］，总干渠1985～1991年的点群大部分位于45°线的上方，部分点群位于45°线的下方，即一般情况下出口含沙量略小于进口含沙量，处于淤积状态，但当来水流量较大时，或来水含沙量较小或较细时，总干出口含沙量略大于进口含沙量，渠道处于冲刷状态，即总干时冲时淤。1992～1993年的点群都分布于45°线的两侧，有时淤积，有时冲刷，保持年内部淤平衡。对于二干渠［图6-19（c）（d）］时出含沙量的点群分布于45°线的两侧，时冲时淤，年内冲淤平衡。

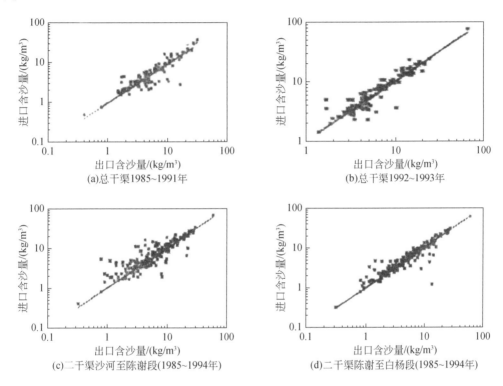

图6-19　干渠进出口含沙量变化

从图6-20绘制的实测淤积率和进口含沙量关系图可知：总干进口含沙量越大，淤积越多，但关系比较散乱，主要分布于平衡线两侧，即总干年内冲淤基本保持平衡。一般情况，夏秋灌淤积的泥沙一般在冬灌和春灌前期全部冲掉，保持年内的冲淤基本平衡。总干渠的冲淤平衡的含沙量范围为5～25kg/m³，平衡含沙量视来水来沙条件而变化。二干渠的淤积率和进口含沙量没有明显的关系，点群大都分布于平衡线两侧，即说明在目前状态下，二干渠保持年内冲淤基本平衡，其年内冲淤主要取决于来水来沙条件的搭配情况。

6.5.3　不同季节的冲淤特性

不同灌溉季节的引水泥沙组成有很大的差异，以簸箕李灌区为例［如图6-3（b）］，汛期引水泥沙比较细（$D_{50}=0.008$mm），冲泻质占70%，不参与造床作用，30%的床沙质参与造床作用，床沙质中10%的泥沙属粒径$D>0.050$mm的粗沙，非汛期引水泥沙比较较

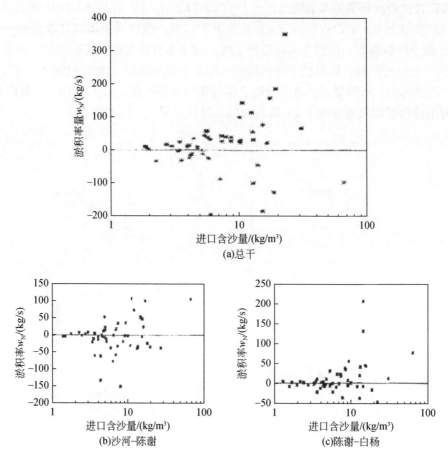

(a)总干

(b)沙河-陈谢

(c)陈谢-白杨

图6-20　簸箕李干渠淤积率与来水含沙量的关系（1991～1994年）

粗（$D=0.025$mm），冲泻质占40%，而床沙质占60%，且床沙质中22%的属较粗泥沙（$D>0.050$mm）。

　　不同季节的淤积特性和不同粒径泥沙是相联系的，由于冬春灌引水粗沙较多，夏秋灌引水细沙含量较多，故不同季节的冲淤特点是不一样〔如图6-18（b）〕。冬灌冲淤的点群偏上方，冲淤平衡的含沙量范围为2～5kg/m³，夏秋灌期的点群在下方，冲淤平衡的含沙量为10～20kg/m³，春灌期的点群位于二者之间，冲淤临界的含沙量范围为4～12kg/m³；考虑到年内冲淤平衡范围，非汛期引水含沙量最好超过15kg/m³，汛期引水含沙量不超过25～30kg/m³。而且不同灌区的冲淤平衡含沙量是不同的。

6.5.4　引水含沙量是影响条渠冲淤的关键

　　影响渠道冲淤特性的因素除边界条件外，还有来水流量和含沙量及泥沙组成冲淤临界含沙量不仅与来水含沙量有关，而且与引水流量和引沙粒径有很大的关系。通过分析近几年水沙资料可知：灌区引水流量变化幅度仅为几倍，而含沙量变幅则高达数十倍，水沙变化幅度相差一个数量级，如簸箕李灌区引黄闸流量变化范围为 $20 \sim 70 m^3/s$，含沙量变化范围为 $2 \sim 70 kg/m^3$，相比之下，引水流量差值为 3.5 倍，而含沙量差值可达 35 倍，引沙量随引水含沙量成直线增加（图 6-8），这种水沙组合进一步说明大含沙量引水是灌区引沙的关键，而且引水含沙量的变化对条渠的冲淤是很关键的，以簸箕李灌区条渠冲淤（图 6-21）特性进一步说明引水含沙量的作用，低含沙量时，条渠将会处于冲刷状态；含沙量较大时，条渠处于淤积状态，而且大含沙量的淤积率为小含沙量的数倍甚至数十倍。比如夏秋灌进口含沙量大于 $25 kg/m^3$，条渠相应的淤积率为 0.25 万 $\sim$ 0.50 万 t/s。相当于每天可淤积 2.16 万 $\sim$ 4.32 万 t；冬春灌进口含沙量大于 $12 kg/m^3$，相应的淤积率变化于 0.20 $\sim$ 0.87 t/s，相当于每于可淤积 1.73 万 $\sim$ 7.52 万 t。而年均淤积量为 112.50 万 t，大含沙量的天淤积量占年淤积量的比例比较高，最高可达 6.7%。因此，控制灌区大含沙量引水，特别是非汛期大含沙量粗沙引水是非常重要的。

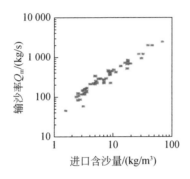

图 6-21　灌区引沙与含沙量的关系（1991 $\sim$ 1994 年）

6.5.5　工程措施对渠道冲淤的影响

在引黄处理泥沙的过程中，除利用灌区自然条件提高输沙能力外，还采用了一些工程措施，如渠道衬砌、阻水建筑物改造等，对渠道减淤有很大的好处，以簸箕李灌区工程改造进一步说明[15,21,22]，总干渠 1991 年底从底宽 30m 缩窄至 23m，并且边坡衬砌和改造阻水生产桥为标准板桥，其结果使总干冲淤发生了很大的变化，1991 年前年平均淤积量为 26.14 万 t，1991 年后，年均淤积为 2.50 万 t，主要是总干渠尾部的淤积，淤积比例仅为 0.47%，基本处于冲淤平衡状态，发生这一冲淤变化的原因主要归结于：①1991 年底总干衬砌后，总干的断面形态和边壁阻力大为减小，使得总干的挟沙能力增大；②1991 年底衬砌后的渠底宽减小，渠道比以前变得相对窄深，渠道挟沙能力进一步提高；③总干尾部沙量淤积主要是沙河渡槽阻水而引起的。

二干渠 1988 年秋后进行了扩建，底宽从 10m 增至 15m，底坡从 1/7000 增至 1/6000 $\sim$ 1/7000，从而改变了二干渠的泥沙淤积分布状态。1988 年前，沙河-陈谢年均淤积 1.45 万 t，陈谢-白杨年均淤积 0.16 万 t，白杨后无棣段淤积 32 万 t，显然下游无棣段淤积最多，沙河-陈谢次之，陈谢-白杨为最少；1988 年二干上游扩建后其输沙能力大大增加，沙河-陈谢年均冲刷 1.90 万 t（除 1989 年淤积 12.17 万 t 外，以后每年或多或少处于冲刷状态），陈谢–白杨段年均淤积 3.00 万 t，白杨后无棣段年淤积增至 68.60 万 t，表明沙河–陈谢段的挟沙能力仍有潜力。另外，由于二干扩建，灌区引水流量大大增加（从 1988 年前的 26.40m³/s 增至 38.50m³/s），使沉沙条渠的淤积比例大幅度减小，从而为大流量引水灌溉增加泥沙输送比例提供了经验。

参 考 文 献

[1] 高占义. 我国灌区建设及管理技术发展成就与展望 [J]. 水利学报，2019，50（1）：88-96.

[2] 江恩慧. 黄河泥沙研究重大科技进展及趋势 [J]. 水利与建筑工程学报，2020，18（1）：1-9.

[3] 王延贵，李希霞，王冰伟. 典型引黄灌区泥沙运动及泥沙淤积成因 [J]. 水利学报，1997，28（7）：13-18.

[4] 蒋如琴，彭润泽，黄永健，等. 引黄渠系泥沙利用 [M]. 郑州：黄河水利出版社，1998.

[5] 王延贵，李希霞，刘和祥. 渠道不同粒径组泥沙的输移特性 [J]. 泥沙研究，1998（1）：67-73.

[6] 梁志勇，徐永年. 灌区引水口水沙运动与引沙比探讨 [J]. 灌溉排水，2000，19（1）：50-55.

[7] 周宗军，王延贵. 引黄灌渠复式断面输水输沙特性研究 [J]. 泥沙研究，2008（5）：71-75.

[8] 张耀哲. 灌区泥沙问题研究的回顾与展望 [J]. 水利与建筑工程学报，2021，19（6）：10-17

[9] 赵志华，吴文勇，王佳盛，等. 引黄灌渠泥沙迁移特性与渠道挟沙力模型试验研究 [J]. 灌溉排水学报，2019，38（10）：63-71.

[10] 窦国仁. 论泥沙起动流速 [J]. 水利学报，1960（4）：22-31.

[11] 武汉水利电力学院. 河流动力学 [M]. 北京：中国工业出版社，1960.

[12] 沙玉清. 泥沙运动学引论 [M]. 北京：中国工业出版社，1965.

[13] 中国水科院. 典型灌区的泥沙及水资源利用对环境及排水河道的影响 [R]. 1995.

[14] 钱宁，万兆惠. 泥沙运动力学 [M]. 北京：科学出版社，1983.

[15] 中国水科院. 簸箕李灌区的泥沙及水资源利用对环境及排水河道的影响 [R]. 北京，1995.

[16] 山东省水利科学研究所，山东省菏泽市刘庄引黄灌区管理处，山东省东营市引黄灌溉管理局. 引黄衬砌渠道远距离输沙及清淤技术研究总报告 [R]. 济南，1992.

[17] 中国水利学会泥沙专业委员会. 泥沙手册 [M]. 北京：中国环境科学出版社，1989.

[18] 王延贵，李希霞. 渠道断面形式对输沙能力的影响 [C]. 第七届全国水利水电工程学青年学术讨论会，宜昌 1998.

[19] 周宗军. 引黄灌区泥沙远距离分散配置模式及其应用 [D]. 北京：中国水利水电科学研究院，2008.

[20] Cao Z X，Merg J，Pender G，et al. Flow resistance and momentum flux in compound open channels [J]. Journal of Hydraulic Engineering，2006，132（12）：1272-1282.

[21] 王延贵，匡尚福，李希霞. 引黄灌区不同类型渠道冲淤特性分析 [J]. 人民黄河，2002，24（1）：28-29，32.

[22] 房本岩，魏守民. 加大流量对簸箕李引黄灌区泥沙输移影响分析 [J]. 水利建设与管理，2022，42（9）：46-49.

第7章 黄河下游引黄灌区泥沙分布与评价

黄河下游引黄事业不断发展，引黄灌区引水的同时引进大量的泥沙，特别是小浪底水库蓄水运用以前，多年平均引水量为84.4亿 m³，引沙量为1.53亿 t，这些泥沙主要分布在沉沙池、干渠、支斗农渠、田间等单元。针对黄河下游引黄灌区泥沙分布，除少量典型灌区泥沙分布的分析研究外[1,2]，仅在国家"八五"攻关期间进行了全面系统的研究[3,4,5]，在此基础上，本章将进一步开展黄河下游引黄灌区泥沙分布评价方法和成果的研究。

7.1 引黄灌溉与灌溉模式

7.1.1 引黄灌区与引水引沙

1. 引黄灌区

黄河下游引黄灌区主要是豫鲁两省沿黄河两岸的广大平原地区，位于东经 113°24′~118°59′，北纬 34°12′~38°02′，在黄河下游两岸沿河道走向呈条带状分布，处于黄河冲积形成的华北大平原的南北方向上的中间部位，是目前我国重要的粮棉生产基地。黄河下游两岸总的地势由西南向东北呈缓倾斜之势，位居上游地区的河南省境内地面坡降多在 1/4000~1/6000；下游地区的山东省境内一般为 1/5000~1/10000；近河口地区更缓，多在 1/10000 以下[3]。黄河下游河道由西南向东北穿越华北大平原的全境。由于长期的泥沙淤积作用，河床平均高出两侧地面 3~5m，局部在 10m 以上，因而成为世界著名的悬河。黄河两侧的地面，由大堤向外倾斜，黄河河床成为该地区地表水和地下水的分水岭，使得广大的平原以黄河为界将南北分别划归为淮河流域和海河流域。灌区土壤以中壤土和轻壤土为主，间有砂壤土、沙土和重壤土分布。

黄河下游引黄灌区，地处暖湿带半湿润季风气候区，一年之内春暖、夏热、秋凉、冬寒，四季分明。冬春干旱多风，夏秋多雨。多年平均年降水量在 550~670mm，自西南向东北递增，年内水量分布不均，一般 6~9 月的雨量占年总降水量的 70%~80%，常呈现出季节间的冬春干旱少雨，夏秋多雨，先旱后涝，涝后又旱，旱涝交替的特点。黄河下游引水是两岸农业灌溉的重要水源，引黄灌溉发展迅速。据统计[3]，黄河下游引黄灌区约 96 处，其中河南省约 26 处，山东省约 70 处。总设计灌溉面积为 305 万 hm²，实灌面积为 186 万 hm²，灌区已初步形成配套相对完善的农田灌排水利体系。

2. 引水引沙

作为黄河下游两岸工农业生产的重要水源，1958~2020 年（1962~1965 年停灌）间黄河下游引水量共计 5144 亿 m³，年平均引水量为 81.79 亿 m³，占花园口站同期年均径流量的 23.92%；1958~2020 年黄河下游引沙总量为 64.1 亿 t，年平均引沙量为 1.09 亿 t，占花园口站同期年均输沙量的 15.33%。黄河下游引水规模随时间呈巨幅增减变化至波动增加的过程（图 7-1[6]），从 20 世纪 50 年代末的 109.66 亿 m³，迅速减至 20 世纪 60 年代的 62.69 亿 m³（引水比为 13.39%），而后波动增加，至 20 世纪 80 年代增至 100.01 亿 m³（引水比为 24.29%），21 世纪前 10 年减至 72.35 亿 m³（引水比增至 31.24%），2010 年以来引水量和引水比高达 110.32 亿 m³ 和 34.45%，如表 7-1 所示[6]。同时，黄河下游引沙量总体呈现波动减少的过程，从 20 世纪 50 年代末的 4.10 亿 t 迅速减至 20 世纪 60 年代的 1.19 亿 t，20 世纪 80 年代和 20 世纪 90 年代分别增至 1.250 亿 t 和 1.277 亿 t，由于小浪底水库蓄水运用和调水调沙的影响，2000 年后黄河下游引沙量大幅度减少，21 世纪前 10 年减至 0.342 亿 t，2010~2020 年仅为 0.217 亿 t，与引沙量有所不同的是引沙比从 20 世纪 60 年代开始呈逐渐增加的态势，从 20 世纪 60 年代的 9.45% 增至 20 世纪 80 年代的 16.13%，21 世纪前 10 年增至 33.20%。黄河下游无论是引水量，还是引沙量，其占来水

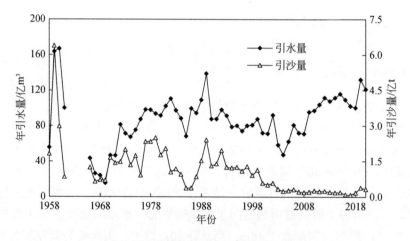

图 7-1 黄河下游引水引沙变化过程

表 7-1 黄河下游引水引沙量变化特征值

时段	1958~1959 年	1960~1969 年	1970~1979 年	1980~1989 年	1990~1999 年	2000~2009 年	2010~2020 年	1958~2020 年	合计	备注
年引水量/亿 m³	109.66	62.69	76.52	100.01	84.65	72.35	110.32	81.79	5144.00	1958 年开始，1962~1965 年停灌
引水比/%	21.49	13.39	20.06	24.29	32.95	31.24	34.45	23.92		
年引沙量/亿 t	4.100	1.185	1.773	1.250	1.277	0.342	0.217	1.090	64.10	
引沙比/%	16.57	9.45	14.34	16.13	18.67	33.20	15.95	15.33		
年引水含沙量 /（kg/m³）	37.39	18.90	23.17	12.50	15.09	4.73	1.97	13.33		

来沙量的比例都很高，2010～2020 年引水比可达 32.95%，21 世纪前 10 年引沙比可达 33.20%，对下游河道的径流量和输沙量产生重要影响。

引黄水量除少部分用于沿黄大中城市、油田、贫水地区生活用水外，绝大部分用于农田灌溉。如 1990 年全年引水共 112 亿 m³，其中，农业用水约 101 亿 m³、占 90.2%，工业用水约 8 亿 m³、占 7.2%，人畜用水约 1 亿 m³、占 1% 左右，其余约 1% 的水量用于养殖、种植等[3]。在农业用水中，80% 以上主要用于沿黄的引黄灌溉，而远距离输送的数量不足 20%。

7.1.2 引黄灌溉模式

1. 灌溉模式

黄河下游引黄灌溉模式的发展是不断变化的。从单一自流灌溉、灌排分设型开始，根据各灌区的实际情况，逐步产生和发展为适合当地灌溉需要的各种灌溉模式，如提水灌溉、引黄补源、井渠结合等灌溉模式（见表 7-2），常见的灌溉模式主要包括自流灌溉集中沉沙、自流提水灌溉集中沉沙、提水灌溉与分散处理泥沙、自流与提水蓄水灌溉、浑水灌溉与引沙入田、灌溉和黄河防洪相结合、扬水集中沉沙、抗旱补源灌溉、井渠结合灌溉等[7]。实际上，在某一灌区内，其灌溉模式并不是单一的，几种灌溉模式可同时并存。比如人民胜利区灌区既采用井渠相结合的模式，又采用自流灌溉集中分散处理泥沙的模式，还有抗旱补源的成分。

表 7-2　引黄灌溉模式分类表

序号	灌溉模式	引水方式	灌溉方式	泥沙处理方式	备注
1	自流灌溉集中沉沙	自流引黄	自流灌溉	渠首集中沉沙	
2	自流提水灌溉集中沉沙	自流引黄	灌区上、下游为自流、提水灌溉	渠首集中沉沙	
3	提水灌溉与分散处理泥沙	自流引黄	提水灌溉	分散处理泥沙	
4	自流与提水蓄水灌溉	自流引黄	灌区上、中、下游分别为自流、提水、蓄水灌溉	分散和集中处理泥沙	
5	浑水灌溉与引沙入田	自流引黄	自流浑水灌溉	分散处理泥沙	
6	灌溉和黄河防洪相结合	自流或提水	清水灌溉	集中淤背沉沙	
7	扬水集中沉沙	扬水引黄	利用清水	集中沉沙	城市工业用水
8	抗旱补源灌溉	自流引黄	以提水灌溉为主	集中沉沙	
9	井渠结合灌溉	自流或扬水引黄	自流或提水灌溉	以集中处理泥沙为主	

2. 灌溉模式对比

灌区灌溉模式主要包括三个方面的内容，即灌区引黄方式（自流或提水）、灌区灌溉方式和泥沙处理方式。另外，随着工农业的不断发展，黄河水资源越来越短缺，充分利用地下水资源也是非常重要的；同时，长期引黄给灌区带来一定的环境影响（比如次生盐碱地的产生和排水渠的淤积），同样也需要地下水资源的配合。因此以下就引黄方式、灌溉方式、泥沙处理方式和水资源综合利用等几个方面进行分析[7]。

1）引黄方式

黄河两岸的引水方式主要是自流和提水两种形式。自流引水可以节省大量的能源，降低成本，同时引水流量较大；而提水方式则需要大量的能源，灌溉成本增加。自流方式引水需要一定的水头，对于黄河下游的山东河段特别是河口地区，由于黄河水头较小，自流后渠道水流流速也较小，泥沙淤积较多，给泥沙处理增加了负担。在这些灌区内，灌区上游渠道一般为地上渠道，下游则为地下渠，灌溉方式仍需要提水入支渠或入田，造成灌区下游的灌溉成本增加。因此，就黄河下游的河南和部分山东灌区采用自流引水是比较适宜的，而对于近河口地区的山东引黄灌区，目前虽采用自流引黄的方式，但随着经济条件和管理水平的不断提高，这些灌区可采用集中提水的方式，以减轻灌区泥沙处理的负担。

2）灌溉方式

随着引黄事业的不断发展，引黄灌溉已从单一的自流灌溉逐渐发展为多种形式并存的灌溉方式。比如自流灌溉、提水灌溉、自流和提水相结合及自流、提水和蓄水相结合的灌溉方式，其中自流灌溉管理简单、成本低，但采用自流灌溉是有条件的。在黄河水头较大的河南、部分山东灌区及其上游渠段，灌溉多采用自流形式；在山东近河口地区，一般采用提水灌溉；在山东中部灌区，灌溉一般采用自流和提水相结合的方式；对于灌溉面积大而引黄流量不足的灌区，灌溉则可采用提水和蓄水相结合的方式。

3）泥沙处理方式

目前，引黄灌区引沙是不可避免的，泥沙处理的成败关系到灌区灌溉效益的正常发挥。长期以来，特别是小浪底水库运用之前，引黄灌区多采用渠首集中处理泥沙的方式，即在渠首利用沉沙池处理泥沙。有的灌区利用渠首地区的坑洼盐碱地进行淤改沉沙，然后还耕，或另辟新地，或轮换使用，简称轮换沉沙，比如山东的陈垓灌区。有的灌区是以固定沉沙池进行沉沙，用人力或机械把沉沙池中的淤积物清除后继续使用，即"以挖代沉"的方式处理泥沙，比如山东的簸箕李灌区和河南的黑岗口灌区。无论是"轮换沉沙"，还是"以挖代沉"的集中处理泥沙方式，首先沉积大部分泥沙，进入田间的泥沙比例不高于35%，不仅没有充分利用泥沙的肥效，而且目前在引黄灌区中都不同程度地发生困难。前者由于灌区长期轮换沉沙，其坑洼盐碱地已剩下无几，没有更多低产田进行沉沙，必须占用高产耕地，或改造灌溉系统或其他方式。后者由于长期清淤挖沙，沉沙池两岸清淤泥沙堆积高达 4～5m，难以继续堆沙。在风刮雨蚀的作用下，泥沙搬运使周围土地沙化或加重两侧土地的沙化，而且在刮风期间，风沙飞扬，给周围群众的生活环境和耕地条件带来了严重后果。因此，集中处理泥沙的方式受到严重挑战，威胁着引黄事业的发展和灌区效益的发挥。进入 20 世纪 80 年代以来，为了避免渠首集中处理泥沙所带来的不利影响，黄河下游引黄灌区出现了浑水灌溉（河南浑水明渠灌溉和山东浑水管道灌溉）、引沙入田的分散处理泥沙的模式，主要是利用其地形比降较大（比降一般大于 1/5000）或工程措施，直接进行浑水灌溉，将泥沙输送到田间，为解决引黄灌区的泥沙问题开拓了一条新的途径。对于地形条件不利的灌区（比如山东的小开河灌区和韩墩灌区），其泥沙处理既可以通过输沙渠道把含沙水流远距离输送到尾部的沉沙设施，或直接进入沉沙池（如小开河灌区），或提沙进入支渠沉沙；也可以把沉沙条渠布设在渠首附近处理粗颗粒泥沙，使更多的较细泥沙输送到灌区下游和田间（如簸箕李灌区），即集中和分散处理泥沙相结合的方式。针对引黄灌区的泥沙问题，作者近期开展了引黄灌区泥沙优化配置的研究。

4）水沙资源综合利用

黄河水和地下水是华北地区最重要的两大水源，为该地区的工农业发展发挥了巨大的作用。随着工业城市用水的不断增加及农业灌溉面积的扩大，仅靠引黄难以满足用水要求，且长期引黄会给灌区带来一定的环境影响（比如次生盐碱地的产生和排水渠的淤积），因此利用地下水资源来弥补其不足或矫正其不利的环境影响是非常重要的。对于非引黄区，地下水是其最重要的水资源，长期井灌使地下水严重超采，形成了大面积的降水漏斗，不仅增加了用水开采成本，难以满足农业生产的需求，而且恶化了环境，因此引黄补源也是非常重要的。通过长期的引黄灌溉实践证明，井渠结合的灌溉模式可以有效地弥补上述不足。其特点是以引黄和地下水为灌溉的双水源，以黄河水资源弥补地下水源不足，以地下水补救黄河水的灌溉不及时，相互取长补短；不仅综合利用水资源和扩大灌溉效益，而且减轻引黄和地下水超采所带来的环境影响。因此，通过水资源的整体规划、工程统筹安排和科学管理，井渠灌溉模式在引黄灌区内具有重要的推广价值。

作为一种特殊的资源，特别是黄河下游输沙量的大幅度减小，泥沙资源的综合利用更为重要[8]，比如黄河下游防洪的泥沙利用。黄河下游河道的河床一般高出两岸地面3～5m，在小浪底水库蓄水运用之前黄河河床以每年约0.1m的速度在不断升高，小浪底水库运用以来，黄河下游出现冲刷的态势，黄河下游两岸的防洪安全仍然以大堤为屏障；而在引黄灌区内，泥沙处理在20世纪是灌区发展的关键，近期泥沙问题虽然有所缓解，但仍是需要考虑的重要问题之一。因此，根据黄河下游河道整治的需求，泥沙固堤与清水灌溉相结合将是黄河水沙资源综合利用的重要实践，不仅处理了泥沙、加固了黄河大堤，又能达到"清水"灌溉的目的，水沙各得其用，具有显著的经济与社会效益。黄河防洪与引黄灌区泥沙处理相结合具有重要的战略意义[9]，黄河河务部门在淤临淤背和淤筑相对地下河方面取得了丰富的经验，但如何有效地与灌溉相结合仍需深入研究。

7.2　引黄灌区泥沙分布及其影响因素

7.2.1　引黄灌区泥沙分布特点

引黄灌区泥沙配置单元主要包括沉沙池、渠道、田间和排水河道等四个单元；有时把渠道分为干渠和支斗农渠两个单元，即把泥沙配置单元分为沉沙池、干渠、支斗农渠、田间和排水渠道五个单元。国家"八五"攻关对黄河下游引黄灌区的泥沙分布进行了较为细致的调查研究，除此之外，还没有其他更全面细致的研究。因此，本书所采用的灌区泥沙分布仍引用国家"八五"攻关进行的研究成果和调研资料[3-5]。

1. 引黄灌区泥沙平面分布特点

引黄泥沙在灌区内的分布与引水引沙特点、泥沙处理方式、工程设施、地形条件等因素有关。引黄灌区泥沙分布虽然因灌区的情况不同而各有差异，但通过对整个下游引黄灌区泥沙分布资料统计分析，汇总了黄河下游 1950～1990 年引黄泥沙在灌区沉沙池、灌溉渠系、田间和排水河道等部位的总体分布状况，如表 7-3[3]。引黄灌区泥沙分布具有如下特点：

表 7-3　1958～1990 年黄河下游引黄泥沙分布状况

地区	合计引沙量 /亿 t	沉沙池		灌溉渠系		排水系统		田间	
		引沙量 /亿 t	所占比例 /%	引沙量 /亿 t	所占比例 /%	引沙量 /亿 t	所占比例 /%	引沙量 /亿 t	所占比例 /%
河南省	15.79	2.27	14.38	4.86	30.78	1.82	11.53	6.85	43.38
山东省	22.86	10.56	46.19	8.80	38.50	1.49	6.52	2.01	8.79
下游地区	38.65	12.83	33.22	13.66	35.34	3.31	8.56	8.86	22.92

（1）1958～1990 年黄河下游共引进泥沙 38.65 亿 t，上游的河南省共引沙 15.79 亿 t，下游的山东省共引沙 22.86 亿 t，分别占总量的 40.85% 和 59.15%。其中，有 12.83 亿 t 沉在了沉沙池，占引沙量的 33.22%；进入田间的泥沙为 8.86 亿 t，占引沙量的 22.92%；淤积在灌溉渠道中的泥沙为 13.66 亿 t，占总引沙量的 35.34%；进入排水河道的泥沙有 3.31 亿 t，占总引沙量的 8.56%。

（2）从纵向上看，自上游的花园口沿黄河向下至河口地区，沉沙池及灌溉渠系淤积量占灌区总引沙量的比例逐渐增大，而田间泥沙量所占比例逐渐减少，即泥沙分散性越来越差。表现为河南省引黄灌区沉沙池和渠系的沉积泥沙比例分别为 14.38% 和 30.78%，分别小于山东省引黄灌区沉沙池和渠系的淤积比例，山东省沉沙池和渠系的沉沙比例分别为 46.19% 和 38.50%；河南引黄灌区进入田间的泥沙比例为 43.38%，远大于山东省引黄灌区进入田间的泥沙比例 8.79%。其主要原因在于沿黄地区不同的自然地理条件，不同的沉沙方式、灌溉模式以及作物种植结构的差异等因素的影响。上游段的河南省，灌区地形坡降相对较大，一般为 1/4000～1/6000，灌溉渠系的纵向比降也相应较大，输沙能力较强，沉沙池的拦沙率也较低；灌溉模式多以灌排分设的自流灌溉为主，该区域泥沙分布向面上分散的趋势比较明显，田间分布比例普遍较大，约占总引沙量的 41.7%；而下游段的山东省地形平缓，地面比降一般为 1/6000～1/10000，渠道输沙能力低，且多为灌排合一的提水灌区，渠底多低于地面，泥沙难于直接自流入田。

（3）从横向来看，灌区集中沉沙池和淤改稻改多分布在灌区的上游距黄河大堤 15km 宽的地域，尤其在渠首地区更为集中，淤积在灌溉渠系的泥沙又大部分集中于输水渠和骨干渠道上段，也是在这 15km 范围内，这部分泥沙占了总引沙量的一半以上，或经过清淤，堆积在沿渠堤两侧或分摊在渠道附近的耕地上，抬高了地面。在远离黄河的灌区中下游地区，随着泥沙在上游的逐步处理，水流含沙量逐渐减小，而泥沙的分布面又越来越广，致使落在地面上的泥沙相对量（单位面积上的平均落淤量）大大减小。因此，从横向分布上看，几十年引黄泥沙的一半以上淤积在沿黄河两岸大堤延伸方向上，包括引黄灌区渠首地区在内两条约 15km 宽的狭长条带内。

（4）黄河下游无沉沙池灌区进入田间的泥沙比例大于有沉沙池的引黄灌区，如表 7-4 所示。有沉沙池和无沉沙池灌区的引沙量分别为 30.630 亿 t 和 7.053 亿 t，分别占总引沙量的 81.28% 和 18.72%。有沉沙池的引黄灌区沉沙池和灌溉渠系泥沙淤积量分别为 12.393 亿 t 和 9.748 亿 t，分别占有沉沙池总引沙量的 40.46% 和 31.83%，合计为 72.29%，远大于无沉沙池引黄灌区的灌溉渠系泥沙淤积比例 50.02%；进入田间的泥沙比例为 19.60%，远小于无沉沙池引黄灌区进入田间的泥沙比例 39.16%。在河南省引黄灌区中，有沉沙池引黄灌区沉沙池和灌溉渠系总泥沙淤积比例为 46.03%，略高于无沉沙池灌区渠系泥沙淤积比例 43.48%；有沉沙池引黄灌区进入田间泥沙比例 42.72%，略低于无沉沙池灌区进入田间比例 44.44%。在山东引黄灌区中，有沉沙池灌区沉沙池和灌溉渠系总泥沙淤积比例为 85.35%，远大于无沉沙池灌区灌溉渠系泥沙淤积比例 75.50%；有沉沙池引黄灌区进入田间泥沙比例 8.10%，远低于无沉沙池灌区进入田间比例 18.60%。

2. 引黄灌区泥沙分布变化过程

引黄灌区不同时段的泥沙分布也有很大的差异，结合资料情况，仅以山东引黄灌区泥沙分布变化特点进行说明。山东省引黄灌区自 1965 年引黄复灌至 2002 年[3,9,10]（表 7-5）38 年引水达 2336.48 亿 m^3，引沙达 22.87 亿 m^3，其中 1965~1989 年、1990~1999 年和 2000~2002 年三个时段对应的引沙量分别为 14.18 亿 m^3、7.06 亿 m^3 和 1.63 亿 m^3。山东省上述三个时期沉沙池拦沙比例分别为 49.6%、35.1% 和 23.9%，随时间呈逐渐减小的趋势；而渠系的泥沙淤积比例分别为 35.5%、46.7% 和 55.8%，随时间呈逐渐增加的趋势；三个时期进入田间的泥沙比例分别为 8.9%、11.5% 和 14.1%，呈增加趋势；退入排水河道的泥沙量所占百分比总体相对稳定，约为 6%。也就是说，灌区沉沙池泥沙淤积占总引沙量百分比有随时间逐渐减小趋势，直接导致了渠系泥沙淤积和进入田间泥沙百分比随时间逐渐增加。其主要原因是，由于泥沙淤积给灌区灌溉产生重要的影响，灌区集中处理泥沙的坑洼盐碱地越来越少，限制了灌区沉沙池的轮流使用，迫使灌区减小沉沙池的沉沙效率，提高渠道输沙能力，使更多的泥沙进入田间。

表 7-4　黄河下游有无沉沙池典型灌区泥沙分布比例

泥沙处理方式	省份	沉沙区		灌溉渠系		田间		排水河道	
		淤沙量/亿 t	所占比例/%	淤沙量/亿 t	所占比例/%	淤沙量/亿 t	所占比例/%	淤沙量/亿 t	所占比例/%
有沉沙池	河南	2.266	22.26	2.420	23.77	4.349	42.73	1.144	11.24
	山东	10.127	49.52	7.328	35.83	1.656	8.10	1.340	6.55
	小计	12.393	40.46	9.748	31.83	6.005	19.60	2.484	8.11

泥沙处理方式	省份	沉沙区		灌溉渠系		田间		排水河道	
		淤沙量/亿t	所占比例/%	淤沙量/亿t	所占比例/%	淤沙量/亿t	所占比例/%	淤沙量/亿t	所占比例/%
无沉沙池	河南			2.440	43.48	2.494	44.44	0.678	12.08
	山东			1.088	75.50	0.268	18.60	0.085	5.90
	小计			3.528	50.02	2.762	39.16	0.763	10.82

表7-5 山东省历年引黄灌区泥沙分布表

年份	引水量/亿 m³	引沙量/亿 m³	沉沙区		灌溉渠系		田间		排水河道	
			泥沙量/亿 m³	比例/%	泥沙量/亿 m³	比例/%	泥沙量/亿 m³	比例/%	泥沙量/亿 m³	比例/%
1965~1989 年	1302.39	14.18	7.04	49.6	5.03	35.5	1.26	8.9	0.85	6.0
1990~1999 年	792.13	7.06	2.48	35.1	3.30	46.7	0.81	11.5	0.47	6.7
2000~2002 年	241.96	1.63	0.39	23.9	0.91	55.8	0.23	14.1	0.10	6.1
1965~2002 年	2336.48	22.87	9.91	43.4	9.24	40.4	2.30	10.1	1.42	6.3

3. 引黄灌区泥沙组成分布特点

引黄灌区泥沙配置不仅包括泥沙量的分配，而且还包括泥沙组成的分布。因此，引黄灌区所处的地理条件、地理位置、引水引沙条件等不同，相应的灌区泥沙组成的变化特点也有很大的差异。位于黄河下游上段的河南引黄灌区的泥沙组成较下段的山东引黄灌区粗，以河南黑岗口灌区和山东打渔张灌区为例进行说明[3]，如表7-6所示。位于黄河下游上段的河南省黑岗口灌区，沉沙区的淤积物大于0.05mm的粗颗粒泥沙占11.0%~70.5%，而山东打渔张灌区沉沙区的淤积物大于0.05mm的粗颗粒泥沙占淤积物的9.5%~18.0%，明显小于河南黑岗口灌区。

表7-6 黄河下游灌区沉沙区泥沙淤积物组成 （单位:%）

灌区	D<0.04mm（占总沙量的百分数）			D>0.05mm（占总沙量的百分数）		
	上段	中段	下段	上段	中段	下段
河南黑岗口	18.5	53.0	86.5	29.5	67.0	89.0
山东打渔张	72.0	63.0	89.0	82.0	88.0	90.5

在同一引黄灌区，泥沙配置单元包括沉沙池、干渠、支斗农渠、田间和排水渠道等，灌区泥沙在运动过程中，粒径较粗的泥沙淤积在灌区上游单元，包括渠首沉沙区、输沙渠和干渠，较细的泥沙淤积在支斗农渠内，进入田间的泥沙是最细的部分。也就是说，自渠首到田间和排水河道，灌区泥沙配置的泥沙颗粒沿程总体有逐步细化的特点[3-5]，如表7-7。

无论是黄河下游上段的人民胜利渠灌区，还是下游下段的潘庄灌区和簸箕李灌区，干渠及沉沙池的泥沙颗粒都是比较粗的，对农作物生长是有害的，使得清淤泥沙会对周围耕地造成沙化；而支级以下渠道中淤积的泥沙颗粒一般较细，其颗粒组成比例接近于灌区的耕地土壤组成，故这部分泥沙不会对灌区的土壤质地产生明显的不良影响，而且进入田间的泥沙颗粒则更细且含有丰富的养分，有利于提高土壤的肥力，对作物生长是有益的。退入排水河道的泥沙造成河道淤积，降低了河道的防洪、排涝能力，其危害很大，而且清淤的难度也远较灌溉渠系清淤难度大、费用高，因而灌区在运行中应严格控制退水退沙。

表 7-7　人民胜利渠灌区（1981~1984 年）泥沙平均粒径　　（单位：mm）

灌区	沉沙池	干、支渠	斗渠	农渠	田间
人民胜利渠 （平均粒径）	0.009~0.108	0.027~0.136	0.016~0.090	0.011~0.061	0.006~0.045
簸箕李灌区 （中值粒径）	0.069	0.015~0.067			0.010~0.030
潘庄灌区 （中值粒径）	0.097 （一级沉沙池）	0.080 （上游总干）	0.077 （二级沉沙池）	0.030 （下游总干）	

7.2.2　影响灌区泥沙分布的主要因素

引黄灌区泥沙分布十分复杂，为了合理配置灌区泥沙，了解灌区泥沙分布的主要影响因素是非常重要的。影响灌区泥沙分布的主要因素包括灌区引水引沙条件、泥沙处理方式、工程设施情况、地形条件、渠道输水输沙条件等[4,10,11]。

1. 引水引沙条件

灌区引水流量和引水含沙量大小、引水泥沙粗细都直接影响灌区泥沙淤积分布。引水流量加大，渠道挟沙能力增大，入渠泥沙将更多地向下游输送；同样的引水流量下，引水含沙量越大渠道淤积量越多，泥沙淤积也会相对集中；引黄泥沙级配组成越粗，灌区泥沙淤积越大，泥沙淤积分布越不均匀。同时，引水引沙的多少还直接关系到灌区泥沙处理与泥沙配置的状况，为了减轻灌区泥沙处理负担，灌区减沙是非常必要的。灌区引沙多少取决于引水量和引水含沙量，减少引水量和控制引水含沙量都将减少灌区引沙量，前者是通过大力推行节水灌溉技术、地下水资源综合利用等以减少引水量，后者则主要是通过拦沙措施、避开沙峰引水等实现。

无论是从减少沙量方面还是从减少淤积方面，控制灌区大含沙量引水，特别是非汛期大含沙量粗沙引水是灌区引沙减少和渠道减淤的关键，遇到黄河大含沙量时段应禁止开闸引水[5,11]。如山东簸箕李灌区闸前调度方案，在非汛期引水含沙量不超过 15kg/m³，汛期引水含沙量不超过 30kg/m³。在地下水资源综合利用（引黄灌溉与井灌相结合）方面，河南省人民胜利渠灌区取得成功经验，根据黄河季节来沙特点和季节降雨特点采用井渠结合避开汛期大含沙量引水，可大量减少引沙量，采取井灌溉保丰，据估计仅此即可减少一半的引沙量。

此外，根据引黄灌区引沙与沉沙池淤积泥沙资料，初步约定粒径大于 0.05mm 的粗颗粒泥沙为有害泥沙[12]，这些有害泥沙需要在引黄闸进行必要的拦截，即所谓的引水防沙。主要的引水防沙技术包括取水口位置选择、布置形式、工程拦沙措施（拦沙闸、导流工程、拦沙潜堰、叠梁、橡胶坝等)[13]。

2. 泥沙处理方式

对于粗颗粒的有害泥沙，不仅要开展取水防沙措施，而且还要进行集中处理。引黄灌区处理泥沙的方式主要包括沉沙池集中处理泥沙（使用沉沙池）和分散处理泥沙（不使用沉沙池），这些泥沙处理方式将直接影响灌区泥沙配置。引黄灌区使用沉沙池沉沙后，沉沙区沉沙比例为 40.46%，渠系泥沙淤积比例为 31.83%，进入田间的泥沙比例为 19.60%；而对于不修建沉沙池或不使用沉沙池处理泥沙的灌区，渠系泥沙淤积比例增至 50.02%，进入田间的泥沙比例增至 39.16%。具体到一些典型灌区，泥沙配置差异更大。如，没有修建沉沙池或没有使用沉沙池的河南省三刘寨灌区，渠系泥沙淤积比例仅为 8.80%，而进入田间的泥沙比例高达 87.40%；而对于山东省刘庄灌区，沉沙池淤积比例高达 81.30%，渠系泥沙淤积比例为 16.30%，而进入田间的泥沙比例仅为 2.00%；而对于具有高标准沉沙池的引黄济青工程，约有 99.00% 的泥沙淤积在沉沙池内（1993 年以后开始以挖待沉）。

3. 地形条件（渠道比降）

灌区地形条件的影响主要反映在灌区渠道比降的影响。渠道挟沙能力与比降 1.5 次方成正比，若渠道比降增加 5.0%，相应的挟沙能力可增大 7.6%，也就是说，增加渠底比降可以大大提高渠道输沙能力。灌区渠道比降直接决定灌区各部分的淤积情况，渠道比降越大，渠道挟沙能力越大，渠道淤积越小，向下级渠道输送的泥沙越多。就黄河下游地形条件而言，黄河下游沿程地面比降逐渐减小[3]，位居上游地区的河南省境内地面比降多在 1/4000 ~ 1/6000，灌区渠道比降为 1/4000 ~ 1/5000；下游地区的山东省境内一般为 1/5000 ~ 1/10000，灌区渠道比降为 1/6000 ~ 1/7000；近河口地区地面比降多在 1/10000 以下，灌区渠道比降一般小于 1/7000。渠道比降的差异，使得灌区泥沙配置发生变化。对于河南省渠道比降较大的灌区，因渠道输沙能力较大，这些灌区不使用沉沙池，使得进入田间的泥沙比例可达 64.8% ~ 87.4%，多在 70.0% 以上，渠系泥沙淤积量不超过 30.0%；而对于渠道比降较小的灌区，渠道输沙能力减小，比如石头庄灌区，渠系泥沙淤积比例增加到 65.5%，进入田间的泥沙比例减至 17.7%。对于黄河下游的山东引黄灌区，因渠道比降一般为 1/6000 ~ 1/8000，渠道输沙能力较低，泥沙淤积比较严重，故山东灌区一般采用沉沙池进行集中处理泥沙，使得进入田间的泥沙比例大幅度减少，仅为 8.8%。

4. 渠道断面形态

不同断面形态，渠道的输沙能力会有很大的差异。灌区运行的实践与理论证明，窄深的断面形态有利于提高渠道的输沙能力，减小渠道淤积。宽深比（B/H）是断面形状的重要参数之一，如果宽深比过小，同流量下，湿周增加，边壁阻力增大，从而会影响过水流速；若宽深比过大，湿周同样会增加，边壁阻力会增大，流速减小。因此，渠道设计选择合理宽深比是非常重要的，以达到渠道少淤的目的。另外，黄河水沙条件随季节变化很大，洪水期（7～10月）来水较多，而灌区需水量少，非汛期来水较小，20世纪后期有时仅有100m³/s，甚至断流，难以满足引水要求；即使能满足引水要求，有时灌区并不需要大量的水，也只能引较小的流量。由于受黄河来水和灌区需水的不协调，引黄闸引水流量并不是按照设计流量进行的，这也是渠道严重淤积的原因之一。鉴于这一情况，渠道可以采用复式断面形式进行设计[5,14,15]，以满足常态流量在较大的挟沙能力状态下运行，既可满足大流量的需求，同时又达到束水攻沙的效果。

5. 渠道衬砌

渠道衬砌主要是改善渠道的边界条件，确保断面规则稳定和水流平顺，减少水流阻力，加大流速，提高水流的挟沙能力。自20世纪60年代，一些引黄灌区就开始了渠道衬砌的试验工作(如河南的人民胜利渠，山东的陈垓灌区)，随着经济条件的发展及节水、防渗、防淤的要求，渠道衬砌规模逐渐扩大，1990年时引黄灌区干级以上渠道衬砌长度达736km（山东520km、河南216km），起到了较好的输沙减淤效果，山东灌区输沙渠衬砌后，同样条件下减少清淤量20%～50%。

6. 灌区运行管理与渠道水沙调控

灌区运行管理和调水调沙也是影响灌区泥沙配置的重要因素之一，根据渠道水流输水输沙特点，通过调控渠道的水流来沙条件，已改善渠道的冲淤状况。在引黄灌区内，很多灌区经常抓住有利时机进行调控运用，均取得了良好的效果，有的输沙干渠曾连续几年不用清淤。一般来说，渠道过水流量越大，其输沙能力也就越大；在一定的来沙条件下，当流量达到一定程度时，渠道不但不会淤积，而且还有可能冲刷。大流量引水在簸箕李灌区取得成功的经验[5,11]，1988年以前引水流量不足30m³/s，造成条渠淤积比较严重，淤积比可达30%～40%；通过1988年二干扩建，增加过水能力，1989年后灌区采用大流量引水，平均引水流量大于40m³/s，结果沉沙条渠的淤积率下降到24%，1993年更小，仅为13%。

7.3　引黄灌区泥沙分布评价

7.3.1　评价方法与评价指标

在黄河下游引黄灌区中，不同分配单元的泥沙分配比例很难进行直接比较优劣，也无法识别哪种分布更合理。这样，要作出科学合理的决策是困难的，如果将所有这些非劣方案先进行排序，有了这样一个优先顺序，便于决策者分析、比较，选出满意的决策方案。目前常用的评价方法包括近似理想点法、分布指标法和多目标层次分析法[16-20]。

1. 近似理想点法

1) 近似理想点基本原理[17,18,21]

理想点排序法就是分析计算灌区内各分配单元的泥沙分布比例与理想点之间的加权距离，并按加权距离的大小对灌区进行排序。其基本原理就是对多目标函数中的各指标分别进行比较，在比较前确定该目标值是越大越好还是越小越好，然后选出最优值，将各项指标与最优值进行比较得出偏差，各指标的偏差相加，最后得出一个综合偏差，将综合偏差进行排序，就实现了多目标的最优化。该方法原理简单、实用性强、操作方便。近似理想点排序法就是计算各目标函数值与理想点之间的加权距离，并按加权距离的大小进行排序[21]，如图 7-2 所示。

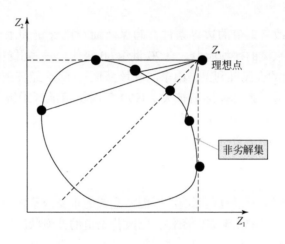

图 7-2　近似理想点法示意图

灌区泥沙分布的近似理想点排序法就是分析计算灌区内各分配单元（沉沙池、灌溉渠系、排水渠系及田间）的泥沙分配量与理想点之间的加权距离，并按加权距离的大小对灌区泥沙分布优劣进行排序。可用下述方程式表达：

$$v:\min_{x \in R}[f_1(X), f_2(X), \cdots, f_i(X), \cdots, f_p(X)]^T \tag{7-1}$$

式中，$f_i(X)$ 为第 i 个泥沙分配单元目标函数值；P 为泥沙分配单元数目；$X = (x_1, x_2, \cdots, x_n)^T$ 为决策变量，n 为评价的灌区数目。

如果令

$$F(X) = [f_1(X), f_2(X), \cdots, f_i(X), \cdots, f_p(X)]^T$$

则式（7-1）转换为

$$v:\min_{x \in R} F(X) \tag{7-2}$$

假设已求得多目标问题式（7-2）的非劣解，$\overline{S} = (\overline{X}_1, \overline{X}_2, \cdots, \overline{X}_i, \cdots, \overline{X}_N)^T$，其相应的非劣目标函数集为

$$D = \left[F(\overline{X}_1), (\overline{X}_2), \cdots, (\overline{X}_i), \cdots, (\overline{X}_N) \right] \tag{7-3a}$$

$$D = \begin{cases} f_1(\overline{X}_1) \cdots, f_1(\overline{X}_j), \cdots, f_1(\overline{X}_N) \\ f_1(\overline{X}_i) \cdots, f_1(\overline{X}_j), \cdots, f_i(\overline{X}_N) \\ f_P(\overline{X}_1) \cdots, f_P(\overline{X}_j), \cdots, f_P(\overline{X}_N) \end{cases} \tag{7-3b}$$

式中，$A_j = [f_1(\overline{X}_j), \cdots, f_i(\overline{X}_j), \cdots, f_P(\overline{X}_N)]^T$ 为第 j 个非劣解 $\overline{X}_j$ 所对应的非劣目标函数值向量，称为决策方案。

一般地，决策者都希望自己所选择的方案，其各目标函数值均达到或接近各单目标的最优值，即理想值。不过，有时要真正找到问题的理想点却并非易事。为此，考虑相对最优值，即将目标函数 $f_i(X)$ 在可供选择的决策方案中取值进行比较，以确定其相对最优值，也就是近似理想点。近似理想点为

$$f_i^* = \min_{1 \leqslant j \leqslant N} f_i(\overline{X}_j) \ 或 \min_{1 \leqslant j \leqslant N} f_i(\overline{X}_j)(j = 1, 2, \cdots, P) \tag{7-4}$$

式中，f_i^* 为目标函数 $f_i(X)$ 在可供选择的决策方案中的近似理想点。

理想点基本原理就是寻找一个决策点 X，使得范数 $\| F(X) - F(X^*) \|$ 最小，即

$$\min_{x \in R} \Big[\sum_{i=1}^{P} \lambda_i \ |f_i(X) - f_i(X^*)|^q \Big]^{\frac{1}{q}} \tag{7-5}$$

式中，$f_i(X^*)$ 为第 i 个目标函数在理想点处的目标函数值。式 (7-5) 中，取 $q = 2$，即为欧几里得范数时，其最优解为原问题的非劣解。根据这一原理，将式 (7-5) 中理想点以近似理想点代替，可建立如下近似度公式来识别决策方案的优劣。

$$\alpha_j = \Big[\sum_{i=1}^{P} \lambda_i \ |f_i(X) - f_i(X^*)|^2 \Big]^{\frac{1}{2}} \quad (j = 1, 2, \cdots, N) \tag{7-6}$$

式中，α_j 为决策方案 A_j 的近似度；λ 为第 i 个目标函数的权重。因此，只要算出每一个非劣解 $\overline{X}_j$ 所对应的决策方案 A_j 的近似度 α_j，就可按 α_j 的大小顺序排出备选方案的优先顺序，与近似理想点最近的方案其 α_j 最小。于是，决策者就可以根据决策方案的优先顺序，全面权衡，选出最终满意的决策方案。

2）近似理想点决策过程

（1）作出决策矩阵及其规范化。根据已求得的多目标问题的非劣解所对应的非劣目标函数集，得到决策矩阵 D 见式 (7-3)，由于各目标函数值的单位是不可公度性的，为便于分析、比较，将矩阵 D 的各元素进行如下变换，得到规范化矩阵 D_1。

令：

$$r_{ij} = f_i(\overline{X}_j) / \Big[\sum_{j=1}^{N} f_i^2(\overline{X}_j) \Big]^{\frac{1}{2}} \tag{7-7}$$

（2）确定理想点。由近似理想点定义，可知近似理想点为

$$f_i^* = \{ \min_{1 \leqslant j \leqslant N} r_{ij} \ 或 \max_{1 \leqslant j \leqslant N} r_{ij} \}, i = 1, 2, \cdots, P \tag{7-8}$$

（3）计算近似度。由式 (7-6) 计算出每一个决策方案与近似理想点的近似度 α_j。

（4）确定决策方案的优先顺序。根据决策方案的近似度 α_j，由小到大排出各决策方案的优先顺序。

（5）确定多目标问题的最终决策方案。根据可供选择的决策方案的优先顺序，选出满

意的决策方案。

2. 泥沙分布指标法

在引黄灌区内，由于灌区范围较大，渠道级别包括沉沙池、输沙渠、干渠（包括总干渠、分干渠）、支渠、斗渠、农渠等，灌区泥沙分配单元分为沉沙池、干渠、支斗农渠、田间和排水河道。由于引水含沙量大、灌区地形平缓等因素的共同影响，灌区不同级别渠道仍有不同程度的泥沙淤积，其输送距离和分散程度也有很大的不同。因此，考虑灌区泥沙分配特征，引入泥沙分散系数和泥沙输送系数，用以判别灌区分散程度和泥沙输移距离[16-19]。

1）泥沙分散系数

泥沙分散系数定义为分散处理泥沙量与集中处理泥沙量的比值，用 DSC 表示。在数值上可以用淤积在支、斗、农渠及田间的泥沙量与淤积在沉沙池、输沙渠及骨干渠道、排沙系统内的泥沙量比值表示，即

$$DSC = \frac{W_3+W_4}{W_1+W_2+W_5} = \frac{X_3+X_4}{X_1+X_2+X_5} \tag{7-9}$$

式中，DSC 为泥沙分散系数；W_1、W_2、W_3、W_4 和 W_5 分别为灌区沉沙池、骨干渠道、支斗农渠、田间和排水系统的泥沙量；X_1、X_2、X_3、W_4 和 X_5 分别对应单元泥沙量占总引沙量的比例。泥沙分散系数越大，说明灌区泥沙在平面上的分布越分散，进入支斗农渠和田间的比例越多；若分散系数越小，灌区泥沙分布越不均匀，泥沙多集中于干渠和沉沙池内。灌区泥沙分布可简单地分为"集中"和"分散"两种形式，对应的泥沙分散系数范围分别为 0~2 和 2 以上，如表7-8 所示。集中又分为强集中、弱集中两个等级，分散分为弱分散和强分散两个等级。

2）泥沙输送系数

泥沙输送系数定义为进入支渠及其以下的泥沙量与灌区引沙总量的比值，用 STC 表示，即

$$STC = \frac{(L_x/L_0)W_1+W_3+W_4+W_5}{W_0} = (L_x/L_0)X_1+X_3+X_4+X_5 \tag{7-10}$$

式中，STC 为泥沙输送系数；W_0 为灌区引沙量；L_x 和 L_0 分别为沉沙池距渠首的距离和干渠的长度。

根据泥沙输送系数的定义可以看出，泥沙输送系数越大，进入灌区支渠及其以下的泥沙越多，输沙距离越远，当 STC=1 时，几乎全部引沙进入支渠以下区域。结合引黄灌区泥沙分布特点，根据灌区有害泥沙的处理与 STC 的变化范围，泥沙输送程度简单地分为近距离输沙和远距离输沙两种形式，对应的泥沙输送系数范围分别为 0~0.5 和 0.5~1.0，如表7-8 所示。近距离又分为近距离和短距离两个等级，远距离分为中距离和远距离两个等级。

3. 多目标层次分析法

层次分析法是把复杂问题中的各因素划分成相关联的有序层次，使之条理化的多目

标、多准则的决策方法，是一种定量分析与定性分析相结合的有效方法。用层次分析法做决策分析，首先要把问题层次化。根据问题的性质和要达到的总目标，将问题分解为不同的组成因素，并按照因素间的相互影响以及隶属关系将因素按不同层次聚集组合，形成一个多层次的分析结构模型[18,20]。最终把系统分析归结为最低层（如决策方案）相对于最高层（总目标）的相对重要性权值的确定或相对优劣次序的排序问题，从而为决策方案的选择提供依据。多目标层次分析法的原理已在第3章中进行了阐述。

表7-8 灌区泥沙分布评价指标及分类

指标类型	分类标准				
泥沙分散系数	等级	集中		分散	
		强集中	弱集中	弱分散	强分散
	DSC	0～0.5	0.5～1.0	1.0～2.0	>2.0
泥沙输送系数	等级	近距离		远距离	
		近距离	短距离	中距离	远距离
	STC	0～0.25	0.25～0.50	0.50～0.75	>0.75

7.3.2 各类评价方法效果分析

1. 典型灌区选择

为了便于比较，选择了黄河下游九个设有沉沙池的灌区，其中河南省四个、山东省五个，典型灌区的泥沙分布见表7-9[17,18]。由表可以看：①纵向上，自上游的花园口至河口地区，沉沙池及灌溉渠系淤积量占总引沙量的比例在逐渐增大，而田间泥沙所占比例逐渐减少，泥沙分散性越来越差。②横向上，灌区集中沉沙的沉沙池和淤改、稻改区多分布在灌区的上游地段，尤其在渠首地区更为集中。淤积在灌溉渠系的泥沙又大部分集中于输沙渠和骨干渠道上段。在远离黄河的灌区中下游地区，随着泥沙在上游的逐步处理，水流含沙量逐渐减少，而泥沙的分布面又越来越广，致使落在地面上的泥沙相对量大大减少。为定量评价这些灌区的泥沙分布的合理性，分别采用近似理想点排序法、多目标层次分析法和分布指标评价法进行计算[17,19,20]。

表7-9 黄河下游典型灌区泥沙分布   （单位:%）

泥沙分配单元	杨桥	柳园口	人民胜利渠	韩董庄	刘庄	位山	潘庄	簸箕李	韩墩
沉沙池	2.8	18.5	29.8	30.2	81.3	37.6	45	26.1	13.4
渠系	8.8	17.6	27	26.3	16.3	58.7	27	62	46.6
田间	84.5	62.5	26.2	37.4	0.1	2.2	6	7.1	31.1
排水河道	3.9	1.4	17	6.1	2.3	1.5	22	4.8	8.9

2. 近似理想点法

根据近似理想点法的基本原理，可以对上述典型引黄灌区的泥沙分布状况进行评价。其具体评价步骤如下：

1) 作出决策矩阵及其规范化

根据表7-9作出决策矩阵 D：

$$D = \begin{bmatrix} 2.8 & 8.8 & 84.5 & 3.9 \\ 18.5 & 17.6 & 62.5 & 1.4 \\ 29.8 & 27.0 & 26.2 & 17.0 \\ 30.2 & 26.3 & 37.4 & 6.1 \\ 81.3 & 16.3 & 0.1 & 2.3 \\ 37.6 & 58.7 & 2.2 & 1.5 \\ 45.0 & 27.0 & 6.0 & 22.0 \\ 26.1 & 62.0 & 7.1 & 4.8 \\ 13.4 & 46.6 & 31.1 & 8.9 \end{bmatrix}^{\mathrm{T}}$$

由式（7-8）将 D 进行规范化，得到如下规范化矩阵 D_1

$$D_1 = \begin{bmatrix} 0.0245 & 0.0795 & 0.7094 & 0.1274 \\ 0.1619 & 0.1589 & 0.5247 & 0.0457 \\ 0.2608 & 0.2438 & 0.2199 & 0.5553 \\ 0.2643 & 0.2375 & 0.3140 & 0.1993 \\ 0.7114 & 0.1472 & 0.0008 & 0.0751 \\ 0.3290 & 0.5301 & 0.0185 & 0.0490 \\ 0.3938 & 0.2438 & 0.0504 & 0.7186 \\ 0.2284 & 0.5599 & 0.0596 & 0.1568 \\ 0.1173 & 0.4208 & 0.2611 & 0.2907 \end{bmatrix}^{\mathrm{T}}$$

2) 近似理想点确定

引黄灌区泥沙优化分布就是使泥沙在灌区内分布合理，有利于生态环境，有利于可持续发展。引黄灌区泥沙优化分布应遵循以下原则：引黄泥沙含有丰富的养分，应尽量加大输沙入田的比例；减少引黄泥沙进入排水河道，保证排水河道的正常运行；泥沙分布既要使泥沙处理费用最低，又要不引起灌区环境问题；泥沙分布要有利于分散处理，有利于泥沙的开发利用。

近似理想点法的关键是近似理想点的确定。引沙入田是泥沙优化配置的目标之一；渠首沉沙、灌溉渠系及排水系统的泥沙淤积不利于灌溉事业的发展，尽可能减少这部分泥沙比例也是泥沙配置的另一目标。根据以上原则：沉沙池、灌溉排水渠系泥沙越少越好，田间泥沙越多越好。近似理想点为

$$(f_1^*, f_2^*, f_3^*, f_4^*) = (0.0245, 0.0795, 0.7094, 0.0457)$$

3) 近似度计算

假定灌区各分配单元泥沙分布具有相同的重要性。因此，式（7-6）简化为

$$\alpha_j = \left[\sum_{i=1}^{P} \left| f_i(X) - f_i(X^*) \right|^2 \right]^{\frac{1}{2}} \quad (j = 1, 2, \cdots, N) \tag{7-11}$$

计算结果见表 7-10。

表 7-10　A_j 近似度 α_j 计算结果

灌区名称	$(f_1(X) - f_1^*)^2$	$(f_2(X) - f_2^*)^2$	$(f_3(X) - f_3^*)^2$	$(f_4(X) - f_4^*)^2$	α_j
杨桥	0.0000	0.0000	0.0000	0.0067	0.0817
柳园口	0.0189	0.0063	0.0341	0.0000	0.2435
人民胜利渠	0.0558	0.0270	0.2395	0.2597	0.7629
韩庄	0.0575	0.0250	0.1563	0.0236	0.5122
刘庄	0.4719	0.0046	0.5020	0.0009	0.9896
位山	0.0927	0.2030	0.4773	0.0000	0.8793
潘庄	0.1364	0.0270	0.4343	0.4528	1.0249
簸箕李	0.0416	0.2308	0.4222	0.0123	0.8408
韩墩	0.0086	0.1165	0.2010	0.0600	0.6214

4）根据 A_j 的近似度 α_j 的大小，按从小到大排序

根据 A_j 的近似度 α_j 的大小，按从小到大排序，排序结果如表 7-11 所示。

表 7-11　典型引黄灌区分散系数表

灌区名称		杨桥	柳园口	人民胜利渠	韩董庄	刘庄	位山	潘庄	簸箕李	韩墩
近似理想点法	近似度	0.0817	0.2435	0.7629	0.5122	0.9896	0.8793	1.0249	0.8405	0.6214
	小—大排序	1	2	5	3	8	7	9	6	4
多目标层次分析法	函数值	0.431	0.355	0.234	0.271	0.126	0.163	0.162	0.185	0.263
	大—小排序	1	2	5	3	9	7	8	6	4
分布指标法	分散指标	5.452	1.667	0.355	0.597	0.001	0.022	0.064	0.076	0.451
	大—小排序	1	2	5	3	9	8	7	6	4
	等级	强分散	强分散	弱集中	弱分散	强集中	强集中	强集中	强集中	弱分散

计算结果表明，泥沙分布最好的是杨桥灌区，其次为柳园口灌区和韩董庄灌区，其余排序为韩墩灌区、人民胜利渠灌区、簸箕李灌区、位山灌区和刘庄灌区，最差的为潘庄灌区。

3. 多目标层次分析法

根据第 3 章多目标层次分析法的原理，结合引黄灌区的实际情况，构造引黄灌区泥沙配置的综合目标函数，其构造过程在第 8 章进行详细介绍，这里仅使用多目标层次分析法构造的综合目标函数进行灌区泥沙分布评价。综合目标函数为

$$\max F(x) = 0.1127x_1 + 0.1842x_2 + 0.2941x_3 + 0.4801x_4 + 0.1477x_5$$

其中，x_1、x_2、x_3、x_4、x_5 分别为淤积在沉沙池、灌溉干渠、支斗农渠、田间及排水河道的泥沙量；$F(x)$ 为目标函数值。

分别计算表 7-9 中黄河下游典型引黄灌区的综合目标函数值，计算结果如下：

$$\begin{bmatrix} F_1(x) \\ F_2(x) \\ F_3(x) \\ F_4(x) \\ F_5(x) \\ F_6(x) \\ F_7(x) \\ F_8(x) \\ F_9(x) \end{bmatrix} = \begin{bmatrix} 2.8 & 8.8 & 0 & 84.5 & 3.9 \\ 18.5 & 17.6 & 0 & 62.5 & 1.4 \\ 29.8 & 27.0 & 0 & 26.2 & 17.0 \\ 30.2 & 26.3 & 0 & 37.4 & 6.1 \\ 81.3 & 16.3 & 0 & 0.1 & 2.3 \\ 37.6 & 58.7 & 0 & 2.2 & 1.5 \\ 45.0 & 27.0 & 0 & 6.0 & 22.0 \\ 26.1 & 62.0 & 0 & 7.1 & 4.8 \\ 13.4 & 46.6 & 0 & 31.1 & 8.9 \end{bmatrix} \times \begin{bmatrix} 0.1127 \\ 0.1842 \\ 0.2941 \\ 0.4801 \\ 0.1477 \end{bmatrix} = \begin{bmatrix} 0.431 \\ 0.355 \\ 0.234 \\ 0.271 \\ 0.126 \\ 0.163 \\ 0.162 \\ 0.185 \\ 0.263 \end{bmatrix}$$

目标函数值越大表明灌区泥沙分布越合理，如表 7-11。从排序结果可以看出：杨桥灌区泥沙分布最合理，柳园口次之，其余依次为韩董庄灌区、韩墩灌区、人民胜利渠灌区、簸箕李灌区、位山灌区、潘庄灌区，泥沙分布最差的为刘庄灌区。

4. 分布评价指标法

根据本章泥沙分散系数的定义，分别计算典型引黄灌区的分散系数，计算结果见表 7-11。泥沙分散系数指标越大说明泥沙分散程度越好，相应的泥沙分布也更为合理。从计算结果来看：杨桥灌区泥沙分布最合理，柳园口次之，其余依次为韩董庄灌区、韩墩灌区、人民胜利渠、簸箕李灌区、潘庄灌区、位山灌区、泥沙分布最差的为刘庄灌区。

5. 各种评价方法的综合比较

1）方法比较

本章利用多目标层次分析法、近似理想点排序法及分散系数法三种分析方法分别从不同侧面全面评价了黄河下游引黄灌区泥沙分布状况，其中多目标层次分析法的基本原理是将待评价的各因素两两比较相对重要性，然后确定权重因素，由于人为判断的片面性，它虽行之有效，却带有主观色彩。该法侧重从灌区总体效益的角度来评价灌区泥沙分布，问题的关键是选取适当的评价指标体系及相应的权重系数。近似理想点法是一种相对目标接近多目标决策方法，运用此法所得出的决策解所对应的目标向量与理想点尽可能地接近，与层次分析法相比，排序的结果跟实际情况比较可能更吻合。该法强调的是灌区不同分配单元的泥沙分布与"理想点"越接近，说明其分布就越好，其关键是找准"理想点"；而分散系数法是强调泥沙的分散性，该方法认为泥沙分布越分散，说明结果越优。总之，引黄灌区泥沙分布问题是重要课题，评价是非常必要的，有科学意义的。对灌区泥沙分布的评价，最好还要与各灌区具体条件相联系，如引水引沙率、来沙组成、引水时机、渠系本身条件及粗沙入田的利害等相结合作综合评价。此外，随着科学技术发展，环保型、节水型及节能型等因素也应纳入灌区综合评价内容。

2）成果比较

应用前面介绍的近似理想点排序方法、多目标层次分析法及分布指标法对计算结果进行比较分析，如表 7-11 所示。从排序结果可以看出：

（1）杨桥灌区、柳园口灌区、韩董庄灌区、韩墩灌区、人民胜利渠灌区及簸箕李灌区在三种分析方法中分别位居 1、2、3、4、5、6 名，仅排在后三位的灌区稍有差异。即无论采用分散系数（分散系数越大泥沙分散性越好）、层次分析法（目标函数值值越大越好），还是近似理想点法（近似度越小泥沙分布越合理），三种方法分析结果基本一致，只是稍有差异。

（2）上段河南省典型灌区泥沙分布的分散系数明显大于下段的山东省典型灌区。杨桥灌区、柳园口灌区及韩董庄灌区分别占 1、2、3 名，说明河南省典型灌区的泥沙分布是比较理想的。山东省灌区泥沙分布分散性较差，用分散系数法评价泥沙分散性最差的是刘庄灌区，其次是位山灌区；而用近似理想点法评价泥沙分布最差的是潘庄灌区，其次是刘庄灌区。这主要与河南省灌区地面坡降相对较大，渠系自然输沙能力强等因素有关。

（3）就河南省典型灌区而言，杨桥灌区、柳园口灌区泥沙分布比较合理，能将绝大部分泥沙远距离输沙入田。杨桥灌区、柳园口灌区可为河南省灌区兴建或改建的规划设计提供参考。

（4）就山东省典型灌区而言，韩墩灌区泥沙分布相对其他灌区（位山灌区、刘庄灌区、潘庄灌区）较为合理，是比较理想的泥沙分布模式。韩墩灌区的沉沙池设计、工程措施和运行方式可为山东省灌区兴建或改建的规划设计提供参考。

7.3.3　引黄灌区泥沙分布评价

1. 灌区泥沙分布指标计算处理方法

就目前引黄灌区实际的水沙分布资料来看，泥沙分布主要分为沉沙池、渠系、田间和排水河道几个单元[20,22]。由于很多灌区泥沙分布没有区分干渠和支斗农渠，很难计算远距离输移系数和分散系数，给评价灌区水沙分布带来一定的困难。为了充分利用现有引黄灌区的泥沙分布资料，开展泥沙分布状况的评价，粗略确定干渠和支斗农渠的泥沙分布比例是非常重要的。表 7-12 为典型灌区干渠和支斗农渠泥沙淤积的比例，典型灌区干渠和支斗农渠泥沙淤积所占的百分数分别为 16.25% 和 17.38%，即干渠和支斗农渠泥沙淤积分别占渠系泥沙淤积的 48% 和 52%。

表 7-12　典型灌区干渠和支斗农渠泥沙淤积百分数　　　　（单位：%）

典型灌区	干渠泥沙淤积百分数	支斗农渠泥沙淤积百分数	资料年限
簸箕李灌区	21.93	20.60	1985~1993 年
位山灌区	19.65	18.42	1970~2002 年

典型灌区	干渠泥沙淤积百分数	支斗农渠泥沙淤积百分数	资料年限
人民胜利渠灌区	2.40	15.00	1981~1984 年
潘庄灌区	21.00	15.50	1986~1989 年
平均值	16.25	17.38	

根据河南引黄灌区和山东引黄灌区的实际状况，泥沙处理分有沉沙池和无沉沙池两种情况，结合文献[3,4]提供的资料，通过计算灌区泥沙输送系数和泥沙分散系数，对黄河下游引黄灌区的泥沙分布进行评价[20,22]。对于没有区分干渠和支斗农渠的灌区，可采用表7-12推求的平均比例进行分配计算。

2. 河南引黄灌区

河南引黄灌区分为使用沉沙池集中处理泥沙和未使用沉沙池两类，对于引水规模较大、地形条件较差的引黄灌区，渠首采用沉沙池集中处理粗颗粒泥沙；而对于引水规模较小、地势较陡的引黄灌区，不使用沉沙池处理泥沙，而是直接采用浑水灌溉。

1）渠首采用沉沙池集中沉沙的灌区

据不完全统计[19,22]，河南省有12个灌区曾利用沉沙池进行集中处理泥沙，相应的泥沙分布及评价参数见表7-13。从表可以看出，河南省采用沉沙池进行沉沙的12个灌区在沉沙池、干渠、支斗农渠、田间和排水河道的平均滞沙比例分别为38.32%、9.17%、9.94%、34.51%和8.06%，对应的泥沙输送系数为0.53，泥沙分散系数为0.80，属于渠首集中泥沙配置。其中，花园口、杨桥、黑岗口和祥符朱等灌区由于渠道比降较大，沉沙池滞沙比例较小，而进入田间的比例较高，对应的泥沙输送系数和分散系数都分别大于0.65和1.50，特别是祥符朱灌区的泥沙输送系数和分散系数分别高达0.88和4.59，达到远距离输沙和分散配置的目标；而对于黄河渠、柳园口、韩董庄等灌区，其泥沙输送系数在0.25~0.30，相应的分散系数都小于0.50，皆为短距离的强集中配置泥沙形式。

表7-13　河南省使用沉沙池引黄灌区泥沙分布及其评价参数

灌区名称	泥沙分布/%					泥沙输送系数	泥沙分散系数	备注
	沉沙池	干渠	支斗农渠	田间	排水河道			
白马泉	40.76	8.71	9.43	32.75	8.35	0.51	0.73	1975~1983 年
渠村	50.64	7.92	8.58	21.87	10.99	0.41	0.44	1976~1990 年
南小堤	59.84	5.52	5.98	23.06	5.60	0.35	0.41	1978~1990 年
彭楼	21.60	18.20	19.80	26.40	14.00	0.60	0.86	
黄河渠	59.00	11.00	12.00	18.00	0.00	0.30	0.43	
花园口	23.50	7.87	8.53	55.10	5.00	0.69	1.75	1978~1990 年
杨桥	26.60	6.72	7.28	56.90	2.50	0.67	1.79	1973~1990 年
黑岗口	13.10	8.40	9.10	52.90	16.50	0.79	1.63	
柳园口	70.60	3.48	3.77	20.96	1.19	0.26	0.33	1983~1990 年

续表

灌区名称	泥沙分布/%					泥沙输送系数	泥沙分散系数	备注
	沉沙池	干渠	支斗农渠	田间	排水河道			
人民胜利渠	35.00	10.08	10.92	22.00	22.00	0.55	0.49	1952~1988 年
韩董庄	55.00	14.40	15.60	10.40	0.00	0.31	0.35	1980~1989 年
祥符朱	4.20	7.68	8.32	73.80	6.00	0.88	4.59	1985~1990 年
平均值	38.32	9.17	9.94	34.51	8.06	0.53	0.80	

2）浑水灌溉灌区

河南省有 22 个灌区未曾使用沉沙池沉沙，或者沉沙很少，如石头庄灌区和武嘉灌区，而是利用浑水直接灌溉，称为浑水灌溉，这些浑水灌溉灌区的泥沙分布及评价参数如表 7-14 所示。从表可以看出[19,22]，河南省浑水灌溉的 22 个灌区在干渠、支斗农渠、田间和排水河道的滞沙比例分别为 19.14%、20.74%、48.28% 和 11.65%，对应的泥沙输送系数和分散系数分别为 0.81 和 2.23，属于灌区远距离输沙和分散配置泥沙。其中，对于三刘寨、赵口、花园口、杨桥、柳园口、韩董庄等灌区，其泥沙输送系数都在 0.90 以上，远大于 0.75，分散系数都在 4.0 以上，远大于 2.0，皆属于远距离的强分散配置形式；而对于满庄、王集、孙口等灌区，虽然没有使用沉沙池或沉沙较少，但由于渠系泥沙淤积比较严重，相当于在渠系进行了沉沙处理，进入田间的泥沙比例相对较低，表现为泥沙输送系数和分散系数较小。

表 7-14　河南省浑水灌溉灌区泥沙分布及其评价参数

灌区名称	泥沙分布/%					泥沙输送系数	泥沙分散系数	备注
	沉沙池	干渠	支斗农渠	田间	排水河道			
三刘寨		4.70	5.10	87.40	2.80	0.95	12.33	
赵口		6.29	6.81	75.60	11.30	0.94	4.69	
堤南		13.44	14.56	51.00	21.00	0.87	1.90	
大功		16.80	18.20	45.00	20.00	0.83	1.72	
辛庄		16.80	18.20	45.00	19.90	0.83	1.72	
石头庄	3.3	31.40	34.10	17.70	13.50	0.65	1.07	
武嘉	0.7	27.20	29.50	35.80	6.80	0.72	1.88	
王称堌		19.68	21.32	44.00	15.00	0.80	1.88	
三义寨		28.99	31.41	32.00	7.60	0.71	1.73	
邢庙		19.20	20.80	40.00	20.00	0.81	1.55	
满庄		44.50	48.20	0.20	7.10	0.56	0.94	
王集		44.50	48.30	0.20	7.00	0.56	0.94	
孙口		44.50	48.30	0.20	7.00	0.56	0.94	
白马泉		20.26	21.94	49.00	8.80	0.80	2.44	1984~1990 年

续表

灌区名称	泥沙分布/%					泥沙输送系数	泥沙分散系数	备注
	沉沙池	干渠	支斗农渠	田间	排水河道			
渠村		5.32	5.77	72.78	16.13	0.95	3.66	1974~1975年
南小堤		14.26	15.44	58.70	11.60	0.86	2.87	1974~1977年
花园口		8.45	9.15	71.70	10.70	0.92	4.22	1958~1977年
杨桥		4.56	4.94	81.33	9.17	0.95	6.28	1973~1990年
柳园口		10.27	11.13	77.13	1.47	0.90	7.52	1967~1982年
人民胜利渠		16.80	18.20	41.00	24.00	0.83	1.45	1989~1991年
祥符朱		13.49	14.61	64.80	7.10	0.87	3.86	1985~1990年
韩董庄		9.60	10.40	71.60	8.40	0.90	4.56	1980~1989年
平均值	0.18	19.14	20.74	48.28	11.65	0.81	2.23	

3. 山东引黄灌区

1）渠首采用沉沙池集中沉沙的灌区

在山东省引黄灌区内，由于灌区地势平缓，渠系比降较小，多数引黄灌区采用沉沙池集中处理泥沙。表7-15为山东省有沉沙池灌区的泥沙分布及评价指标[19,22]。山东省35个沉沙池灌区泥沙在沉沙池、干渠、支斗农渠、田间和排水河道的平均分布比例分别为51.98%、16.77%、17.16%、8.47%和5.62%，对应的泥沙输送系数和分散系数分别为0.31和0.34，属于短距离输沙和集中配置泥沙模式。在山东引黄灌区中，韩墩、胜利等少数灌区的输沙系数略大于0.50，泥沙分散系数略大于1.00，属于中距离的弱分散配置泥沙模式；其他灌区的泥沙输送系数皆小于0.50，泥沙分散系数皆小于1.00，而且一些灌区的泥沙输送系数小于0.25，泥沙分散系数小于0.50，属于近距离的强集中配置泥沙模式。

表7-15　山东省使用沉沙池引黄灌区泥沙分布及其评价参数

灌区名称	泥沙分布/%					泥沙输送系数	泥沙分散系数
	沉沙区	干渠	支斗农渠	田间	排水河道		
阎谭	69.3	4.8	5.2	10.0	10.7	0.26	0.18
谢寨	60.0	12.0	13.0	2.0	13.0	0.28	0.18
刘庄	81.3	7.8	8.5	0.1	2.3	0.11	0.09
苏泗庄	63.1	16.3	17.7	0.1	2.8	0.21	0.22
旧城	16.7	36.0	38.9	8.3	0.1	0.47	0.90
苏阁	43.8	15.4	16.6	2.5	21.7	0.41	0.24
陈垓	46.3	10.9	11.9	29.1	1.8	0.43	0.69
东平湖	67.0	13.4	14.6	2.5	2.5	0.20	0.21
陶城铺	89.5	5.0	5.5	0.0	0.0	0.05	0.06

灌区名称	泥沙分布/%					泥沙输送系数	泥沙分散系数
	沉沙区	干渠	支斗农渠	田间	排水河道		
位山	37.6	30.5	28.2	2.2	1.5	0.32	0.44
潘庄	45.0	15.7	11.3	6.0	22.0	0.39	0.21
韩刘	40.0	19.2	20.8	10.0	10.0	0.41	0.45
豆腐窝	70.0	7.2	7.8	5.0	10.0	0.23	0.15
李家岸	45.6	12.6	13.7	14.4	13.7	0.42	0.39
旧县姜沟	29.6	32.3	35.0	3.1	0.0	0.38	0.62
外山	18.1	37.5	40.6	3.8	0.0	0.44	0.80
田山	96.0	1.9	2.1	0.0	0.0	0.02	0.02
胡家岸	80.0	7.2	7.8	5.0	0.0	0.13	0.15
土城子	70.1	11.0	12.0	6.5	0.4	0.19	0.23
邢家渡	46.4	21.8	23.7	4.7	3.4	0.32	0.40
簸箕李	26.1	41.5	20.5	7.1	4.8	0.32	0.38
白龙湾	26.5	20.2	21.8	12.4	19.1	0.53	0.52
小开河	35.0	16.8	18.2	20.0	10.0	0.48	0.62
张肖堂	35.0	19.2	20.8	20.0	5.0	0.46	0.69
韩墩	13.4	22.4	24.2	31.1	8.9	0.64	1.24
胡楼	12.1	33.6	36.3	13.2	4.8	0.54	0.98
道旭	70.8	7.8	8.4	10.7	2.3	0.21	0.24
马扎子	50.0	21.6	23.4	2.0	3.0	0.28	0.34
刘春家	63.7	12.5	13.5	3.7	6.6	0.24	0.21
打渔张、麻湾、曹店	39.6	22.5	24.3	11.1	2.5	0.38	0.55
胜利	11.6	31.1	33.6	19.8	3.9	0.57	1.15
十八户放淤	100.0	0.0	0.0	0.0	0.0	0.00	0.00
五七	40.0	14.4	15.6	20.0	10.0	0.46	0.55
垦东	100.0	0.0	0.0	0.0	0.0	0.00	0.00
西河口	80.0	4.8	5.2	10.0	0.0	0.15	0.18
平均值	51.98	16.77	17.16	8.47	5.62	0.31	0.34

2）浑水灌溉灌区

在山东省引黄灌区内，对于一些灌溉规模较小或地形条件较好的灌区，没有采用沉沙池处理泥沙，而是直接进行浑水灌溉。由于灌区渠系比降较小，进入田间的泥沙比例虽然有所提高，但仍然不如河南引黄灌区高。表 7-16 为山东省浑水灌溉灌区的泥沙分布及评价参数[19,22]。山东省 11 个浑水灌溉灌区在干渠、支斗农渠、田间和排水河道的滞沙比例分别为 35.6%、38.5%、20.7%和 5.2%，相应的泥沙输送系数和分散系数分别为 0.64 和

1.45，属于短距离输沙和弱分散配置泥沙模式。其中路庄灌区、双河灌区、民丰灌区泥沙输送系数和分散系数分别为 0.81 和 2.42，属于远距离输沙和强分散配置模式，而其他灌区泥沙输移系数和分散系数分别变化于 0.54～0.76 和 1.18～1.60，属于短距离输沙和弱分散配置泥沙模式。

表7-16　山东省未使用沉沙池引黄灌区泥沙分布及其评价参数

灌区名称	泥沙分布/%					泥沙输送系数	泥沙分散系数
	沉沙区	干渠	支斗农渠	田间	排水河道		
高村		24.0	26.0	30.0	20.0	0.76	1.27
戚垓、丁庄、黄庄		38.4	41.6	20.0	0.0	0.62	1.60
郭口		28.8	31.2	30.0	10.0	0.71	1.58
东阿姜沟、桃园等		45.6	49.4	5.0	0.0	0.54	1.19
沟杨、葛店等		43.2	46.8	7.5	2.5	0.57	1.19
归人		38.4	41.6	20.0	0.0	0.62	1.60
大崔		36.0	39.0	20.0	5.0	0.64	1.44
大道王		38.4	41.6	20.0	0.0	0.62	1.60
路庄、双河、民丰		19.2	20.8	50.0	10.0	0.81	2.42
官家		40.8	44.2	10.0	5.0	0.59	1.18
东关、刘夹河等		38.4	41.6	15.0	5.0	0.62	1.30
平均值		35.6	38.5	20.7	5.2	0.64	1.45

4. 引黄灌区泥沙分布综合评价

黄河下游河南和山东引黄灌区泥沙输送系数和分散系数的对比情况参见表7-17，从表可以看出[19,22]：

（1）灌区地形条件是影响泥沙分布的重要因素之一。就目前黄河下游引黄灌区的地形条件而言，河南引黄灌区的渠道比降为 1/4000～1/4500，一般大于山东引黄灌区的渠道比降（约为 1/6000～1/7000）。河南引黄灌区的泥沙输送系数和分散系数分别为 0.71 和 1.46，其中浑水灌溉灌区的泥沙输送系数和分散系数较大，分别为 0.81 和 2.23；山东引黄灌区的泥沙输送系数和分散系数分别为 0.39 和 0.51，其中浑水灌溉灌区的泥沙输送系数和分散系数分别为 0.64 和 1.45。山东引黄灌区的泥沙输送系数和分散系数皆明显小于河南引黄灌区，表明河南引黄灌区的远距离输沙程度、分散程度都大于山东引黄灌区。

（2）灌区泥沙处理方式对引黄灌区泥沙分布具有重要影响。采用沉沙池集中处理泥沙的引黄灌区泥沙输送系数和分散系数远小于浑水灌溉灌区，表明浑水灌溉灌区泥沙的远距离输送和分散程度高于沉沙池灌区。在黄河下游引黄灌区内，集中沉沙灌区泥沙输送系数和分散系数分别为 0.37 和 0.44，远小于浑水灌溉灌区的泥沙输送系数 0.75 和分散系数 1.92。其中，河南沉沙池灌区的泥沙输送系数和分散系数分别为 0.53 和 0.78，远小于浑水灌溉灌区泥沙输送系数 0.81 和分散系数 2.23；山东沉沙池灌区泥沙输送系数和分散系数分别为 0.31 和 0.34，远小于浑水灌溉灌区的泥沙输送系数 0.64 和分散系数 1.45。

表 7-17　黄河下游引黄灌区泥沙输送系数和分散系数

泥沙处理方式	河南省		山东省		黄河下游	
	输送系数	分散系数	输送系数	分散系数	输送系数	分散系数
沉沙池	0.53	0.80	0.31	0.34	0.37	0.44
浑水灌溉	0.81	2.23	0.64	1.45	0.75	1.96
平均值	0.71	1.56	0.39	0.51	0.53	0.82

参 考 文 献

[1] 姚欣. 尊村引黄灌区管渠灌溉水沙分布研究 [D]. 北京：中国农业科学院，2017.

[2] 刘丽丽. 簸箕李引黄灌区水沙区域分布特征 [J]. 水利建设与管理，2016，36（3）：48-51，61.

[3] 蒋如琴，彭润泽，黄永健，等. 引黄渠系泥沙利用 [M]. 郑州：黄河水利出版社，1998.

[4] 中国水科院，等. 典型灌区的泥沙及水资源利用对环境及排水河道的影响 [R]. 北京：1995.

[5] 中国水科院，等. 簸箕李灌区的泥沙及水资源利用对环境及排水河道的影响 [R]. 北京：1995.

[6] 王延贵，史红玲，陈吟，等. 中国主要河流水沙态势变化及其影响 [M]. 北京：科学出版社，2023.

[7] 王延贵，万育生，刘峡. 引黄供水灌溉模式的特点及其应用前景 [J]. 泥沙研究，2002（5）：43-47.

[8] 王延贵，胡春宏. 流域泥沙灾害与泥沙资源性的研究 [J]. 泥沙研究，2006（2）：65-71.

[9] 洪尚池，张永昌，温善章，等. 结合引黄供水沉沙淤筑相对地下河的研究 [M]. 郑州：黄河出版社，1998.

[10] 国际泥沙研究培训中心，山东省聊城市水利局. 黄淮海平原灌区泥沙灾害综合治理的关键技术 [R]. 北京：2008.

[11] 王延贵，李希霞，王冰伟. 典型引黄灌区泥沙运动及泥沙淤积成因 [J]. 水利学报，1997，28（7）：13-18.

[12] 王延贵，李希霞，刘和祥. 渠道不同粒径组泥沙的输移特性 [J]. 泥沙研究，1998（1）：67-73.

[13] 张永昌，王文海，兰华林，等. 黄河下游引黄灌溉供水与泥沙处理 [M]. 郑州：黄河水利出版社，1998.

[14] 王延贵，李希霞. 渠道断面形式对输沙能力的影响 [C] //第七届全国水利水电工程学青年学术讨论会，宜昌，1998.

[15] 周宗军，王延贵. 引黄灌渠复式断面输水输沙特性研究 [J]. 泥沙研究，2008（5）：71-75.

[16] 王延贵，胡春宏，周宗军. 引黄灌区泥沙远距离分散配置模式及其评价指标 [J]. 水利学报，2010，41（7）：764-770.

[17] 周宗军，王延贵. 引黄灌区泥沙分布评价 [J]. 泥沙研究，2009（1）：68-73.

[18] 周宗军. 引黄灌区泥沙远距离分散配置模式及其应用 [D]. 北京：中国水利水电科学研究院，2008.

[19] 亓麟，王延贵. 黄河下游引黄灌区泥沙资源分布评价与配置模式 [J]. 人民黄河，2011，33（3）：64-67.

[20] 王延贵，史红玲，亓麟，等. 黄河下游典型灌区水沙资源配置方案与评价 [J]. 人民黄河，2011，33（3）：60-63.

[21] 《运筹学》教材编写组. 运筹学（修订版）[M]. 北京：清华大学出版社，1990.

[22] 亓麟. 黄河下游引黄灌区泥沙配置模式的研究 [D]. 北京：中国水利水电科学研究院，2011.

第8章 引黄灌区泥沙资源优化配置模型与方案

引黄灌区泥沙优化配置是灌区泥沙综合治理的基础，遵循泥沙资源优化配置的基本原则，考虑各方面的利益关系，向灌区配置单元合理分配泥沙量，使得灌区在社会、生态和经济方面的综合效益最大化[1-4]。实际上，灌区泥沙配置单元主要包括沉沙池、灌溉渠系、排水系统及田间[1,2,3]，配置单元分配不同的泥沙量将会引起不同的经济、社会和环境影响。进入田间泥沙有利于作物生长，引沙入田是泥沙优化配置的目标之一；灌溉渠系和排水系统的泥沙淤积不利于灌溉事业的发展，尽可能减少灌溉渠系和排水系统的泥沙淤积也是泥沙配置的另一目标。如果泥沙在灌区上游长期利用沉沙池集中处理，就会形成累积性堆积，不利于泥沙转化利用，产生人为沙化，恶化生态环境；相反，如果将全部引沙输向下游进入田间，在经济上不一定合理，技术上也不一定可行，而且粗颗粒泥沙易引起土壤沙化。因此，开展引黄灌区泥沙资源化和优化配置的研究，特别是灌区泥沙远距离分散配置模式的研究是非常重要的[5-11]。本章在灌区泥沙资源化研究的基础上，依据多目标层次分析法构造综合目标函数，利用建立的灌区泥沙优化配置模型[10-13]，对灌区不同泥沙配置模式进行评价[12]，提出引黄灌区泥沙优化配置的方案[13,14]。

8.1 引黄灌区泥沙配置模式类型与特点

结合黄河下游引黄灌区灌溉和泥沙分布特点，给出了黄河下游引黄灌区泥沙分散和输送的评价指标和标准（表7-9）[10,12]，可把灌区泥沙配置分为近距离集中配置模式、近距离分散配置模式、远距离集中配置模式和远距离分散配置模式。灌区泥沙输送系数和泥沙分散系数是有一定关系，近距离输沙与分散配置很难同时满足，也就是说近距离分散配置模式在引黄灌区内基本上是不存在的，也很难实现。因此，本书仅对常见的近距离集中配置模式、远距离集中配置模式和远距离分散配置模式进行较为详细的论述[10,12]，如表8-1所示。

8.1.1 近距离集中配置模式

近距离集中配置模式就是在灌区上游进行集中处理泥沙，把大部分泥沙分配在渠首沉沙池、干渠范围内，主要包括自流沉沙和扬水沉沙，与通常的渠首集中处理泥沙类似。这一模式在引黄灌区内普遍存在，据引黄灌区不完全统计，黄河下游有36个灌区属于近距离集中配置模式，如表8-1所示。其中河南省有5个，山东省有31个。该模式的特点是在渠首地区的沉沙池、干渠等沉积大量泥沙，渠道清淤是维持灌渠引水的有效措施，而长期的清淤泥沙又会出现占用大量耕地、易造成环境恶化、土地沙化等问题。

表 8-1　黄河下游主要灌区泥沙配置模式分类

泥沙配置模式	省份	灌区名称	个数/个
近距离集中配置模式（0< STC≤0.5，0<SDC≤1.0）	河南省	渠村，南小堤，黄河渠，柳园口，韩董庄	5
	山东省	阎谭，谢寨，刘庄，苏泗庄，旧城，苏阁，陈垓，东平湖，陶城铺，位山，潘庄，韩刘，豆腐窝，李家岸，旧县姜沟，外山，田间，胡家岸，土城子，邢家渡，簸箕李，小开河，张肖堂，道旭，马扎子，刘春家，打渔张，麻湾，曹店，十八户放淤，五七，垦东，西河口	31
	黄河下游		36
远距离集中配置模式（0.5< STC≤1.0，0<SDC≤1.0）	河南省	白马泉，彭楼，人民胜利渠；满庄，王集，孙口	6
	山东省	白龙湾，胡楼	2
	黄河下游		8
远距离分散配置模式（0.5< STC<1.0，SDC>1.0）	河南省	花园口，杨桥，黑岗口；三刘寨，赵口，堤南，大功，辛庄，石头庄，武嘉，王称堌，三义寨，邢庙，白马泉，渠村，南小堤，花园口，杨桥，柳园口，人民胜利渠，韩董庄，祥符朱	22
	山东省	韩墩，胜利；高村，戚垓，丁庄，黄庄，郭口，东阿姜沟，桃园等，沟阳，葛店等，归人，大崔，大道王，路庄，双河，民丰，官家，东关，刘夹河等	13
	黄河下游		35

20 世纪 90 年代，引黄灌区集中处理泥沙方式受到沉沙池开辟和清淤泥沙堆放等问题的制约。为了解决引黄灌区存在的泥沙淤积问题，灌区实施了大量的沉沙池规划。据蒋如琴等[1]统计，截止到 1990 年底，河南省共规划沉沙池约 2.74 万 hm²，已使用 84 处，总面积为 0.94 万 hm²；山东省已用沉沙池面积为 2.74 万 hm²。黄河下游引黄灌区大多数沉沙池建在渠首附近，即为渠首集中沉沙方式。如，簸箕李灌区 1993 年以前为自然沉沙，因灌区自然沉沙条件，只能采用"以挖待沉"的泥沙处理方式，自引黄闸至总干渠之间设置了一条长 22km 的沉沙条渠。位山灌区设东、西两条输沙渠，其后分别连接东、西沉沙池；在 1983 年以前，均为自然沉沙方式，由于沉沙区两侧低洼地经当地群众治理，已变为丰产田，新占耕地十分困难，于 1983 年后采用以挖待沉方式，维持灌区灌溉功能的正常发挥。

8.1.2　远距离集中配置模式

远距离集中配置模式就是利用输沙渠道把泥沙输送到较远的地方沉沙，沉沙池设在灌区中游和下游，或者在距灌区渠首较远的渠段进行较集中的淤积。这一模式可分为三种形式，一是利用远离渠首的一处沉沙池进行集中沉沙，比如新小开河灌区，把沉沙池设在距渠首约 50km 的地方进行沉沙,这一方式不会引起渠首泥沙问题;二是在距渠首一定距离的不同位置设置不同的沉沙池,把输沙渠输送的泥沙集中沉积在不同的位置,如潘庄灌区在 91.3km 的总干渠上设三级沉沙,实行三级沉沙[1,15],把引黄泥沙沉积在不同的三个地方,引起的清淤泥沙占压耕地、堆积空间、土地沙化、环境恶化等问题有所缓解。三是虽然渠首设有沉沙池,但沉沙比例较小,仍有较多的泥沙输送到下游,这些泥沙又较集中地淤积在渠道内,这种情况的灌区也是存在的。在分析的引黄灌区中,有八个灌区属于远距离集中配置模式,其中河南省六个,山东省两个,如表 8-1 所示。

8.1.3 远距离分散配置模式

随着灌区工程条件的改善、渠道输沙能力的提高和灌区管理技术的发展,在总结引黄灌区集中处理泥沙经验和教训的基础上,一些灌区逐渐采取浑水灌溉方式和远距离输沙、多级分散沉沙等方式处理泥沙,由集中处理泥沙逐渐转向分散处理,相应的泥沙分布也由点(沉沙池)线(灌排渠道)分布向线面(田间)转化。表 8-2 给出了黄河下游常见的几种泥沙处理方式,主要包括渠首集中处理、远距离集中处理、分散集中处理和分散处理方式。如前所述,渠首集中处理泥沙方式会给灌区带来占压耕地、堆沙困难、土地沙化、环境恶化等问题,而远距离和分散处理泥沙可以有效地解决灌区渠首和集中处理泥沙所带来的问题,而且泥沙入田还会改善灌区农田的耕种条件。因此,结合引黄灌区水沙分布的特点和泥沙处理的经验,提出了引黄灌区泥沙远距离分散配置模式的思路[10-12]。

表 8-2 黄河下游典型灌区泥沙处理方式及特征

泥沙处理模式	主要特征	典型灌区	具体方式
渠首集中处理	渠首沉沙池集中处理泥沙,存在占用大量耕地、易造成环境恶化、土地沙化等问题	簸箕李、位山	沉沙条渠自流沉沙、以挖待沉
		胡家岸、邢家渡	迂回式沉沙
远距离集中处理	泥沙输送到较远的地方沉沙,沉沙引起的问题不突出	小开河	沉沙池距渠首 51km
分散集中处理	分不同区域集中沉沙,清淤泥沙占压耕地、堆积空间、土地沙化、环境恶化等问题有所缓解	潘庄	91.3km 的总干渠上设三级沉沙
分散处理	泥沙分散处理,进入支斗农渠、田间比例较大,泥沙问题较少	麻湾、曹店	提水浑水灌溉
		三刘寨、赵口	自流浑水灌溉

从更广的意义上讲,泥沙远距离分散配置模式可以根据灌区渠道泥沙输移和泥沙淤积的实际情况,利用沉沙池处理掉部分"有害"的粗颗粒泥沙(不利于远距离输送而且对农作物有害),将更多的细颗粒泥沙远距离输送到干渠以下各级渠道和田间[9-12],也可称为分散配置模式。显然,实施渠首集中配置模式的结果使大部分泥沙淤积在干渠以上,而远距离分散配置模式则是实现泥沙自灌区上游到下游、上级渠道向下级渠道、渠系上部到下部的输移,使更多的泥沙进入田间,即远距离输沙、分散沉沙、输沙入田,实施后可以

有效地解决灌区泥沙问题,实现灌区的可持续发展。在黄河下游引黄灌区,有 35 个灌区基本达到了远距离分散配置模式,其中河南省有 22 个灌区,山东省有 13 个灌区,特别是河南引黄灌区,已有 12 个引黄灌区实现了远距离强分散的泥沙配置模式,其泥沙输送系数和分散系数分别大于 0.75 和 2.00,如表 7-13 和表 8-1 所示。

8.2 引黄灌区泥沙资源化及实现途径

8.2.1 灌区泥沙资源化条件及过程

1. 灌区泥沙资源化的基本条件

灌区泥沙的资源性为泥沙资源化创造了前提条件,要达到灌区泥沙资源化的目标,既要满足泥沙资源化的技术条件,还要满足社会发展条件,与流域泥沙资源化类似[16]。

1)技术条件

引黄泥沙资源化的技术条件主要包括泥沙利用的经验、工程建设和水沙调控水平三个方面。

(1)泥沙利用的经验丰富。在过去的几十年里,黄河下游引黄灌区开展了大量的泥沙利用案例,泥沙利用形式主要包括改良土壤、引洪淤灌、淤临淤背、建筑材料转化等。在引黄灌区泥沙资源化过程中,不仅掌握了一些泥沙利用的关键技术,而且也取得了丰富的成功经验,为进一步开展灌区泥沙资源化工作奠定了基础。

(2)渠系和配套工程建设完善。黄河下游已建成万亩以上的灌区近 100 处,实灌面积近 200 万亩,灌区渠系和配套工程建设齐全,直接参与了灌区水沙资源的调配。灌区渠系与配套工程主要包括:引水闸工程、节制闸、衬砌渠道、支斗农渠、引水分沙工程等,这些工程对灌区泥沙资源化将发挥重要的作用。

(3)灌区水沙调控技术不断提高。灌区泥沙资源化是一个技术性非常强的工作,既涉及渠道水沙运动规律,又要掌握灌区渠系与配套工程的运行管理技术,如渠道工程规划与设计、配套工程运行调度等。目前灌区水沙调控技术、工程管理水平不断提高,如水力调度技术、机械调控措施、渠系维护管理等,为灌区泥沙资源化创造条件。

2)社会条件

引黄泥沙资源化的社会条件主要包括社会经济水平不断提高、社会环境逐步改善和泥沙需求量增加三个方面的条件。

(1)社会经济水平不断提高。社会经济水平提高,改善了人民生活,为灌区泥沙资源化途径的实施和泥沙配置工程的建设创造了坚实的物质基础,有利于提高灌区泥沙资源化及水沙配置的科研水平和管理水平。

(2)社会环境逐步改善。在黄河流域实施了大量的水土保持工程,兴建了许多水利工程,进入黄河下游的水沙条件发生了变化,特别是进入黄河下游的输沙量大幅度减少;由于小浪底水库调水调沙的运用,黄河下游河道处于冲刷状态。这些新的变化情况都将影响引黄灌区泥沙的资源化和配置。

（3）泥沙需求量不断增加。随着工农业的迅速发展和生活水平的提高，不仅农业用水量需求越来越大，而且灌区建设对泥沙的需求不断增加，特别是随着社会主义新农村建设的不断推进，引黄泥沙需求量将会进一步增加。泥沙作为一种资源，在很多情况下正在发挥作用，而且泥沙利用也得到长足的发展，为民造福。如灌区泥沙建筑材料的转换、宅基地用土、淤临淤背等。

8.2.2 灌区泥沙资源化的主要途径

黄河下游引黄灌区泥沙资源化途径主要包括加固和淤筑堤防及台地、引洪淤灌与改良土壤、建筑材料与农用土转化三个方面[16,17]，具体的资源化途径参见图8-1，有些内容在2.4.2节中进行了部分介绍。

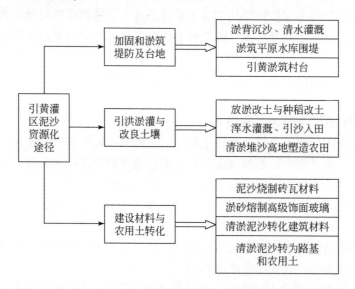

图 8-1　引黄泥沙资源化途径

1. 加固和淤筑堤防及台地

1）与淤筑相对地下河相结合，淤背沉沙清水灌溉

结合淤临淤背和引水灌溉，有计划地在临背河放淤固堤、长期开展挖河固堤、结合引黄供水沉沙淤高背河地面，逐步实施淤筑"相对地下河"的长远战略部署[18]。这种方式是将沉沙池紧靠黄河大堤背后布置，沉积泥沙用于固堤抬高地面，经过沉沙的水用于灌区的农田灌溉。如山东早期的小开河、刘春家、道旭等灌区在某一时段内都曾采取过这种方式，特点是不仅处理了泥沙、加固了黄河大堤，还能达到"清水"灌溉的目的，水沙各得其用，具有显著的经济与社会效益。

2）引黄淤筑平原水库围堤

在黄河河口地区，传统引水模式的沉沙和蓄水工程是分开的，即分别修建沉沙池和蓄水水库，这需要大量的投资和占用大量的土地，且沉沙池要经常轮换更新或清淤，特别是引用大含沙量浑水时，沉沙池难以发挥作用。为充分利用泥沙资源，灌区采用沉沙池与蓄水水库相结合同时修建的模式[19]，即在水库周边修建沉沙池，浑水水流沿沉沙池均匀淤积，逐渐形成长方形环状沙坝，即水库围堤，环形沙坝中间为蓄水水库，随着沉沙池的淤积抬高，水库库容也逐渐增大。这一兴建模式既利用了大含沙水流中的泥沙，筑造了水库，又减轻了泥沙处理负担，提高了沉沙池的利用效率和使用寿命，大幅度降低了工程造价，减少了占地，经济效益显著。在黄河三角洲地区已建成了这种两用水库三座，即广南1号、广南2号、耿井2号沉沙与蓄水两用水库。

3）淤筑村台

在黄河滩区及引黄灌区，建设社会主义新农村过程中，为安全起见，需要对一些村庄进行拆迁和规划，对原址和规划的村庄需要开展避水村台和村台平整工作，将通过引黄淤积进行塑造避水村台和平整[20]。据黄河设计公司2006年底编制的《黄河下游滩区安全建设规划》，规划避水村台为111个，台顶面积为7539万 m²，共需淤筑泥沙约 3.2 亿 m³。

2. 引洪淤灌与改良土壤

1）淤改和稻改

灌区放淤集改碱、平整土地、改良土壤结构、增加土壤肥力等多种功能于一身，能起到一举多得的治理效果。灌区淤改完成后，低洼盐碱地可以变为高产肥沃田。表 8-3 为灌区放淤前后土壤养分比较[21]，低洼盐碱地放淤后的肥效显著提高，有机质含量和全氮含量分别比放淤前提高 0.30% 和 0.03%，速效磷和速效钾比黄淮海平原区分别提高 4~7 倍和 1.4~1.6 倍；盐分减少，重盐碱坑洼地淤改后全剖面脱盐率达 50% 以上，对农作物生长十分有利。在低洼盐碱地上种植水稻，不仅可以降低盐碱地的含盐度，而且能够改良土壤结构，效果十分明显。

表 8-3 黄河下游放淤前后土壤养分比较

地区	时期	有机质/%	全氮/%	速效氮/ppm	速效磷/ppm	速效钾/ppm	全盐/%	脱盐率/%
胡楼灌区	前			36.3	1.0（0.5~6.0）	156（136~170）	0.120~0.960	
	后			64.4（31.9~166.8）	9.7（0.7~28.0）	191（155~260）		
刘庄灌区	前	0.23~0.58	0.030~0.044		21.2~91.9	210~410	0.150~0.225	
	后	0.53~0.88	0.060~0.074	39.4~61.3	5.3~16.1	150~256	0.015~0.025	50~80
人民胜利渠灌区	前						0.370~1.320	
	后	0.50~1.07	0.013~0.0340	20.0	20.0	360	0.160~0.530	26~73

注：ppm=1×10⁻⁶

在 20 世纪 90 年代之前，黄河下游两岸灌区盐碱坑洼地较多，山东和河南的很多灌区开展了较大范围的淤改和稻改工程，如河南人民胜利渠和山东菏泽、德州和滨州等地区的引黄灌区。在改变低洼盐碱荒地面貌成为粮棉生产基地的同时，还大大改善了灌区的土壤环境、生活环境和社会环境，取得了显著的经济效益和社会效益。

2）浑水灌溉，引沙入田

浑水灌溉就是对一些输沙条件较好的灌区，引黄含沙水流不经过沉沙而直接顺序通过各级输水渠道进入田间，其主要特点是将引黄泥沙分散于各级渠道沿程和田间，使更多的泥沙进入田间。20 世纪 80 年代中期以来，河南人民胜利渠、韩董庄、祥符朱、花园口、杨桥、柳元口等灌区通过渠道衬砌（减小糙率）、利用地势陡、加强管理等措施，取消沉沙池，直接进行浑水灌溉。有关资料表明[1]，河南花园口灌区 1986～1988 年在东大坝干渠开展输沙到田试验，三年引水总量为 2822 万 m^3，引沙总量为 38.5 万 m^3，灌溉面积达 2733hm^2；灌区干渠、斗农渠和毛渠淤积泥沙分别占总引沙量的 2.25%、5.57% 和 7.19%，进入田间的泥沙占 84.80%，大部分泥沙进入田间。

3）清淤堆沙高地农田化

黄河下游三义寨、位山、簸箕李等灌区渠首地区泥沙淤积严重，清淤泥沙堆积如山，形成大面积的堆沙高地，土地沙化严重，生态环境恶化。为治理堆沙高地，这些灌区开展了大量的探索性工作，在治理渠首堆沙地和土地沙化等方面取得了成功的经验，基本上都是通过高地平整、修建灌排设施、耕种农作物、营造农田防护林、引浑灌溉、土壤改良等过程进行长期耕种，把堆沙高地改良为耕地良田，取得了显著的经济效益。以沉沙条渠泥沙农田化和渠道两侧沙垄治理为重点，进行了堆沙高地作物品种、土壤改良、小麦灌溉、果农间作种植模式等试验研究，提出了一套较系统的泥沙农田化技术[22]，为引黄灌区泥沙处理和利用提供了宝贵的经验。

3. 引黄泥沙转化为建设材料与农用土

1）引黄泥沙烧制砖瓦材料

黄河泥沙烧制成砖瓦材料的做法在黄河下游曾经比较普遍。据山东河南部分灌区的调查发现[17]，在灌区渠首建有一些大型乡办或村办砖厂，其原料大都是取用洪水泥沙，其做法是首先规划低产田（包括盐碱地、低洼地）进行取土烧砖，次年在附近再重新另辟新地用土，同时引黄河洪水放淤上一年取土坑地，泥沙沉积下来，清水用于农田灌溉，淤改后的土地既可以还耕变成丰产田，也可以继续用作第三年的取土之源；第三年或另辟新地取土，或用上一年淤地取土，同时继续引黄河洪水淤第二年的取土坑地。如此循环往复，泥沙转化成建筑材料，既提高人民的生活水平，又达到处理泥沙、清水灌溉的目的。

2）利用黄河淤沙熔饰面玻璃

利用黄河淤沙可熔制高级饰面玻璃，淤沙用量高，玻璃性能好。同济大学张先禹对利用黄河淤沙熔制饰面玻璃进行了试验[8,23]。试验结果表明，黄河淤沙可以熔制各种颜色的饰面玻璃，玻璃的各项技术性能满足饰面材料性能要求，外观性能、装饰效果更佳，是一种高级饰面材料。经过与天然大理石、花岗岩等对比（见表 8-4），黄河淤沙饰面玻璃具有良好的力学性能和化学性能。黄河淤沙饰面玻璃制作工艺简单，可操作性强，淤沙利用量大，黄河淤沙用量占 70% ，辅助原料用量占 30% 。黄河淤沙饰面玻璃成本低，附加值高，有较好的经济效益。

表 8-4　黄河淤沙饰面玻璃及同类材料主要性能

名称	比重 /(g/cm³)	抗弯强度 /MPa	表面硬度（莫氏）	吸水率 /%	耐酸性 /%	耐碱性 /%
淤沙玻璃	2.58~2.61	42~56	5.0	0	≈0	0.02
大理石	2.71	17	3.5	0.02~0.05	10.30	0.28
花岗岩	2.61	15	5.5	0.23	0.91	0.08

3）清淤泥沙转化为建筑材料

在引黄灌区内，约 68.5% 的泥沙淤积在沉沙池和渠道内，这些清淤泥沙对周围环境有一定的影响，为了有效地利用清淤泥沙，很多学者开展了关于清淤泥沙转化为建筑材料的研究，主要有三种方式，一是利用沉沙池和骨干渠道清淤出来的较粗泥沙与白灰和其他添加剂等压制灰砖；二是利用灌区中下游清淤出来的细泥沙烧制砖瓦，这种方式具有范围广、规模小、群众自发的特点；三是用以生产灰沙砖和掺气水泥，使之成为本地区建筑材料基地。山东省刘庄灌区在利用黄河泥沙与水泥掺混压制成品以及东明县利用引黄泥沙制灰沙砖方面取得了成功的经验。

4）清淤泥沙转化为路基土和农用土

随着农业耕地保护程度的提高，引黄灌区耕地乱采乱挖的现象得到有效控制，但农民用土与修路用土仍存在困难，灌区清淤泥沙已成为农民用土和修路用土的重要来源。根据灌区渠道泥沙淤积和清淤的实际情况，让灌区群众有计划地把清淤泥沙搬运，用于宅基、路基或其他，既解决农民用土难的问题，也逐步解决清淤泥沙带来的占地和环境问题。

8.3　灌区泥沙优化配置原理及模型

8.3.1　配置原理

引黄灌区泥沙资源优化配置方法可采用多目标规划方法，包括多目标线性规划和多目标动态规划两种方法，相应的泥沙资源优化配置数学模型包括多目标线性规划和多目标动态规划两种数学模型，优化配置数学模型一般由综合目标函数和约束条件方程两部分构成，求解模型得到一个最优或拟最优的规划方案。鉴于目前的数学和计算水平，对于灌区内泥沙资源总量优化配置，目前宜采用多目标线性规划数学模型。

灌区泥沙优化配置多目标函数的构造一般采用层次分析法，层次分析法是美国匹兹堡大学教授 A. L. Saaty 于 20 世纪 70 年代提出的一种解决多因素复杂系统，特别是难以定量描述的社会系统的分析方法[24-25]。而单纯形法（simple mehtod）是求解线性规划模型的主要方法[24,25]，该法由单塞（Dantzing）于1947年提出，后经多次改进而成，是求解线性规划问题的实用算法。引黄灌区泥沙优化配置综合目标函数构造过程（层次分析法）和线性规划求解方法（单纯形法）的具体步骤参见有关文献[11,13]与后面的分析过程。

8.3.2　配置方法

1. 配置目标函数

灌区泥沙优化配置问题是一个战略性问题，在配置过程中，需要遵循泥沙资源优化配置的基本原则，即有效性原则、公平合理性原则、可持续性原则和科学性原则，同时还要确定灌区泥沙配置的目标。配置目标的确定需要合理考虑区域总体利益与局部利益、短期利益与长期利益的关系，还要达到有利于灌区水资源高效利用、减小洪水威胁的目的，同时配置措施要尽可能节省人力物力使灌区居民安居乐业，减轻泥沙不合理配置引起的生态环境恶化，具体到某一特定灌区，其目标的论证建立在灌区泥沙配置历史基础上，通过总结历史和现状条件下泥沙配置经验和教训，结合先进的灌区水利管理观念和理论，确定灌区泥沙配置目标。设不同泥沙配置单元的泥沙配置量为 W_s（泥沙配置表现为灾害时，效益系数为负值），泥沙配置分类目标可表示为：

$$Z_t = \max \sum_{i=1}^{n} f_i(C_{it}(W_s)_i) \tag{8-1}$$

式中，Z_t 为第 t 个目标函数值，共有 k 个目标；i 为泥沙配置单元序号；n 为配置单元数；C_{it} 为泥沙配置效益系数；f_i 是反映各种配置量所产生效益的函数关系，它为泥沙配置对社会、生态及经济效益贡献能力。

考虑灌区泥沙配置综合效益最大化，灌区泥沙优化配置的综合目标函数可表示为

$$Z = \max \sum_{t=1}^{k} \left[\sum_{i=1}^{n} R_{it} f_i(C_{it}(W_s)_i) \right] \tag{8-2}$$

式中，R_{it} 为目标权重系数，反映配置单元单位配置量对综合目标的贡献率。考虑灌区水沙配置的总目标为生态、社会和经济三个子目标，构造综合目标函数和约束条件为

$$\max \quad F(x) = \sum_{i=1}^{n} \omega_i X_i \tag{8-3}$$

$$\text{s.t.} \quad \sum_{i=1}^{n} A_{ki} X_i \leqslant b_i \text{ 或 } > b_i \quad (k = 1, 2, \cdots, M) \tag{8-4}$$

式中，$F(x)$ 为综合目标函数，其表达式通过层次分析数学方法构造；ω_i 为综合目标函数的权重系数；X_i 为泥沙分配单元变量，主要包括沉沙池沉沙、干渠滞沙、支斗农渠滞沙、输沙入田及进入排水河道的退沙等；n 为泥沙分配单元变量个数；A_{ki} 为各约束条件的水沙系数；b_i 为各约束条件的水沙资源约束量。

模型方程组的求解为求一组泥沙分配变量的值，满足泥沙资源优化分配的条件，使泥沙资源的综合目标函数值达到最大或者拟最大。

2. 多目标层次分析法

多目标层次分析法的目的就是构造灌区泥沙优化配置的综合目标函数，构造综合目标

函数的关键是确定灌区各泥沙分配单元的权重系数。

（1）多目标层次分析结构。灌区泥沙优化配置方法采用多目标层次分析方法，配置层次主要包括总目标层、子目标层、效益指标层和泥沙资源分配层。对于泥沙资源分配层，主要包括沉沙池沉沙、干渠滞沙、支斗农渠滞沙、入田泥沙及进入排水河道的退沙等，层次结构如表8-5所示。

（2）层次分析。结合水资源配置，通过分析泥沙系统各个因素的关系，以灌区泥沙资源优化配置为重点，建立泥沙系统的层次分析结构。对于复杂的灌区泥沙资源优化配置问题，结合层次结构分析，建立并发放泥沙资源多目标优化配置层次分析重要性排序评价专家调查表（如表8-5所示），统计专家调查结果。灌区泥沙资源多目标优化配置有三个子目标：生态效益、经济效益及社会效益，其中生态效益子目标层又包括改善生态环境、减轻沙化两个次级子目标；社会效益子目标层包括灌溉供水、生产生活条件两个次级子目标；经济效益子目标层包括泥沙开发利用、减少占压耕地及减少泥沙处理费用三个次级子目标。

表8-5　黄河下游引黄灌区泥沙资源优化配置多目标层次分析表

层次	多目标层次分析结构						
总目标层 A	灌区泥沙资源多目标优化配置 A						
子目标层 B	生态效益目标 B1		社会效益目标 B2		经济效益目标 B3		
效益层 C	改善生态环境 C1	减轻沙化 C2	灌溉供水 C3	生产生活条件 C4	泥沙开发利用 C5	减少占压土地 C6	减少处理费用 C7
配置方式层 D	沉沙池沉沙 X1		干渠滞沙 X2	支斗农渠滞沙 X3	入田泥沙 X4		退沙 X5

（3）构造各层次的比较判断矩阵。在建立层次结构以后，上下层之间的隶属关系就被确定了。假定上一层的元素 a 作为准则，对下一层次的元素 x_1, x_2, …, x_n 有支配关系，在准则 a 之下按它们的相对重要性赋予 x_i 相应的权重 ω_i（$i=1$, 2, …, n）。对于大多数社会经济问题，特别是对于人的判断起重要作用的问题，直接得到这些元素的权重并不容易，往往需要通过适当的方法来导出它们的权重。层次分析法使用的是两两比较的方法，比较 n 个元素 x_1, x_2, …, x_n 对准则 a 的影响，以确定他们在准则 a 中所占的比重。每次取两个元素 x_i 与 x_j，用 a_{ij} 表示 x_i 与 x_j 关于准则 a 的相对重要性之比。其比较结果可用以下矩阵表示：

$$A = (a_{ij})_{n \times n}, a_{ij} \times a_{ji} = 1 \qquad (8-5)$$

式中，A 称为比较判断矩阵，简称判断矩阵。判断矩阵中的赋值 a_{ij} 表示元素 x_i 相对于元素 x_j 的重要程度，通常由九级标度法构造两两比较判断矩阵 A，用 $1 \sim 9$ 及其倒数作为标度来确定 a_{ij} 的值，取值按表8-6。这些赋值的根据或来源，可以是决策者直接提供，或是通过决策者与分析者对话来确定，或是由分析者通过某种技术咨询而获得，或是通过其他合适的途径来酌定。

表 8-6　九级标度法表

赋值	说明
1	表示指标 x_i 与 x_j 相比，具有重要性相等
3	表示指标 x_i 与 x_j 相比，指标 x_i 比指标 x_j 稍重要
5	表示指标 x_i 与 x_j 相比，指标 x_i 比指标 x_j 明显重要
7	表示指标 x_i 与 x_j 相比，指标 x_i 比指标 x_j 强烈重要
9	表示指标 x_i 与 x_j 相比，指标 x_i 比指标 x_j 极端重要
2、4、6、8	对应以上两相邻判断的中间情况
倒数	表示 x_i 与 x_j 比较得到判断 a_{ij}，则 x_j 与 x_i 比较得判断 $1/a_{ij}$

（4）计算判断矩阵最大特征值及对应的标准化（归一化）特征向量。计算矩阵判断 A 的最大特征值 λ_{max} 及相应的标准化特征向量。判断矩阵 A 的最大特征值所对应的单位特征向量的具体求法有方根法与和积法，或者利用对矩阵处理有庞大功能的通用计算软件 Matlab 计算。确定判断矩阵一致性指标 C. I.。

$$\text{C. I.} = \frac{\lambda_{max} - n}{n - 1} \tag{8-6}$$

查表 8-7 求相应的平均数即一致性指标 R. I.。

表 8-7　一致性指标表

矩阵阶 n	3	4	5	6	7	8	9	10	11	12
R. I.	0.58	0.90	1.12	1.24	1.32	1.41	1.45	1.49	1.51	1.54

计算一致性比率 C. R.：

$$\text{C. R.} = \frac{\text{C. I.}}{\text{R. I.}} \tag{8-7}$$

利用一致性比率判断矩阵一致性。当 C. R. <0.1 时，认为判断矩阵 A 的一致性可以接受；否则，C. R. ≥0.1，应考虑修正判断矩阵 A。

（5）计算综合目标函数权重系数。层次分析法的最终目的是求资源配置变量对总目标层的权重系数，从而构造泥沙优化配置综合目标函数。

8.3.3　约束条件与求解方法

1. 约束条件

泥沙在灌区的合理分配有利于灌区的可持续发展，从引黄灌区渠系水沙输移和时空分布出发，阐述灌区水沙资源的需求量和承载力都是有限度的，根据灌区渠系冲淤平衡机制、配置平衡关系、水沙资源需求量等探求灌区泥沙优化配置的控制条件，这些约束条件主要包括：①沉沙池沉沙能力约束。沉沙池作用是调节高含沙量引水的沙峰（消峰），调节粗颗粒泥沙的含量（拦粗），为下游渠道的不淤或少淤创造条件，实现泥沙的远距离输送。②干渠滞沙能力约束。骨干渠道的清淤施工，严重地影响渠道的正常供水，分析骨干渠道冲淤平衡的可能性，通过水沙调控尽可能实现骨干渠道的冲淤平衡，以改善渠道的输水输沙能力。③支斗农渠滞沙约束。根据灌区历年淤积情况，确定滞沙比例。④田间容沙能力约束。应尽可能将绝大多数细沙输沙入田，如果全部输沙入田就必须要求灌区有很高的工程配套标准和管理技术，这在目前及今后相当长一段时间都难以达到。⑤退水退沙能力约束。进入排水河道应严格执行引黄灌溉的要求，即引黄灌区引黄退水量不得超过引水量的 10%，退水入河含沙量不得大于 $2kg/m^3$。通过严格控制退水退沙，维持排水河道的防洪除涝能力。⑥灌区引水引沙能力约束。

2. 求解方法

数学模型采用线性规划单纯形法求解，单纯形法的基本思想是沿着配置约束条件的边界域进行转轴计算，综合目标函数权重系数的相对大小决定模型单纯形法求解转轴运算的秩序，权重系数的绝对值大小决定泥沙资源优化配置的效果评价，模型计算结果主要由配置约束条件决定。

8.3.4 配置模型图解

根据上述引黄灌区泥沙优化配置的原理和配置方法，建立引黄灌区泥沙优化配置模型。引黄灌区泥沙优化配置模型构造图解如图 8-2 所示。

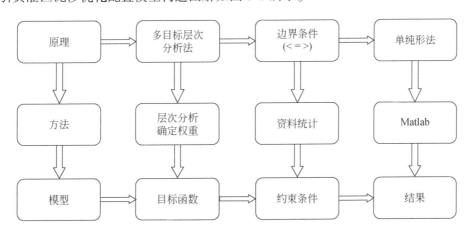

图 8-2　引黄灌区泥沙优化配置模型构造图解

图中，第一行为引黄灌区泥沙优化配置原理，主要包括多目标线性规划、层次分析法和单纯形法；第二行为灌区泥沙优化配置的方法，主要包括层次结构，层次分析和层次分析权重；第三行为引黄灌区泥沙优化配置模型，主要包括综合目标函数、约束条件和配置结果。

8.4 引黄灌区泥沙配置结果与评价

8.4.1 构造目标函数

构造综合目标函数的关键是利用层次分析法确定引黄灌区各分配单元的权重系数。具体步骤计算如下[11,13]。

1. 子目标层 B 对于总目标层 A 的评价

子目标层 B 包括生态效益、社会效益与经济效益三个子目标，对目前黄河下游引黄灌区泥沙治理水平而言，认为社会效益 B2 稍重要，其次是生态效益 B1，然后是获得经济效益 B3，由九级标度法取值，得到子目标 B 关于总目标 A 的判断矩阵如表 8-8 所示。

表 8-8 子目标层 B 对于总目标层 A 的判断矩阵表

总目标 A	生态效益目标 B1	社会效益目标 B2	经济效益目标 B3
生态效益目标 B1	1	1/2	2
社会效益目标 B2	2	1	3
经济效益目标 B3	1/2	1/3	1

求出上述三阶矩阵的最大特征值 $\lambda_{max} = 3.0092$，对应的归一化权重系数特征向量为 $\mu = [0.2970, 0.5396, 0.1634]$。计算一致性指标及一致性比率：

$$C.I. = \frac{\lambda_{max} - 3}{3 - 1} = 0.0046, \quad C.R. = \frac{C.I.}{R.I.} = \frac{0.0046}{0.5800} = 0.0079$$

因为 C.R. <0.1，故这个判断矩阵的一致性可以接受。

2. 效益指标层 C 对子目标层 B 的评价

生态效益子目标 B1 包括改善生态环境与减轻沙化，对目前引黄灌区而言认为改善生态环境 C1 比减轻沙化 C2 稍重要。由九级标度法可得到 C 层生态效益指标对生态效益子目标 B1 的判断矩阵，如表 8-9 所示。

表 8-9 C 层生态效益指标对生态效益子目标 B1 的判断矩阵

生态效益子目标 B1	改善生态环境 C1	减轻沙化 C2
改善生态环境 C1	1	3
减轻沙化 C2	1/3	1

求出上述二阶矩阵的最大特征值 $\lambda_{max} = 2$，对应的归一化权重系数特征向量为 $\mu_1^{(3)} = [0.7500 \quad 0.2500]$。

$$\text{C. I.} = \frac{\lambda_{\max} - n}{n-1} = 0 \quad \text{C. R.} = \frac{\text{C. I.}}{\text{R. I.}} = 0$$

因为 C. R. <0.1，故这个判断矩阵的一致性可以接受。

社会效益子目标 B2 包括泥沙分配对于改善灌溉供水条件 C3 与改善灌区居民的生产生活条件 C4，认为 C4 比 C3 稍重要。由九级标度法可得到 C 层社会效益指标对社会效益子目标 B2 的判断矩阵，如表 8-10 所示。

表 8-10   C 层社会效益指标对社会效益子目标 B2 的判断矩阵

社会效益子目标 B2	灌溉供水 C3	生产生活条件 C4
灌溉供水 C3	1	1/3
生产生活条件 C4	3	1

求出上述二阶矩阵的最大特征值 $\lambda_{\max} = 2$，对应的归一化权重系数特征向量为 $\mu_2^{(3)} = [0.2500 \quad 0.7500]$

$$\text{C. I.} = \frac{\lambda_{\max} - n}{n-1} = 0 \quad \text{C. R.} = \frac{\text{C. I.}}{\text{R. I.}} = 0$$

因为 C. R. <0.1，故这个判断矩阵的一致性可以接受。

经济效益子目标 B3 包括泥沙开发利用 C5、减少占压土地 C6 与减少处理费用 C7，对于目前引黄灌区而言，认为减少占压土地 C6、减少处理费用 C7 稍重要，其次是泥沙开发利用 C5。由九级标度法可得到 C 层经济效益指标对经济效益子目标 B3 的判断矩阵，如表 8-11 所示。

表 8-11   C 层经济效益指标对经济效益子目标 B3 的判断矩阵

经济效益子目标 B3	泥沙开发利用 C5	减少占压土地 C6	减少处理费用 C7
泥沙开发利用 C5	1	1/5	1/3
减少占压土地 C6	5	1	2
减少处理费用 C7	3	1/2	1

求出上述三阶矩阵的最大特征值 $\lambda_{\max} = 3.0037$，对应的归一化权重系数特征向量为 $\mu_3^{(3)} = [0.1095 \quad 0.5816 \quad 0.3090]$

$$\text{C. I.} = \frac{\lambda_{\max} - n}{n-1} = 0.0019 \quad \text{C. R.} = \frac{\text{C. I.}}{\text{R. I.}} = 0.0033$$

因为 C. R. <0.1，故这个判断矩阵的一致性可以接受。

3. 效益指标层 C 对于总目标层 A 的评价

由效益指标层 C 对于子目标层 B 判断矩阵的计算特征向量，可以得到效益指标层 C 的合成特征矩阵

$$U^{(3)} = \begin{bmatrix} 0.75 & 0.25 & 0 & 0 & 0 & 0 & 0 \\ 0 & 0 & 0.25 & 0.75 & 0 & 0 & 0 \\ 0 & 0 & 0 & 0 & 0.1095 & 0.5816 & 0.309 \end{bmatrix}$$

得到 C 层各效益指标对总目标 A 的归一化权重系数向量

$$\beta^{(3)} = \mu U^{(3)} = \begin{bmatrix} 0.2228 & 0.0743 & 0.1349 & 0.4047 & 0.0180 & 0.0956 & 0.0508 \end{bmatrix}$$

4. 配置方式层 D 对效益指标层的评价

引黄灌区泥沙处理成为制约引黄灌溉发展的主要问题，由于黄河水含沙量高，引水必引沙。泥沙问题无论在水资源配置还是在环境保护上都成为一个不可忽视的重要因素。分布在不同部位的泥沙会产生不同的经济，社会和环境影响。

结合黄河下游典型灌区泥沙分布的统计资料，灌区泥沙优化分布应遵循以下原则：①引黄泥沙含有丰富的养分，应尽量加大输沙入田的比例，但要注意不能引起土壤沙化；②减少引黄泥沙入河，保证排水河沟的正常运行；③泥沙分布要有利于泥沙分散治理，有利于泥沙的开发利用；④泥沙分布既要使泥沙处理费用最低，又要不引发灌区环境问题。

综合分析引黄泥沙在灌区不同分配单元的分配对经济、社会及生态环境的影响构造出表 8-12 ~ 表 8-18。配置方式层 D 对于效益指标层 C 有七个判断矩阵。

表 8-12　D 层配置方式关于改善生态环境 C1 的判断矩阵表

改善生态环境 C1	沉沙池沉沙 X1	干渠滞沙 X2	支斗农渠滞沙 X3	输沙入田 X4	退沙 X5
沉沙池沉沙 X1	1	1/2	1/4	1/6	3
干渠滞沙 X2	2	1	1/4	1/6	2
支斗农渠滞沙 X3	4	4	1	1/5	4
输沙入田 X4	6	6	5	1	8
退沙 X5	1/3	1/2	1/4	1/8	1

求出上述五阶矩阵的最大特征值 $\lambda_{\max} = 5.3457$，对应的归一化权重系数特征向量为

$$u_1^{(4)} = \begin{bmatrix} 0.0761 & 0.0990 & 0.2210 & 0.5673 & 0.0453 \end{bmatrix}$$

$$\text{C. I.} = \frac{\lambda_{\max} - n}{n - 1} = 0.0864 \quad \text{C. R.} = \frac{\text{C. I.}}{\text{R. I.}} = 0.0771$$

因为 C. R. <0.1，故这个判断矩阵的一致性可以接受。

表 8-13　D 层配置方式关于减轻沙化 C2 的判断矩阵表

减轻沙化 C2	沉沙池沉沙 X1	干渠滞沙 X2	支斗农渠滞沙 X3	输沙入田 X4	退沙 X5
沉沙池沉沙 X1	1	1/2	1/4	1/6	1/3
干渠滞沙 X2	2	1	1/3	1/5	1/2
支斗农渠滞沙 X3	4	3	1	1/4	1/3
输沙入田 X4	6	5	4	1	3
退沙 X5	3	2	3	1/3	1

求出上述五阶矩阵的最大特征值 $\lambda_{\max} = 5.3021$，对应的归一化权重系数特征向量为

$$u_2^{(4)} = \begin{bmatrix} 0.0550 & 0.0860 & 0.1563 & 0.4784 & 0.2244 \end{bmatrix}$$

$$\text{C. I.} = \frac{\lambda_{\max} - n}{n-1} = 0.0755 \quad \text{C. R.} = \frac{\text{C. I.}}{\text{R. I.}} = 0.0189$$

因为 C. R. <0.1，故这个判断矩阵的一致性可以接受。

表 8-14 D 层配置方式关于灌溉供水 C3 的判断矩阵表

灌溉供水 C3	沉沙池沉沙 X1	干渠滞沙 X2	支斗农渠滞沙 X3	输沙入田 X4	退沙 X5
沉沙池沉沙 X1	1	6	3	1/4	2
干渠滞沙 X2	1/6	1	1/3	1/5	1/2
支斗农渠滞沙 X3	1/3	3	1	1/3	1/2
输沙入田 X4	4	5	3	1	5
退沙 X5	1/2	2	2	1/5	1

求出上述五阶矩阵的最大特征值 $\lambda_{\max} = 5.3499$，对应的归一化权重系数特征向量为 $u_3^{(4)} = \begin{bmatrix} 0.2310 & 0.0534 & 0.1059 & 0.4874 & 0.1222 \end{bmatrix}$

$$\text{C. I.} = \frac{\lambda_{\max} - n}{n-1} = 0.0875 \quad \text{C. R.} = \frac{\text{C. I.}}{\text{R. I.}} = 0.0781$$

因为 C. R. <0.1，故这个判断矩阵的一致性可以接受。

表 8-15 D 层配置方式关于生产生活条件 C4 的判断矩阵表

生产生活条件 C4	沉沙池沉沙 X1	干渠滞沙 X2	支斗农渠滞沙 X3	输沙入田 X4	退沙 X5
沉沙池沉沙 X1	1	3	1/4	1/5	1/2
干渠滞沙 X2	1/3	1	1/3	1/6	1/2
支斗农渠滞沙 X3	4	3	1	1/3	1/2
输沙入田 X4	5	6	3	1	3
退沙 X5	2	2	2	1/3	1

求出上述五阶矩阵的最大特征值 $\lambda_{\max} = 5.3583$，对应的归一化权重系数特征向量为 $u_4^{(4)} = \begin{bmatrix} 0.0966 & 0.0616 & 0.1885 & 0.4591 & 0.1942 \end{bmatrix}$

$$\text{C. I.} = \frac{\lambda_{\max} - n}{n-1} = 0.0896 \quad \text{C. R.} = \frac{\text{C. I.}}{\text{R. I.}} = 0.0800$$

因为 C. R. <0.1，故这个判断矩阵的一致性可以接受。

表 8-16 D 层配置方式关于泥沙开发利用 C5 的判断矩阵表

泥沙开发利用 C5	沉沙池沉沙 X1	干渠滞沙 X2	支斗农渠滞沙 X3	输沙入田 X4	退沙 X5
沉沙池沉沙 X1	1	2	3	4	5
干渠滞沙 X2	1/2	1	2	3	5
支斗农渠滞沙 X3	1/3	1/2	1	2	3
输沙入田 X4	1/4	1/3	1/2	1	3
退沙 X5	1/5	1/5	1/3	1/3	1

求出上述五阶矩阵的最大特征值 $\lambda_{\max} = 5.1197$，对应的归一化权重系数特征向量为 $u_5^{(4)} = [\,0.4136 \quad 0.2693 \quad 0.1570 \quad 0.1056 \quad 0.0544\,]$

$$C.\,I. = \frac{\lambda_{\max} - n}{n-1} = 0.0299 \quad C.\,R. = \frac{C.\,I.}{R.\,I.} = 0.0267$$

因为 C. R. <0.1，故这个判断矩阵的一致性可以接受。

表 8-17　D 层配置方式关于减少占压土地 C6 的判断矩阵表

减少占压土地 C6	沉沙池沉沙 X1	干渠滞沙 X2	支斗农渠滞沙 X3	输沙入田 X4	退沙 X5
沉沙池沉沙 X1	1	2	1/3	1/5	1/2
干渠滞沙 X2	1/2	1	1/4	1/6	1/3
支斗农渠滞沙 X3	3	4	1	1/3	1/2
输沙入田 X4	5	6	3	1	2
退沙 X5	2	3	2	1/2	1

求出上述五阶矩阵的最大特征值 $\lambda_{\max} = = 5.1479$，对应的归一化权重系数特征向量为 $u_6^{(4)} = [\,0.0914 \quad 0.0581 \quad 0.1848 \quad 0.4378 \quad 0.2280\,]$

$$C.\,I. = \frac{\lambda_{\max} - n}{n-1} = 0.0370 \quad C.\,R. = \frac{C.\,I.}{R.\,I.} = 0.0330$$

因为 C. R. <0.1，故这个判断矩阵的一致性可以接受。

表 8-18　D 层配置方式关于减少处理费用 C7 的判断矩阵表

减少处理费用 C7	沉沙 X1	干渠滞沙 X2	支斗农渠滞沙 X3	输沙入田 X4	退沙 X5
沉沙池沉沙 X1	1	1/2	1/3	1/5	3
干渠滞沙 X2	2	1	1/2	1/3	2
支斗农渠滞沙 X3	3	2	1	1/2	3
输沙入田 X4	5	3	2	1	7
退沙 X5	1/3	1/2	1/3	1/7	1

求出上述五阶矩阵的最大特征值 $\lambda_{\max} = 5.1384$ 归一化权重系数特征向量为 $u_7^{(4)} = [\,0.1028 \quad 0.1446 \quad 0.2427 \quad 0.4491 \quad 0.0608\,]$

$$C.\,I. = \frac{\lambda_{\max} - n}{n-1} = 0.0346 \quad C.\,R. = \frac{C.\,I.}{R.\,I.} = 0.0309$$

因为 C. R. <0.1，故这个判断矩阵的一致性可以接受。

5. 配置方式层 D 对于总目标层 A 的评价

由配置方式层 D 对效益指标层 C 的特征向量，可以得到合成特征向量矩阵 $U^{(4)}$（7×5）

$$u_1^{(4)} = [\,0.0761 \quad 0.0903 \quad 0.2210 \quad 0.5673 \quad 0.0453\,]$$

$$u_2^{(4)} = \begin{bmatrix} 0.0550 & 0.0860 & 0.1563 & 0.4784 & 0.2244 \end{bmatrix}$$

$$u_3^{(4)} = \begin{bmatrix} 0.2310 & 0.0534 & 0.1059 & 0.4874 & 0.1222 \end{bmatrix}$$

$$u_4^{(4)} = \begin{bmatrix} 0.0966 & 0.0616 & 0.1885 & 0.4591 & 0.1942 \end{bmatrix}$$

$$u_5^{(4)} = \begin{bmatrix} 0.4136 & 0.2693 & 0.1570 & 0.1056 & 0.0544 \end{bmatrix}$$

$$u_6^{(4)} = \begin{bmatrix} 0.0914 & 0.0581 & 0.1848 & 0.4378 & 0.2280 \end{bmatrix}$$

$$u_7^{(4)} = \begin{bmatrix} 0.1028 & 0.1446 & 0.2427 & 0.4491 & 0.0608 \end{bmatrix}$$

由 C 层各效益指标对总目标 A 的归一化权重系数向量

$$\beta^{(3)} = \begin{bmatrix} 0.2228 & 0.0743 & 0.1349 & 0.4047 & 0.0180 & 0.0956 & 0.0508 \end{bmatrix}$$

可得到 D 层个配置方式对总目标 A 的归一化权重系数向量

$$\beta^{(4)} = \beta^{(3)} U^{(4)} = \begin{bmatrix} 0.1127 & 0.1842 & 0.2941 & 0.4801 & 0.1477 \end{bmatrix}$$

根据以上结果,可构造黄河下游引黄灌区泥沙资源优化配置综合目标函数的层次分析法的表达式为

$$\max F(x) = 0.1127x_1 + 0.1842x_2 + 0.2941x_3 + 0.4801x_4 + 0.1477x_5 \tag{8-8}$$

8.4.2　引黄灌区泥沙优化配置方案

黄河下游总的地势是由西南向东北呈缓倾斜。其地面坡降,位居上游地区的河南省境内多在 1/4000 ~ 1/6000,下游地区的山东省境内一般为 1/5000 ~ 1/10000,近河口地区多在 1/10000 以下[1]。根据黄河下游自然地理条件将黄河下游引黄灌区分成三部分:黄河下游上段的河南灌区、下段的山东灌区及近河口地区的灌区,鉴于河口段灌区较少,其配置方案可与山东灌区一起研究,因此,黄河下游灌区泥沙优化配置方案主要分为河南灌区和山东及河口灌区两大区域进行探讨。

1. 配置约束条件[11,13]

1)沉沙池沉沙能力约束

沉沙池作用是调节高含沙量引水的沙峰(消峰)和粗颗粒泥沙的含量(拦粗),为下游渠道的不淤或少淤创造条件,实现泥沙的远距离输送。在图 8-3 中绘制沉沙池淤积物与悬沙级配,根据划分冲泻质和床沙质的方法(拐点法与 5% 定值法相结合),可以求得冲泻质和床沙质的临界粒径 d_c,河南省临界粒径 $d_c = 0.047\text{mm}$,(即造床质泥沙所占比例对应粒径);山东省临界粒径 $d_c = 0.037\text{mm}$。黄河下游引黄渠系泥沙处理的重点应是集中拦沉粒径 $d > d_c$ 的泥沙(这部分泥沙不但难以实现远距离输送,而且容易造成沙化,影响作物生长),对减轻渠道淤积最为有效。根据 1962 ~ 1984 年的引沙级配,分别计算河南段、山东段历年引沙中大于临界粒径的粗沙所占的比例如表 8-19 所示,找出其最大值与最小值,沉沙池适宜沉沙比例应介于最小值与最大值之间,即:

$$河南段:16.4\% \leqslant X_1 \leqslant 26.7\% \tag{8-9}$$

$$山东及河口段:30.6\% \leqslant X_1 \leqslant 42.2\% \tag{8-10}$$

2)干渠滞沙能力约束

引黄灌区应尽量保持骨干渠道冲淤基本平衡,如人民胜利渠渠道相对窄深(宽深比

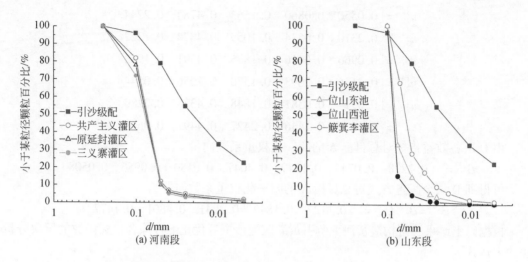

图 8-3　黄河下游典型灌区引沙与沉沙池床沙级配曲线

6～10），比降大（1/7000以上），衬砌干渠的淤积较少，淤积在10%以内，甚至是冲淤平衡的[2]；簸箕李灌区总干1991年前共淤积25.68万t，1991年总干衬砌缩窄后淤积仅为2.5万t（冬灌、春灌前期多为冲刷），基本上处于冲淤平衡状态；二干上游（沙河-白杨），除1989年淤积外，其他年份基本处于冲淤平衡，且沙河-陈谢稍有冲刷，陈谢-白杨稍有淤积，二干渠基本上处于冲淤平衡状态[2,9]；东营曹店采取远距离输沙措施后基本上实现了冲淤平衡[1]。因此，引黄灌区应尽量保持干渠冲淤平衡，即

$$X_2 = 0 \tag{8-11}$$

表 8-19　黄河下游引黄灌区大于临界粒径的泥沙重量百分数

年份	河南段	山东段	年份	河南段	山东段
	$d_c = 0.047$	$d_c = 0.037$		$d_c = 0.047$	$d_c = 0.037$
1962	20.052	30.616	1974	26.303	40.984
1963	25.743	36.254	1975	17.640	41.533
1964	22.050	31.806	1976	24.137	42.214
1965	19.927	32.888	1977	23.882	34.364
1966	21.359	38.852	1978	22.087	38.332
1967	23.451	35.750	1979	26.713	38.747
1968	16.423	36.625	1980	25.139	36.124
1969	23.912	33.738	1981	17.806	41.243
1970	19.926	41.369	1982	26.582	39.408
1971	25.441	42.073	1983	20.139	39.969
1972	24.327	41.248	1984	21.743	38.661
1973	18.055	39.205			

3）干级以下渠道滞沙能力约束

要保持灌区从总干到末级渠道都实现冲淤平衡，就必须要求灌区有很高的工程配套标准和管理技术，这在目前及今后相当一段时间都难以达到。因此，在保证干渠冲淤平衡的同时，应允许支级及以下渠道有少量淤积。据典型中小自流灌区调查，支、斗、农级允许淤积量可占引沙量的 20%~25%，如河南人民胜利渠东一灌区系统东一干支淤积占来沙的 0.7%，斗农渠淤积占来沙的 20.07%；山东簸箕李灌区 1985~1993 年支斗渠淤积量占引沙的 21.25%[3]。因此，支斗农渠的滞沙能力可满足：

$$20\% \leqslant X_3 \leqslant 25\% \tag{8-12}$$

4）输沙入田能力约束

引黄灌区泥沙处理的方向应是"分散与集中相结合，多分散，少集中"，即渠首集中处理掉部分粗沙，通过提高渠道输沙能力，在保持干级以上渠道冲淤基本平衡的同时，将泥沙远距离输送到田间，扩大泥沙落淤范围。全部分散处理在人力和财力上并不一定经济，技术上也有一定难度，而且较粗泥沙入田易引起土壤沙化。从灌区泥沙优化配置的角度考虑，以分散处理泥沙为目标，要求分散系数不小于 1.0，即

$$\frac{X_3 + X_4}{X_1 + X_2 + X_5} \geqslant 1.0 \tag{8-13}$$

5）退水退沙量约束

引黄管理规定[20]，引黄退水量不得超过引水量的 10%，退水含沙量不得大于 2kg/m³。由此，根据黄河下游 1950~2002 年引水引沙资料，花园口—艾山区间年平均引水最小含沙量为 5.515kg/m³，最大为 23.713kg/m³；艾山—利津区间年平均引水最小含沙量为 5.311kg/m³，最大为 19.934kg/m³，经过简单计算可以求得[6,8]

$$河南段：0.84\% \leqslant X_5 \leqslant 3.63\% \tag{8-14}$$
$$山东段：1.00\% \leqslant X_5 \leqslant 3.77\% \tag{8-15}$$

6）灌区引水引沙能力约束

灌区引沙量与引水量呈正相关，引水量越大，引沙量也相应越大。通过减少引水量，提高灌区水资源利用效率，达到减少引沙量的目的。灌区引黄泥沙量遵循守恒的原则，即

$$W_{s1} + W_{s2} + W_{s3} + W_{s4} + W_{s5} = W_s \tag{8-16a}$$

或

$$X_1 + X_2 + X_3 + X_4 + X_5 = 100\% \tag{8-16b}$$

2. 配置结果

根据灌区泥沙资源多目标优化配置综合目标函数式（8-8）及约束条件式（8-9）~式（8-16）。采用线性单纯形法或者利用 Excel 的线性规划求解软件，求得灌区泥沙各分配单元优化配置结果如表 8-20 所示。根据"八五"期间对黄河下游引黄灌区泥沙分布的统计分析（1958~1990 年），将优化分布结果与实际分布结果进行比较，如表 8-20 和图 8-4 所示。

表 8-20 黄河下游引黄灌区泥沙优化配置结果

项目		配置单元/%					函数值
		沉沙池沉沙	干渠滞沙	支斗农渠滞沙	田间	退沙	
河南灌区	优化配置	16.40	0	20.00	62.76	0.84	0.380
	典型灌区	14.40		30.78	43.38	11.50	
山东及河口地区	优化配置	30.60	0	20.00	48.40	1.00	0.327
	典型灌区	46.2		38.50	8.80	6.50	

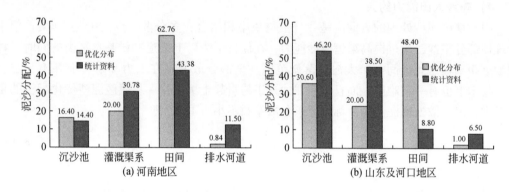

图 8-4 黄河下游引黄灌区泥沙优化分布与统计分析结果比较

黄河下游引黄灌区泥沙资源优化配置结果与实际分布相比,输沙入田比例明显增大,灌溉渠系淤积比例显著减少,泥沙的分散性更趋明显,如果黄河下游灌区泥沙能实现上述优化配置,将大大有助于改善引黄灌区的生态环境,减少泥沙淤积带来的一系列问题。此外,河南灌区泥沙优化配置的目标函数值大于山东的目标函数值,说明河南的泥沙处理效果较好,这是符合下游引黄灌溉实际情况的。

8.4.3 引黄灌区泥沙配置模式的结果评价

根据黄河下游引黄灌区的实际情况,黄河下游主要的配置模式包括近距离集中配置模式、远距离集中配置模式和远距离分散配置模式,结合黄河下游优化配置的综合目标函数和实际约束条件,给出黄河下游三种配置模式的配置结果和评价[12,14]。

1. 约束条件

黄河下游引黄灌区泥沙配置模式的约束条件包括实际情况约束、总比例约束和分类指标约束三种。

1)实际约束

在黄河下游引黄灌区内,分为沉沙池、干渠、支斗农渠、田间和排水河道五个单元,在长期的灌区泥沙配置过程中,各配置单元的泥沙实际情况即各模式配置单元的泥沙分布约束。主要是指各模式配置单元的泥沙分布不小于该模式配置单元泥沙分布的最小值,不大于该模式配置单元泥沙分布的最大值，各泥沙配置模式的实际约束条件如表8-21所示。

表8-21　灌区不同配置模式的实际约束条件 （单位:%）

配置单元 配置模式	沉沙池（X1）	干渠（X2）	支斗农渠（X3）	田间（X4）	排水河道（X5）
近距离集中配置模式	16.70~81.30	3.48~41.50	3.77~40.60	0.10~29.10	0~22.00
远距离集中配置模式	0~40.76	8.71~44.50	9.43~48.30	0.20~32.75	4.80~22.00
远距离分散配置模式	0~26.60	4.56~45.60	4.94~49.40	5.00~87.40	0~24.00

2）总比例约束

灌区引沙量与引水量呈正相关，引水量越大，引沙量也相应越大。在灌区引沙量进行配置过程中，应保持泥沙量守恒原理。即灌区引沙量等于各配置单元泥沙量的之和，即

$$W_{s1}+W_{s2}+W_{s3}+W_{s4}+W_{s5}=W_s \text{ 或 } X_1+X_2+X_3+X_4+X_5=100\%$$

3）分类指标约束

分类指标包括泥沙输送系数STC和泥沙分散系数SDC，根据泥沙配置模式的分类标准，给出各泥沙配置模式分类指标的约束条件，如表8-22所示。

表8-22　不同配置模式的分类指标约束条件

配置模式	STC	SDC
近距离集中 配置模式	$(L_x/L_0) X_1+X_3+X_4+X_5 \leq 0.5$	$\dfrac{X_3+X_4}{X_1+X_2+X_5} \leq 1$
远距离集中 配置模式	$(L_x/L_0) X_1+X_3+X_4+X_5 \geq 0.5$	$\dfrac{X_3+X_4}{X_1+X_2+X_5} \leq 1$
远距离分散 配置模式	$(L_x/L_0) X_1+X_3+X_4+X_5 \geq 0.5$	$\dfrac{X_3+X_4}{X_1+X_2+X_5} \geq 1$

2. 配置结果

根据灌区泥沙资源多目标优化配置综合目标函数式（8-8）及约束条件式（包括实际情况约束、总比例约束和分类指标约束），采用线性单纯性法或者利用Excel的线性规划求解软件，计算灌区泥沙配置模式的优化配置结果，如表8-23所示。

表8-23　黄河下游不同配置模式灌区泥沙优化配置结果 （单位:%）

配置模式	沉沙池	干渠	支斗农渠	田间	排水河道
近距离集中配置模式	16.70	33.30	20.90	29.10	0
远距离集中配置模式	0	44.50	17.25	32.75	5.5
远距离分散配置模式	0	4.56	8.04	87.40	0

（1）近距离集中配置模式配置单元沉沙池、干渠、支斗农渠、田间和排水河道的泥沙

配置比例分别为 16. 70%、33. 30%、20. 90%、29. 10% 和 0，其中沉沙池沉沙比例最高，其次是进入田间的泥沙比例。

（2）远距离集中配置模式的配置单元沉沙池、干渠、支斗农渠、田间和排水河道的泥沙配置比例分别为 0、44. 50%、17. 25%、32. 75% 和 5. 5%，其中干渠沉沙比例最高，其次为进入田间的泥沙比例，明显大于近距离集中配置模式的 29. 1%。

（3）远距离分散配置模式的配置单元沉沙池、干渠、支斗农渠、田间和排水河道的泥沙配置比例分别为 0、4. 56%、8. 04%、87. 4% 和 0，其中进入田间的泥沙比例最高，远大于近距离集中配置模式和远距离集中配置模式。

3. 综合评价

灌区优化配置综合目标函数是衡量引黄灌区泥沙配置模式的配置效果，以评价不同泥沙配置模式的综合效益。$F(x)$ 值综合反映了各类型灌区泥沙优化配置模式对社会、经济、生态效益的影响，确定各层次权重系数时，考虑的是各层次对目标的正影响，因此，$F(x)$ 值越大，表明产生的综合效益越大，也就是对促进社会、经济和生态发展越有利。把求得的各泥沙配置模式的配置结果代入综合目标函数，求得各配置模式的综合效益，如表 8-24 所示。

表 8-24 引黄灌区各配置模式的目标函数值

泥沙配置模式	近距离集中配置模式	远距离集中配置模式	远距离分散配置模式
$F(x)$	0. 281	0. 298	0. 452

（1）近距离集中配置模式。目前，近距离集中配置模式是黄河下游引黄灌区最常用的一种配置模式，为引黄灌溉效益的发挥起到重要作用。该模式优化配置方案为沉沙池沉沙 16. 70%，干渠淤积泥沙 33. 3%，支斗农渠淤积泥沙为 20. 9%，进入田间泥沙为 29. 1% 和进入排水河道泥沙为 0，对应的目标函数值为 0. 281，是三种泥沙配置模式中综合效益最差的一种。该模式的主要特点是沉沙池、干渠等沉积大量泥沙，渠道清淤是维持灌渠引水的有效措施，而长期的清淤泥沙又会出现占用大量耕地、易造成环境恶化、土地沙化等问题。鉴于引黄灌区引水引沙的实际情况和灌区地形条件、管理水平和工程设施配套等方面的限制，将来近距离集中配置泥沙模式还将在黄河下游的灌区内采用，特别是山东和河口地区。

（2）远距离集中配置模式。远距离集中配置模式主要是利用输沙渠道把泥沙输送到较远的地方沉沙，或者在距灌区渠首较远的渠段进行集中淤积。其优化配置方案是：沉沙池沉沙为 0，干渠淤积泥沙为 44. 5%，支斗农渠淤积泥沙为 17. 25%，进入田间泥沙为 37. 25% 和进入排水河道泥沙为 5%，对应的目标函数值为 0. 298，其综合效益好于近距离集中配置模式，但差于远距离分散配置模式。这一方式使更多的泥沙输送到灌区下游进行处理，渠首泥沙问题有所减轻，渠首沙化问题有所缓解。

（3）远距离分散配置模式。泥沙远距离分散配置模式主要实现泥沙自灌区上游到下游、上级渠道向下级渠道、渠系上部到下部的输移，使更多的泥沙进入田间，即远距离输沙、分散沉沙、输沙入田，实施后可以有效地解决灌区泥沙问题，实现灌区的可持续发展。该模式优化配置方案为沉沙池沉沙为0，干渠淤积泥沙为4.56%，支斗农渠淤积泥沙为8.04%，进入田间泥沙为87.4%和进入排水河道泥沙为0，对应的目标函数值为0.452，其综合效益是三种泥沙配置模式中最好的。

8.5 引黄灌区泥沙远距离分散配置模式的内涵与建议

8.5.1 模式内涵

远距离分散配置泥沙就是结合水沙运动规律，利用工程措施和非工程措施，把灌区泥沙按照一定的比例分配到渠道和田间，使泥沙形成的灾害最小。从更广的意义上讲，泥沙远距离分散配置模式也可以根据灌区渠道泥沙输移和泥沙淤积的实际情况，利用沉沙池处理掉部分"有害"的粗颗粒泥沙（不利于远距离输送而且对农作物有害），将更多的细颗粒泥沙远距离输送到干渠以下各级渠道和田间。显然，集中处理泥沙的结果使大部分泥沙淤积在干渠以上，而远距离分散配置模式则是实现泥沙自灌区渠系自上而下的输移，使更多的泥沙进入田间，即远距离输沙、分散沉沙、输沙入田，实施后可以有效地解决灌区泥沙问题，实现灌区的可持续发展。如簸箕李灌区[2,9]，为了使更多的泥沙输送到下游或田间，灌区利用沉沙条渠沉积较粗的泥沙后，下游总干、二干已基本达到冲淤平衡，大部分泥沙进入支斗农渠和田间，大大减轻了处理泥沙的负担。

泥沙远距离分散配置模式作为灌区水沙联合优化配置的一种形式，具有丰富的内涵，主要包括配置模式的评价指标、评价方法、实现技术及应用，如图8-5所示。配置模式评

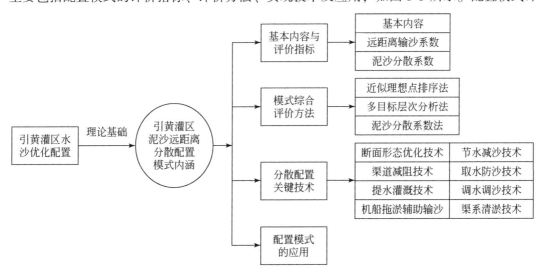

图8-5 引黄灌区泥沙远距离分散处理模式构成

价指标包括远距离输沙系数、泥沙分散系数等；其评价方法可以采用近似理想点排序法、多目标层次分析法、泥沙分散系数法等；采用一些工程和非工程的关键技术，包括断面形态优化技术、渠道减阻技术、提水灌溉技术及机船拖淤辅助输沙技术等工程措施和节水减沙、水沙调控等非工程措施。

8.5.2　引黄灌区有害泥沙

黄河下游引黄灌区内存在的主要问题是泥沙淤积，特别是粗颗粒泥沙淤积。引黄灌区在现有的条件下，并不是所有的泥沙都能输送到支斗农渠及田间，而是有一定数量的粗颗粒泥沙淤积在灌区的骨干渠道，影响灌区灌溉效益的正常发挥，这部分粗颗粒泥沙称为灌区的有害泥沙。如何界定有害泥沙的范围和比例都是非常重要的。

在引黄灌区中，经过沉沙池沉沙处理后，大部分泥沙都能输送到灌区下游。因此，可利用沉沙池泥沙淤积和泥沙组成来初步确定有害泥沙的范围。根据划分冲泻质和床沙质的方法，利用图 8-3 可以求得河南、山东河段引黄灌区沉沙池冲泻质和床沙质的临界粒径分别约为 0.047mm 和 0.037mm，大于该粒径的泥沙为床沙质，参与渠道的冲淤变化，小于该粒径的泥沙可以大部分输送到下游。引黄灌区沉沙池淤积泥沙中，粒径大于 0.050mm 的粗沙占全部淤积泥沙的 85% 以上，可见处理粒径大于 0.050mm 的粗颗粒泥沙是非常重要的[9,10]。因此，初步确定粒径大于 0.050mm 的粗颗粒泥沙为有害泥沙，需要沉沙池拦截处理。根据黄河下游来沙级配可知，大于 0.050mm 的粗颗粒泥沙约占 22%，即约有 22% 的粗颗粒泥沙需要沉沙池处理，其中这个比例在河南稍小，山东略大。

8.5.3　建议

引黄灌区三种泥沙配置模式中，以泥沙远距离分散配置模式最好，基本上不会产生严重的泥沙问题，可维持引黄灌区的可持续发展。在黄河下游引黄灌区中，河南有一些灌区已基本实现了远距离分散配置泥沙模式，如杨桥、三刘寨、三义寨、杨桥、柳园口、韩董庄等，而山东大部分引黄灌区还使用近距离集中配置泥沙模式，如刘庄、李家岸、簸箕李、邢家渡等，这些近距离集中配置模式都出现了不同类型的泥沙问题。黄河下游引黄灌区内存在的主要问题是泥沙淤积，特别是粗颗粒泥沙淤积，这部分粗颗粒泥沙称为灌区的有害泥沙。结合引黄泥沙的造床作用，利用沉沙池泥沙淤积和引沙组成来初步确定有害泥沙的范围（如图 8-3 所示），初步约定粒径大于 0.05mm 的粗颗粒泥沙为有害泥沙。引黄灌区沉沙池淤积泥沙中，粒径大于 0.05mm 的粗沙占全部淤积泥沙的 85% 以上，可见处理和拦截粒径大于 0.05mm 的粗颗粒泥沙是非常重要的。根据黄河下游来沙级配可知，大于 0.05mm 的粗颗粒泥沙约占 22%，即约有 22% 的粗颗粒泥沙需要沉沙池处理，其中这个比例在河南稍小，山东略大。为了有效地处理引黄灌区中的有害泥沙，逐步实现引黄灌区泥沙远距离分散配置模式，周宗军等[3,12]就实现灌区泥沙优化配置关键技术开展了深入研究。根据引黄灌区泥沙输移和配置特征，王延贵等[10]就引黄灌区泥沙优化配置模式的实施提出以下的宏观建议：

（1）对于地形条件有利的引黄灌区，可直接实施浑水灌溉方式，提高输沙入田比例，实现泥沙远距离分散配置模式。这一点已为河南一些典型灌区的浑水灌溉方式的实践所检验，如河南三刘寨、赵口、堤南等灌区，充分利用灌区自然条件，通过综合技术改造和科学管理措施，不采用沉沙池沉沙的集中处理方式，而直接采用分散处理泥沙的方式，直接将泥沙输送到田间，可以将泥沙输送系数从有沉沙池的 0.37 增加至无沉沙池的 0.75 以上，泥沙分散系数从有沉沙池的 0.44 提高到无沉沙池的 1.92 以上，效果非常明显，为有效解决引黄灌区的泥沙问题开拓了一条新的途径。

（2）对于地形条件不利的引黄灌区，仍需要沉沙池拦截较粗的有害泥沙，再将更多的泥沙远距离输送入田，间接实现泥沙远距离分散配置模式。首先处理灌区有害泥沙后，通过实施一些工程措施和非工程措施，可基本实现远距离分散配置泥沙的目标。如山东的簸箕李灌区在这方面都取得了成功的经验，在渠首修建沉沙条渠，处理有害的粗颗粒泥沙，然后通过改造干渠断面形态、渠道衬砌等工程措施，开展调水调沙、节水减沙等非工程措施，提高渠道输沙能力，增加进入支渠、斗渠、农渠和田间的泥沙量，基本实现远距离分散配置泥沙的目标。

（3）在引黄灌区内，采用各类工程和非工程措施提高渠道输沙能力是实现远距离分散配置模式的重要前提。无论何种类型的引黄灌区，如果渠道输沙能力较低，渠道将发生严重淤积，灌区就没有完成泥沙配置的基本条件。因此，提高渠道输沙能力是实现远距离分散配置泥沙的关键技术。提高渠道输沙能力的工程和非工程技术包括断面形态优化、渠道减阻、提水灌溉和机船拖淤辅助输沙等工程技术，以及节水减沙、调水调沙等非工程技术。

参 考 文 献

[1] 蒋如琴，彭润泽，黄永健，等. 引黄渠系泥沙利用 [M]. 郑州：黄河水利出版社，1998.

[2] 中国水科院，等. 典型灌区的泥沙及水资源利用对环境及排水河道的影响 [R]. 1995.

[3] 国际泥沙研究培训中心. 黄淮海平原灌区泥沙灾害综合治理的关键技术 [R]. 2008.

[4] 李东阳. 引黄灌区泥沙淤积对生态环境的影响及对策分析 [J]. 能源与环保，2021，43（11）：9-16.

[5] 田庆奇，苏佳林，史红玲. 黄河下游引黄灌区水沙调控模式及其特点分析 [J]. 中国水利水电科学研究院学报，2016，14（4）：267-273.

[6] 史红玲. 黄河下游引黄灌区水沙调控模式与优化配置研究 [D]. 北京：中国水利水电科学研究院，2014.

[7] 王军，姚仕明，周银军. 我国河流泥沙资源利用的发展与展望 [J]. 泥沙研究，2019，44（1）：73-80.

[8] 汪欣林，马鑫，梅锐锋，等. 泥沙资源化利用技术研究进展 [J]. 化工矿物与加工，2021，50（4）：36-44.

[9] 王延贵，蒋如琴，刘和祥，等. 簸箕李灌区泥沙远距离输送的研究 [J]. 泥沙研究，1995（3）：64-71.

[10] 王延贵，胡春宏，周宗军. 引黄灌区泥沙远距离分散配置模式及其评价指标 [J]. 水利学报，2010，41（7）：764-770.

[11] 周宗军. 引黄灌区远距离分散配置模式研究及其应用 [D]. 北京：中国水利水电科学研究

院，2008.

[12] 亓麟，王延贵. 黄河下游引黄灌区泥沙分布评价与配置模式 [J]. 人民黄河，2011，33（3）：64-67.

[13] 周宗军，王延贵. 引黄灌区泥沙资源优化配置模型及应用 [J]. 水利学报，2010，41（9）：1018-1023.

[14] 王延贵，史红玲，亓麟，等. 黄河下游典型灌区水沙资源配置方案与评价 [J]. 人民黄河，2011，33（3）：60-63，144.

[15] 马朝彬，张书彦，孙宝忠. 潘庄引黄灌区泥沙处理调研 [J]. 山东水利，2011（3）：49-50.

[16] 王延贵，胡春宏. 流域泥沙的资源化及其实现途径 [J]. 水利学报，2006，37（1）：21-27.

[17] 王延贵，胡春宏. 黄河下游引黄灌区水沙综合利用及渠首治理 [J]. 泥沙研究，2000（2）：39-43.

[18] 洪尚池，张永昌，温善章，等. 结合引黄供水沉沙池淤筑相对地下河的研究 [M]. 黄河水利出版社，1998.

[19] 胡春宏，等. 黄河河口地区引黄取水新模式的研究 [R]. 中国水利水电科学研究院，北京，1999.

[20] 吴海亮，何予川，刘娟，等. 黄河泥沙资源化利用研究 [J]. 人民黄河，2009，31（5）：49-51.

[21] 王延贵. 胡楼灌区渠首淤改工程经验总结 [M]. 刘清朝. 水科学青年学术论文集，北京：水利电力出版社，1990.

[22] 李宁，杨宝中，林斌文. 引黄灌区泥沙农田化技术 [J]. 人民黄河，2002，24（2）：33-34.

[23] 张先禹. 利用黄河淤沙熔饰面玻璃 [J]. 泥沙研究，2000（6）：69-71.

[24] 胡运权. 运筹学基础及应用 [M]. 3 版. 哈尔滨：哈尔滨工业大学出版社. 1998.

[25] 林锉云，董加礼. 多目标优化的方法与理论 [M]. 长春：吉林教育出版社. 1992.

[26] 张永昌，杨文海，兰华林，等. 黄河下游引黄灌溉供水与泥沙处理 [M]. 郑州：黄河水利出版社，1998.

| 第 9 章 | 　引黄灌区水沙配置技术与措施

　　由于灌区地形条件的限制和大量引沙状况，引黄灌区出现了渠道泥沙淤积严重、泥沙处理负担加重、排水河道淤积等问题，直接影响了灌区可持续发展。目前，引黄灌区一般采用渠首集中处理泥沙的方式，长期的渠首沉沙和渠道清淤，曾造成灌区渠首沉沙场地日趋殆尽、清淤泥沙占地及其产生土地沙化和风沙等状况，是引黄灌区亟待解决的关键问题，为此提出了许多解决灌区泥沙淤积问题的技术和措施[1-6]。结合引黄灌区水沙分布的特点和泥沙处理的经验，王延贵等和周宗军[7-9]提出引黄灌区泥沙远距离分散处理模式。远距离分散处理泥沙就是结合水沙运动规律，利用工程和非工程的措施，把引黄泥沙按照一定的比例分配到渠道和田间，使泥沙形成的灾害最小；或者根据灌渠泥沙输移和泥沙淤积的实际情况，利用沉沙池处理部分"有害"的粗颗粒泥沙，将更多的细颗粒泥沙输送到干渠以下各级渠道和田间。为了实现灌区泥沙远距离分散配置模式，需要采用一些工程和非工程的关键技术，包括灌区减沙沉沙技术、引水分沙技术、渠道输水输沙技术等，如图9-1所示[10]。

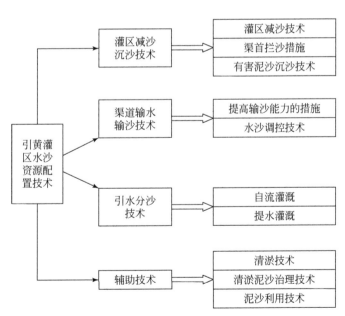

图 9-1　引黄灌区水沙资源配置技术

9.1 灌区减沙沉沙技术

9.1.1 灌区减沙技术

灌区引沙多少取决于引水量和引水含沙量，减少引水量和控制引水含沙量都将减少灌区引沙量。前者通过大力推行节水灌溉技术、地下水联用等达到减少引水量的目标，后者则主要是通过拦沙措施和避开沙峰引水等来实现。

在引黄过程中，结合黄河水沙情报和灌区用水需要，选择有利时机，灵活调度闸门运行，做到既最大限度地满足灌区需水，又尽可能地减少引进泥沙量。资料分析表明[11]，灌区引水流量变化幅度仅为几倍，而含沙量则高达数十倍，水沙变化幅度相差一个数量级。如簸箕李灌区引黄流量变化相差 6.5 倍，而含沙量差值可达 350 倍，且沉沙条渠大含沙量的淤积率为小含沙量的数倍，甚至数十倍，因此，控制灌区大含沙量引水特别是非汛期大含沙量粗沙引水是灌区引沙减少和渠道减淤的关键，遇到黄河大含沙量时段应禁止开闸引水。如山东簸箕李灌区闸前调度方案，在非汛期引水含沙量不超过 15kg/m³，汛期引水含沙量不超过 30kg/m³。对于河南省人民胜利渠灌区，根据黄河季节来沙特点和季节降雨特点采用井渠结合避开汛期大含沙量引水，可大量减少引沙量，据 20 世纪 60 年代起统计，井灌用水量占灌区年总用水量的 40% 时即可维持灌区水量平衡，仅此即可减少一半的引沙量；采取春季多引黄，汛期少引黄，洪水高含沙时不引黄的办法进行水沙调度。

9.1.2 有害泥沙的处理技术

1. 有害泥沙

黄河下游引黄灌区内存在的主要问题是泥沙淤积，特别是粗颗粒泥沙淤积。引黄灌区在现有的条件下，并不是所有的泥沙都能输送到支斗农渠及田间，而是有一定数量的粗颗粒泥沙淤积在灌区的骨干渠道，影响灌溉效益的正常发挥，这部分粗颗粒泥沙称为灌区有害泥沙。王延贵等和周宗军[8,9]根据引黄灌区引沙与沉沙池淤积泥沙资料，初步约定粒径大于 0.05mm 的粗颗粒泥沙为有害泥沙，需要沉沙池拦截处理。根据黄河下游来沙级配可知，大于 0.05mm 的粗颗粒泥沙约占 22%，即约有 22% 的粗颗粒泥沙需要沉沙池处理，其中这个比例在河南稍小，山东略大。

2. 有害泥沙的拦截措施

在引水引沙的优化配置过程中，根据供水对象的特点，有时需要对引沙量及其组成进行较严格的控制，即所谓的引水防沙技术，主要包括取水口位置选择、布置形式、工程拦沙措施（拦沙闸、导流工程、拦沙潜堰、叠梁、橡胶坝等）。由于游荡性河段和弯曲性河段演变特性存在本质的区别，游荡性河段主流游荡摆动频繁，弯曲性河段的河道比较稳定，导致两种类型的河段的引沙特性也不一样，对应的取水防沙措施也有差异[6]。

3. 有害泥沙的沉沙技术

沉沙池是处理灌区有害泥沙的重要工程措施。自 20 世纪 50 年代兴建河南人民胜利渠灌区和山东打渔张灌区开始，对利用天然洼地兴建沉沙池的形式、规划布置、水沙运行规律及拦沙效果等进行了比较全面的研究。常见的沉沙池包括湖泊型、带形条渠型、梭形条渠型三种形式，如图 9-2 所示。理论分析及观测试验结果表明[1]，在三种形状的沉沙池中，梭形条渠型是最好的，带形条渠型次之，湖泊型较差。

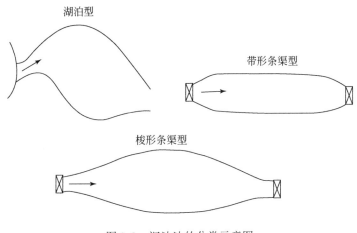

图 9-2　沉沙池的分类示意图

为提高沉沙池的沉沙效率、合理利用沉沙池容积、有效地处理有害泥沙，沉沙池出口进行水沙调控是非常必要的。一般情况，在沉沙池出口修建节制闸或橡胶坝，通过调高或降低节制闸叠梁或橡胶坝的高程来改变沉沙池的水流流态，使沉沙池的淤积比增大或减小，调整沉沙池淤积沿程分布。当来水含沙量大或颗粒粗时，抬高沉沙池出口水位，沉沙池水流流速减小，泥沙淤积增加；当来水含沙量小或颗粒细时，降低沉沙池出口水位，沉沙池内水流流速增加，泥沙淤积减少。

9.2　渠道形态优化技术

9.2.1　渠道断面形状优化技术

1. 宽度问题

来水流量是影响渠道水流挟沙能力最关键的条件（如图 6-20 所示）。流量的增大，挟沙能力增大，而且增大幅度较大；底宽减小，水流挟沙能力增大，如图 9-3 所示[11]。因此，引水流量应尽可能接近设计流量，同时在满足引水条件的情况下，底宽应尽可能小，使渠道水流处于大挟沙能力状态运行。

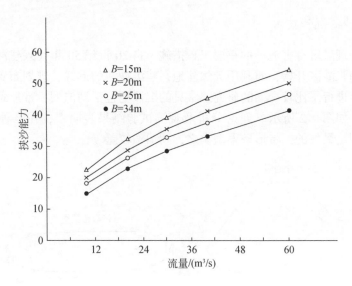

图9-3　渠道水流挟沙能力与流量、底宽的关系

2. 合理的宽深比

宽深比（B/H）是断面形状的重要参数之一，合理选择宽深比是非常重要的。一般来说，窄深渠道有利于河道输沙，但如果宽深比过小，同流量下，湿周增加，边壁阻力增大，从而会影响过水流速；若宽深比过大，湿周同样会增加，边壁阻力同样会增大，流速减小。灌区渠道实际运行经验表明，设计流量下，簸箕李灌区不淤积渠道（二干、总干）的宽深比为7和10，胡楼和人民胜利渠渠道平均宽深比为8。其中，人民胜利渠西干灌渠比B/H为7～8，渠道基本不淤；人民胜利渠东干渠B/H为10～14，淤积就比较严重。因此，引黄灌区渠道设计的合理宽深比可取6～10。

3. 优化边坡系数[11,12]

根据最佳输沙断面与边坡分析成果，边坡系数m为1.0的三角形断面具有很强的输沙能力，但输水能力受到一定的限制。综合考虑，小底宽（$b<15$），边坡对挟沙能力的影响最大，$m=1.0$时其挟沙能力和最大挟沙能力比较接近，因此，小底宽渠道的边坡系数最好接近于1.0，而不大于1.5。较大底宽（$20<b<35$），边坡对挟沙能力的影响较小，m介于1.0～1.5时的挟沙能力和最大值比较接近，因此较大底宽的渠道边坡系数最好为1.0～1.5，且不超过2.0。对于很宽渠道（$b>35m$）边坡对挟沙能力的影响很小，因此宽渠道的边坡系数只要不是过大都是可以接受的。

4. 复式断面问题

黄河水沙条件随季节变化很大，洪水期（7～10月）来水较多，灌区需水量少，而非汛期来水较少，有时仅有100m³/s，但灌区需水量多，难于满足引水要求；即使能满足引水要求,有时灌区并不需要大量的水,也只能引较小的流量。由于黄河来水和灌区需水的不协调,引黄闸引水流量并不是按照设计流量进行引水的,常常是小于设计流量的,大多数引黄灌区都是在小流量大宽度渠道下运行的,这也是渠道严重淤积的原因之一。据统计[11],引黄灌区年均引水流量约为设计流量的 50%~70%,如簸箕李灌区引水流量由原来的 30m³/s 提高到近几年的 40m³/s,占设计流量的 50%~70%。鉴于这一情况,渠道可以采用复式断面形式进行设计,主槽按照设计流量的 50%~70% 确定底宽,边坡采用较大输沙能力边坡(如 $m=1.5$)确定水深,复式边坡可采用较大的边坡系数(如 $m=2.5$),利用设计流量确定设计水深。复式断面设计既可以满足常流量在较大的挟沙能力状态下运行,又可满足大流量的需求,同时达到束水攻沙的效果[12,13]。

9.2.2 渠道纵剖面改善技术

渠道输水流量一般用下式表达

$$Q = AV = \frac{1}{n} P R^{\frac{5}{3}} J^{\frac{1}{2}} \qquad (9-1)$$

渠道水流挟沙能力一般遵循武汉水院公式的形式[14],即

$$S^* = K \left(\frac{V^3}{g \omega R} \right)^{m'} = K \left(\frac{J^{\frac{3}{2}} R}{g \omega n^3} \right)^{m'} \qquad (9-2)$$

从式(9-1)和式(9-2)可知,渠道断面形态、纵剖面比降与河道阻力是影响渠道过流能力和输沙能力的渠道形态因素和动力因素,其中渠道比降是影响渠道输水输沙的主要因素,渠道比降越大,渠道输水输沙能力越大。因此,尽可能加大渠道比降(含水面比降)是提高渠道输水输沙能力的重要措施[2,7,11]。

1. 加大渠道比降

无论是河南灌区,还是山东灌区,渠道走向尽可能按照灌区地形走势,以获得最大的渠道比降。黄河下游沿程地面比降逐渐减小[2],位居上游地区的河南境内地面比降多在 1/4000~1/6000,灌区渠道比降约为 1/4000~1/5000,比如柳园口灌区为 1/4000~1/3000,人民胜利渠灌区为 1/4000~1/2300,三刘寨灌区为 1/4500;下游地区的山东境内地面比降一般为 1/5000~1/10000,灌区渠道比降约为 1/6000~1/7000,如位山灌区为 1/7000~1/6000,张桥灌区为 1/7000;近河口地区地面比降多在 1/10000 以下,灌区渠道比降一般小于 1/7000,如韩墩灌区为 1/7500。

对于同一个灌区,灌区上下游的地形条件也有很大的差异,一般靠近黄河区域渠道比降大,远离黄河的地面渠道比降较小。实际上,结合工程技术改造,一般采用抬高灌区渠首高程和降低渠尾高程的做法来增加渠道比降。如簸箕李灌区地势平坦,坡度较缓,自然地形呈西南高、东北低的走势;灌区渠首至沙河地面比降约为 1/5000,沉沙条渠和总干渠渠道比降分别为 1/5000 和 1/7000;沙河至青坡沟地面比降为 1/8000,二干渠上游段渠道比降为 1/7000,青坡沟至德惠新河地面比降约为 1/15000,二干渠下游渠道比降为 1/10000。簸箕李灌区上游干渠(条渠和总干渠)都基本上按地势比降设计,渠道多为地

上渠，采用自流灌溉；灌区下游二干渠采用地上渠和地下渠相结合的方式，增加渠道比降，上段为半地上渠，下段为地下渠，采用提水灌溉[9,11]。而对于河口地区，为了增加灌区渠道的渠底比降，下游渠道一般具有较大的挖深，灌区常采用提水灌溉，比如河口地区的曹店灌区。

2. 加强灌区管理与调控，维持大水面比降运行

式（9-1）和式（9-2）中的比降一般使用水面比降（能坡），很多情况水面运行比降和渠底设计比降是不完全一致的，因此，维持水面比降处于较大状态是非常必要的。

（1）尽可能清除渠道阻水现象。在灌区内，渠道上可能会存在过渠生产桥、过渠渡槽缩窄抬高等建筑物的阻水问题，在岸边也会出现生长草木的现象，这些都是渠道阻水的因素，会导致水面比降变缓，降低渠道的输水输沙能力。针对这些阻水问题，需要对这些阻水建筑物进行改建升级，清除岸边草木生长，加强渠道管理。

（2）尽可能满足供需平衡原则。一些大型引黄灌区内上下游供水不平衡的现象，一般上游区域供水充足，下游区域供水不足，从而在灌区引水灌溉过程中，下游渠道实际过水流量偏小的现象，水面比降处于较小状态；或者由于上游灌溉完成后，进入下游的流量增加，有可能造成下游渠道的壅水问题。簸箕李灌区就是如此，簸箕李灌区采取的对策就是在下游区域（阳信县和无棣县）的适当位置，配置足够的提水泵站（或移动泵站），保证河道不出现壅水现象，维持河道在较大比降状态下运行。

（3）引水流量尽可能接近设计过水能力。由于灌溉需水不足或引水限制，灌区引水流量远小于渠道过流能力，使得小流量过大渠道的情况；另外灌区上下游渠道设计能力是不同的，上大下小，若引水流量较大，由于下游渠道过流能力的限制，可能会出现上游渠道壅水的现象。这些情况都是需要避免的，引水流量尽可能满足渠道设计能力，加强灌区运行管理和调控。

9.3 输水输沙技术

9.3.1 合理设计渠道糙率

从式（9-1）和式（9-2）可知，渠道糙率 n 是影响渠道过流能力和输沙能力的主要因素，其选择对渠道输水输沙具有重要的作用。

渠道糙率是引黄渠道设计中的一个重要参数，它的合理性选择既影响渠道过水能力，又影响输沙能力。一般情况，渠道过流能力与糙率成反比，而水流挟沙能力和糙率的三次方成反比，如果糙率 n 减小 5%，其挟沙能力将增加近 17%，可见渠道糙率对挟沙能力的影响大于对过流能力的影响。经过大量的观测研究发现，引黄渠道的糙率并不是恒定的，而是随来水来沙条件和边界条件的影响而变化，糙率变化机理是一个非常复杂的理论问题，万兆惠等[15]开展了深入研究。渠道阻力主要由沙粒阻力、沙波阻力、渠岸阻力和建筑物的外加阻力等组成，由于引黄灌区及其不同渠段在边界条件、渠道管理水平、建筑物

形式等存在很大的差异，其各种阻力的作用也有很大的不同，导致不同灌区及其不同渠段的糙率也有很大的变化，从而给渠道糙率设计带来很大的困难。

黄河下游水流含沙量较高时颗粒较细，且灌区一般采用渠首集中处理泥沙的方式，把较粗泥沙拦截在沉沙池内，使进入渠道的泥沙更细。当细颗粒泥沙水流通过渠道后，渠道岸坡上淤积一层颗粒很细的泥沙（其粒径远小于土渠或衬砌边壁的糙率），使岸坡的糙率（凹凸）大为减小，渠道运行后的糙率不是岸坡（土质或衬砌）的初始糙率，而是岸坡边壁淤积泥沙后的糙率，从而表现为渠道糙率随含沙量的增大而减小。引黄灌区渠道冲淤随来水来沙条件不断变化，且以小含沙量的冲刷和大含沙量的淤积为特征；渠道在小含沙量冲刷过程中，床沙粗化，沙粒阻力增大；反之，大含沙量淤积时，渠道床沙细化，沙粒阻力减小。灌渠冲淤变化的同时，渠道会形成沙波，当水流条件逐渐加强，其沙波变化过程为平整—沙纹—沙垄—平整—沙浪，不同的沙波形式其阻力有很大的变化，当渠道处于平整状态时，其糙率较小，当渠床形式为沙垄和沙纹时，其糙率比较大，不同灌区的渠道在不同水流条件所处的沙波形态的差异造成糙率的差别[15]。显然，灌区渠道通过水沙调控使渠道处于糙率的最佳状态，可以提高渠道输沙能力。

另外，在引黄灌区内，渠道仍存在一些边界变化，使得渠道岸边阻力增大。①在开挖渠道（或清淤）过程中，由于施工质量不高或不达标，造成局部边界突变或凹凸不平；②由于工程和灌溉需求，人为造成渠道弯曲、缩窄或底部抬高，修建必要的建筑物；③渠道的人为自然破坏，如排灌挖堤和渠岸雨蚀冲刷；④岸坡草木的生长。以上这些问题在引黄灌区内都有不同程度的存在，特别是支渠以下更为突出。

影响渠道糙率的主要因素是水沙条件，边界条件和人工建筑物。灌区实测糙率值都是这三种因素影响下的综合值，而且有很大的变化。根据典型灌区各渠段水流实测资料，求得相应的糙率，如表9-1所示[11,15-18]。灌区渠道实测糙率成果表明，土渠糙率为 0.016 ~ 0.019；衬砌总干渠率为 0.012 ~ 0.014。在灌区渠道设计时，一些灌渠设计土渠糙率采用 0.0200 ~ 0.0225，衬砌渠道糙率多采用 0.0150 以上，常常比实际糙率大 30% ~ 40%，结果使得渠道偏宽，水流泥沙在宽渠道状态下通过，发生泥沙淤积。当然，若选择糙率偏小，渠道过窄，难以满足渠道过水能力影响灌区灌溉。

表 9-1　黄河下游典型灌区渠道实测糙率

灌区名称	渠道	糙率范围	平均值	备注
刘庄	东干渠	0.0077 ~ 0.0128	0.0103	仅边坡片石衬砌，6.4km，28 组测量数据
陈垓	干渠	0.0084 ~ 0.0190	0.0124	砼板及砖全断面衬砌，4.4km，28 组测量数据
打渔张	五干渠	0.0082 ~ 0.0159	0.0118	砼板全断面衬砌，50km，19 组实测数据
簸箕李	衬砌总干		0.0136	
	土渠二干		0.0167, 0.0183	前者为"八五"攻关测量，后者为黄淮海项目测量

灌区名称	渠道	糙率范围	平均值	备注
张桥	衬砌渠道		0.0140	
位山	东输沙渠（衬砌前）		0.0180	
	东输沙渠（衬砌后）		0.0140	

通过加强渠道管理和提高灌区运行水平，灌区糙率设计值采用：土渠为 0.017 ~ 0.019，衬砌渠道为 0.012 ~ 0.014 都是可行的。

9.3.2　工程措施

1. 渠道衬砌技术

渠道衬砌主要是改善渠道的边坡条件，确保断面规则稳定和水流平顺，减少水流阻力，加大流速，提高水流的挟沙能力。自 20 世纪 60 年代，一些引黄灌区就开始了渠道衬砌的试验工作(如河南的人民胜利渠，山东的陈垓灌区)，随着经济条件的发展及节水、防渗、防淤的要求，渠道衬砌规模逐渐扩大，1990 年时引黄灌区干级以上渠道衬砌长度达 736km（山东为 520km 河南为 216km），起到了较好的输沙减淤效果，山东灌区输沙渠衬砌后，同样条件下减少清淤量为 20% ~ 50%。位山灌区东输沙渠衬砌前后资料表明[18]，渠道衬砌后的糙率比衬砌前减小 22%~25%，平均流速增大 33%~35%，输沙能力大幅度增加，同时渠道水流损失系数从衬砌前的 0.0038 减小到衬砌后的 0.00064，如表 9-2 所示。通过 1988 ~ 1991 年集中大流量放水，簸箕李灌区总干渠仍有淤积，为了减小糙率，提高总干渠挟沙能力，1991 年秋冬进行边岸衬砌缩窄，经过近几年的运行，总干基本处于年内冲淤平衡状态[16]。

表9-2　位山灌区东输沙渠衬砌前后有关水力要素对比表

测站	张广站			王小楼站			输水损失系数
	流量/(m³/s)	流速/(m/s)	糙率	流量/(m³/s)	流速/(m/s)	糙率	
衬砌前	65.0	1.00	0.016	62.3	0.89	0.018	0.00380
衬砌后	63.9	1.35	0.012	63.5	1.18	0.014	0.00064

注：①张广站、王小楼站为东输沙渠的两个测站，二者之间的距离为 10.8km。
②衬砌前实测日期为 1998 年 4 月 22 ~ 28 日，衬砌后为 2000 年 2 月 21 ~ 27 日。

2. 改造阻水建筑物

在引黄灌区内，为了满足引水灌溉、排水防涝、生产交通等方面的需求，需要在渠道上修建引水灌溉涵闸、排水节制闸、过渠生产桥等人工建筑物，这些建筑物由于断面缩放、渠底突变、渠岸衔接不畅等都会不同程度地增加渠道的局部阻力，降低渠道的过流能力和输沙能力，对渠道淤积产生一定的影响；对于较大引黄灌区，由于需要穿越排水河道，必须修建过河（渠）渡槽（如山东簸箕李、伴庄、位山等灌区），增加渠道的局部阻力，造成渠道壅水。针对灌区存在的建筑物阻水和管理问题，特别是过渠路桥阻水和引水涵闸衔接不畅等问题，需要结合渠道升级改造和不同形式跨渠建筑物的阻水效果，对阻水建筑物进行升级改造，把阻水建筑物改建成阻水小的建筑物形式[11,16]。如簸箕李灌区，在总干渠衬砌和二干上游扩建期间，把所有的墩式和拱式阻水生产桥全部建成柱式板桥或阻水很小的其他类型，位山灌区干渠上修建的路桥也皆为柱式板桥，为提高渠道泥沙输送发挥了重要作用。

9.3.3 水沙调控技术

1. 水沙调控机理[10]

渠道水沙调度就是通过调控来水流量和来水含沙量，使水沙条件相适应，达到渠道淤积较少的目的。引黄灌区渠道水沙运行具有多来多排的特性，可用下式表示为

$$Q_S = KQ^{\alpha}S^{\beta} \tag{9-3}$$

相应的淤积率为

$$\Delta Q_S = Q_S - KQ^{\alpha}S^{\beta}$$
$$\varphi = 1 - KQ^{\alpha-1}S^{\beta-1} \tag{9-4}$$

当淤积率为零时，渠道冲淤平衡，渠道冲淤临界流量 Q_c 为

$$Q_c = \frac{S^{\frac{1-\beta}{\alpha-1}}}{K^{\frac{1}{\alpha-1}}} \tag{9-5}$$

或冲淤临界含沙量 S_c 为

$$S_c = K^{\frac{1}{1-\beta}}Q^{\frac{\alpha-1}{1-\beta}} \tag{9-6}$$

上式表明，来水含沙量越大，所需渠道冲淤临界流量越大；或者来水流量越大，输送的泥沙越多。对于不同灌渠，不淤积的具体条件将会有所不同。对于簸箕李灌区，取不同渠段的全沙系数和指数［表6-1（a）］，绘制如图9-4所示的不淤条件。结合引水含沙量的不

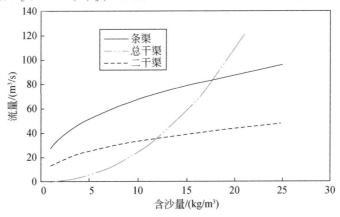

图 9-4　渠道临界流量与来沙量的关系

同，可根据图进行流量调控。

2. 渠道水沙调控技术[10]

水沙调度包括水流条件（如引水流量）的调度、来沙条件（如来水含沙量和泥沙级配）的调度和水沙联合调度。灌区在运行过程中，允许渠道有冲有淤，只要保持年淤积量较少就可以了。年内渠道总淤积量可表示为

$$W_{S_j} = \sum_{i=1}^{N} \Delta Q_{S_{ij}} T_i = \sum_{i=1}^{N} (Q_{ij} S_{ij} - K Q_{ij}^{\alpha_j} S_{ij}^{\beta_j}) T_i \tag{9-7}$$

$$W_S = \sum_{j=1}^{M} W_{S_j} \tag{9-8}$$

式中，W_{S_j}、W_S 分别为第 j 渠段、整个渠段的淤积量；T_i 为年内第 i 个时段的时间。上式表明，年内渠道淤积较少允许不同时段和不同渠段有泥沙淤积，甚至有比较严重的泥沙淤积，只要在引水流量较大时，前期淤积的泥沙被冲刷，使得全年的渠道泥沙淤积较少就可以了。

在引黄灌区内，很多灌区经常抓住有利时机进行调控运用，均取得了良好的效果，有的输沙干渠曾连续几年不用清淤。在簸箕李灌区（见图 9-4），渠道过水流量越大，其输沙能力也就越大；在一定的来沙条件下，当流量达到一定程度时，渠道不但不会淤积，而且还有可能冲刷[16]。大流量引水在簸箕李灌区取得成功的经验，1988 年以前引水流量不足 30m³/s，造成条渠淤积比较严重，淤积比可达 30%~40%；通过 1988 年二干扩建，增加过水能力，1989 年后灌区采用大流量引水，平均引水流量大于 40m³/s，结果沉沙条渠的淤积率下降到 24%，1993 年更小，仅为 13%。

9.4　引水分沙技术

9.4.1　引水分沙的理论分析

1. 引水分沙的比较关系[19]

对于河流或渠道上某一位置的引水口，其底板高程是影响引水分沙特性的重要因素。渠道含沙量分布仍服从应用比较普遍的 Rouse 分布，但当悬浮指标较小时（比如，悬浮指标小于 0.6，引黄灌渠的悬浮指标一般小于 0.6），其含沙量垂线分布可采用一种比较简化的公式（莱恩–卡林斯基公式）

$$\frac{S}{S_\alpha} = e^{-\frac{\omega(Z-a)}{\varepsilon_s}} \tag{9-9}$$

式中，S 和 S_α 分别为离河底 Z 处和 a 处的含沙量；ω 为泥沙沉速；悬沙扩散系数近似取平均值 $\varepsilon_s = \dfrac{\kappa U_* H}{6}$，若 $\alpha = \dfrac{a}{H}$、$\bar{Z} = \dfrac{Z}{H}$、$\beta = \dfrac{6\omega}{\kappa U_*}$，$H$ 和 U_* 分别为渠道水深和摩阻流速。上式变为

$$\frac{S}{S_\alpha} = e^{-\beta(\bar{Z}-\alpha)} \tag{9-10}$$

若考虑 $\alpha \ll 1.0$，利用上式求得沿水深某一粒径组的垂线平均含沙量 S_{cpti} 为

$$S_{\text{cpti}} = \frac{S_{\alpha_i}}{\beta_i}(1-e^{-\beta_i}) \tag{9-11}$$

全沙（N 组粒径）平均含沙量 S_{cpt} 为

$$S_{\text{cpt}} = \sum_{i=1}^{N} \frac{S_{\alpha_i}}{\beta_i}(1 - e^{-\beta_i}) \tag{9-12}$$

沿垂线 i 粒径组泥沙的平均级配 P_{cpti} 为

$$P_{\text{cpti}} = \frac{S_{\text{cpti}}}{S_{\text{cpt}}} = \frac{S_{\alpha_i}\dfrac{1-e^{-\beta_i}}{\beta_i}}{\sum S_{\alpha_i}\dfrac{1-e^{-\beta_i}}{\beta_i}} \tag{9-13}$$

从相对水深 $Z \sim Z+\Delta Z$ 间取水范围的平均含沙量 S_{cpd} 为

$$S_{\text{cpd}} = \sum_{i=1}^{N} \frac{S_{\alpha_i}}{\beta_i}e^{-\beta_i(z-\alpha)}(1 - e^{-\beta_i\Delta z}) \tag{9-14}$$

取水范围内 i 粒径组泥沙的平均级配 P_{cpdi} 为

$$P_{\text{cpdi}} = \frac{\dfrac{S_{\alpha_i}}{\beta_i}e^{-\beta_i(z-\alpha)}(1 - e^{-\beta_i\Delta z})}{\sum \dfrac{S_{\alpha_i}}{\beta_i}e^{-\beta_i(z-\alpha)}(1 - e^{-\beta_i\Delta z})} \tag{9-15}$$

式中，Z 和 ΔZ 分别为取水相对水深和取水厚度，如图 5-3（b）所示。为便于定性分析，作如下的概化，假定取水口前含沙量沿垂线分布如式（9-13），且取水厚度具有相同的沿垂线取水高度。因此，便得取水含沙量、级配与干渠具有如下的比较关系[11,19]

$$S_{\text{cpd}} - S_{\text{cpt}} = \sum_{i=1}^{N} \frac{S_{\alpha_i}}{\beta_i}\left[e^{-\beta_i(z-\alpha)} + e^{-\beta_i} - 1 - e^{-\beta_i(z+\Delta z-\alpha)}\right] \tag{9-16}$$

$$\frac{P_{\text{cpdi}}}{P_{\text{cpti}}} = \frac{(1-e^{-\beta_i\Delta z})e^{-\beta_i(z-\alpha)}}{1-e^{-\beta_i}} \cdot \frac{S_{\text{cpt}}}{S_{\text{cpd}}} \tag{9-17}$$

2. 引水分沙的对比分析

根据不同的取水位置和取水高度，利用式（9-16）和式（9-17）可定性分析取水含沙量和分沙级配。

（1）当 Z 值较小、ΔZ 值较大或接近于 1.0 时，$S_{\text{cpd}} \leqslant S_{\text{cpt}}$，此时多为自流取水（如 $Z=0$，$\Delta Z=1$ 时，$S_{\text{cpd}} = S_{\text{cpt}}$，$P_{\text{cpdi}} = P_{\text{cpti}}$），说明此时取水含沙量略小于或等于干渠含沙量，取水泥沙级配和干流泥沙级配相当或略细。

（2）当 Z 值较小、ΔZ 值较小时，即取底部水流，相当于提水灌溉或涵洞取水，此时 $S_{\text{cpd}} > S_{\text{cpt}}$；由于较粗泥沙 $\beta_i\left(=\dfrac{6\omega_i}{\kappa u_*}\right)$ 远大于较细泥沙的 $\beta_i\left(=\dfrac{6\omega_i}{\kappa u_*}\right)$，故取粗沙的比例较大，即 $P_{\text{cpdi}} > P_{\text{cpti}}$，取细沙的比例较小，即 $P_{\text{cpdi}} < P_{\text{cpti}}$。表明此时提水灌溉的取水含沙量大于大

河含沙量，取水泥沙粗于大河泥沙。

（3）当 Z 值较大、ΔZ 值适中时，即取中层水流，相当于涵洞或提水口门居中取水，此时取水含沙量大小和泥沙粗细难于判断。若取平均含沙量水深（$\dfrac{\ln\beta\ (1-\mathrm{e}^{-\beta})}{\beta}$，近似取为0.6）以下水流，取水含沙量偏大，泥沙偏粗；反之若取平均含沙量水深以上水流，取水含沙量偏小，泥沙偏细。

（4）当 Z 值较大、$Z+\Delta Z=1$ 时，此时相当于底板高程较高的取水口，取上部水流，则有 $S_{\mathrm{cpd}}<S_{\mathrm{cpt}}$。对于粗沙，$P_{\mathrm{cpdi}}<P_{\mathrm{cpti}}$，对于细沙 $P_{\mathrm{cpdi}}>P_{\mathrm{cpti}}$，表明此种情况取水含沙量小于大河，引沙较细。

需要说明的是，Z 和 ΔZ 并不能与涵闸底板高度和开度或提水进口高度和进口尺度等同，它们既有联系又有差异。一般说来，Z 值小于涵闸底板或提水进口高度，ΔZ 大于涵闸开度和提水进口尺度。这是引水范围沿渠宽逐渐扩大，侧向流速递减的结果，且受引水比和边界条件等因素的影响，实际引水含沙量和泥沙级配变化不如想象的大。因此，上述概化分析仅仅是定性的。

9.4.2　引水分沙实例分析

1. 引水含沙量与大河含沙量的关系

无论是自流灌溉还是提水灌溉，其取水口的水沙运动都是十分复杂的，属三维水流结构；明渠引水（相当于涵闸全开）与涵洞引水（相当于涵闸半开或泵站提水）的引水水流结构也有很大的差异。为方便起见，选择矩形明渠引水进行分析引水含沙量与干渠含沙量的关系。明渠引水采用图5-3（b）所示的分析模式，采用模式具有明显的引水分流宽度［参见图5-3（b）］，分流宽度沿垂线的变化一般采用方程（5-2）所示的二次曲线，表层分流宽度和底层分流宽度采用式（5-3）。结合含沙量垂线分布和引水宽度的概念，可求得引水含沙量为

$$S_{\mathrm{cpd}}=\frac{S_{\mathrm{cpt}}}{1-\mathrm{e}^{-\beta}}\left[\frac{3B_b(1-\mathrm{e}^{-\beta})-M(B_b-B_s)}{B_b+2B_s}\right]=KS_{\mathrm{cpt}} \tag{9-18}$$

式中，$K=\dfrac{3B_b(1-\mathrm{e}^{-\beta})-M(B_b-B_s)}{(1-\mathrm{e}^{-\beta})(B_b+2B_s)}$，$M=2\beta-\dfrac{3}{4}\beta^2+\dfrac{1}{5}\beta^3$。目前，由于资料缺乏，引水含沙量很难直接用上述公式计算，仍然利用已有实测资料确定式（9-18）中的系数 K，粗略反映渠道引水分沙特征。

2. 引黄闸引水分沙特征

黄河下游分布引水涵闸、扬水站和虹吸等工程100多处，其引水分沙特征也有很大的差异。引黄闸引水含沙量的大小不仅与引水条件有关，而且还与引水口底板高程有密切的关系。图9-5为黄河下游典型引黄闸引水含沙量与黄河含沙量的对比关系[20,21]，对于引黄闸底板较低的引水口（如山东的簸箕李灌区引水口），其引水含沙量较大，有时大于大河

含沙量，相应的 K 值大于 1。当闸底板高程较高或者弯道取水时，引水含沙量略小于大河含沙量，如山东的李家岸和陈垓引黄闸。在没有特殊防沙条件下，引黄含沙量一般小于大河含沙量，其 K 值小于 1。资料分析表明，引黄含沙量约为黄河含沙量的 0.86 倍，即 $K=$ 0.86；对于建在滩地上的分洪工程，其分洪含沙量更小。如黄河东平湖 1958 年自然漫滩分洪时，分入的含沙量仅为来水含沙量的 15%~55%，即 $K=0.15~0.55$，1957 年漫滩分入的含沙量更小，如图 9-6 所示[22,23]。

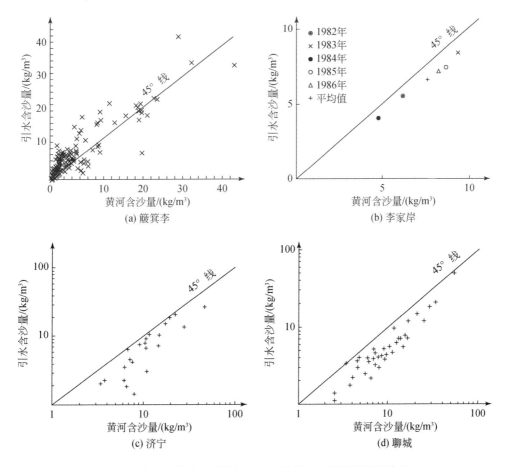

图 9-5 黄河下游典型引黄闸取水含沙量与大河含沙量的关系

3. 不同灌溉方式的引沙特征

在引黄灌区内，自流灌溉的支渠引水含沙量略低于或等于干渠含水量，即 $S_{cpd} \approx S_{cpt}$，引沙级配相当或略细。比如簸箕李灌区典型灌溉片，$S_{cpd}=0.98 S_{cpt}$。对于提水灌溉，当泵站进口布置在平均含沙量水深以上，取水含沙量偏小，泥沙偏细；若进口布置在平均含沙量水深以下，取水含沙量偏大，泥沙偏粗。从簸箕李灌区和位山灌区提水观测资料表明[11,19]，$S_{cpd}=（1.08~1.18）S_{cpt}$，即提水含沙量约为干渠含沙量的 1.08~1.18 倍，如图 9-7 所示。

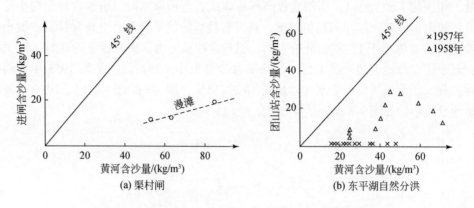

图9-6 黄河下游典型滩地取水含沙量与大河含沙量的关系

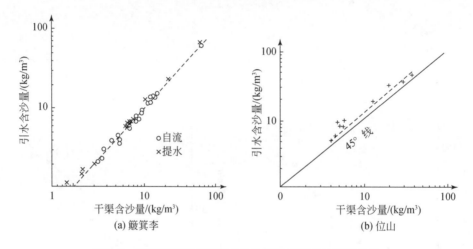

图9-7 引黄灌区自流和提水含沙量与干渠含沙量的关系

9.4.3 灌溉方式对渠道冲淤的影响

1. 对下游渠道的影响

在引黄灌区内，渠道泥沙输送具有多来多排的规律，可用式（9-3）表达。参考王延贵等[24]的做法，考虑引水比 η_Q 和引沙比 η_{Q_s}，经过概化分析得出引水口下游渠道的淤积比例 φ 为

$$\varphi = (1-\eta_{Q_s}) - C(1-\eta_Q)^{\alpha-\beta}(1-\eta_{Q_s})^{\beta} \tag{9-19}$$

式中，$C=KQ^{\alpha-1}S^{\beta-1}$，称为渠道引水前期冲淤判别数，若 $C>1$，引水灌溉前渠道冲刷，$C=1$，冲淤平衡，$C<1$，渠道淤积。从式（9-19）可知：当 η_{Q_s} 越大，淤积比越小；当 η_{Q_s} 越小，淤积比 φ 越大。且渠道淤积比随着渠道引水比的变化存在极大值，此时的引水灌溉是最不利的引水工况，应尽可能避免。

由于提水泵站取水具有一定的灵活性，若进水口布置在 0.4m 水深以下时，则有利于渠道减淤。同时，当渠道中下游设置的提水泵站具有足够提水能力时，可以通过调节扬水站引水量来控制渠道的水面比降，以渠道处于较大的挟沙能力。当泵站引水流量大于上游来水流量时，上游渠道水面线呈降水曲线，水面比降加大，相应的水流挟沙能力增加。如黄河口麻湾灌区，在距渠首约 14km 处建有庞家节制闸，在总干 27km 处设有间家扬水站，灌区利用庞家节制闸的低水位运行和加大间家扬水站的引水流量，控制渠道处于较大的水面比降，使得渠道具有较大的水流挟沙能力。

另外，引水引沙不仅对干渠冲淤产生一定的影响，而且对支渠冲淤产生与干渠冲淤相反的效果。若引水含沙量大于干渠含沙量，支渠引沙增加，其输沙负担增加；若引水含沙量小于干渠含沙量，支渠输沙负担减少。

2. 对上游渠道的影响

在分流区，侧向分流使得引水侧水位降低，上游水面比降增大，水面线呈降水曲线，特别是在引水一侧的水面线。由于引水侧的水面比降加大，相应的水流流速增大，引水侧的水流挟沙能力也将会增大；对于非引水侧的水流流态和输沙能力的影响相对较小，从图 5-4 所示的分流区水面特征图也能看出这一点。蒋如琴和戴清等[2,25]应用有限差分隐式格式和追赶法同步数值求解水流连续方程和水流运动方程，计算引水后上游渠道水流水力参数和水流挟沙参数的沿程变化，指出越靠近取水口渠道水深减小越多，水流流速和挟沙参数增加越多，但向上游影响的程度很快减小，其影响范围是有限的。

对于下游渠道输水能力不足的渠道，当上游来水量较大时，由于下游输水能力低，使得渠道处于壅水状态，造成渠道的淤积。鉴于提水泵布设和取水流量都具有一定的灵活性，可以利用提水泵增加渠道的输水能力，降低渠道产生壅水的机会，避免渠道旳壅水淤积。

9.5　灌区水沙配置的辅助措施

灌区减沙沉沙技术、渠道形态优化技术、输水输沙技术和引水分沙技术等皆为引黄灌区水沙配置的关键技术。除此之外，引黄灌区水沙配置技术还包括一些辅助配置技术，如清淤和拖淤技术、清淤泥沙处理与开发技术、泥沙利用技术等，这些技术可以促进灌区水沙资源优化配置的实施[17,26,27]。

9.5.1　清淤和拖淤技术

1. 清淤技术

多沙河流灌区（尤其是引黄灌区）泥沙处理是不可避免的，清淤是灌区处理泥沙的主要形式之一。引黄灌区的清淤问题是工程量大，耗资耗力，而且污染环境。如山东引黄灌区仅干渠以上清淤量累计已达 5 亿多立方米，1986～1990 年部分灌区和全省的引水引沙及干级渠道以上清淤情况见表 9-3。这五年全省年均干级以上渠道清淤量为 2954.0 万 m³（1991 年和 1992 年分别为 3695 万 m³ 和 3097 万 m³），每引 1 亿 m³ 水的清淤量为 30.03 万 m³，仅干级以上渠道清淤就占引沙量的 46.77%，弃土沿渠任意堆放，占压大量农田，形成沙化。

表 9-3 1986～1990 年典型灌区年均引水、引沙及清淤量[2]

灌区/地区		引水量/亿 m³	引沙量/万 m³	干级渠道以上 清淤量/万 m³	清淤率/%	沙化面积/hm²
典型 灌区	位山	12.96	854.0	500.0	58.50	2397
	潘庄	14.46	1050.0	375.0	35.70	2576
	打鱼张	4.88	251.8	86.2	34.20	1100
	簸箕李	4.90	354.3	128.4	36.20	1333
部分 地区	聊城	14.41	940.5	574.0	61.03	
	惠民（滨州）	15.14	989.6	523.0	52.85	
	德州	26.42	1676.4	600.0	35.80	
	东营	7.51	6670	254.0	38.08	
山东省		90.89	6316.6	2954.0	46.77	

引黄灌区 20 世纪 80 年代以前，利用灌区停灌期间，组织数万大军进行人力清淤，人均每工日仅能清淤约 2.0m³，清淤成本达 4.0 元/m³，成本高，费力费时，清淤费用 85% 由农民自己负担，这一方式仅适用于经济不发达地区。但是，随着清淤泥沙的不断堆放，堆放场地不仅越来越少，而且堆沙越来越高（比如簸箕李灌区沉沙条渠两侧堆沙高度达 6～7m，且造成两岸土地的沙化），人工清淤越来越困难，有的灌区不得不采用二级倒土的清淤方式，人均清淤定额大幅度降低，成本大幅度增加，而且清淤时间延长会影响灌区引水灌溉。面对人工清淤的困难局面，随着经济生活水平的不断提高，在机械设备逐渐普及和劳动力宝贵的情况下，20 世纪 80 年代末 90 年代初灌区机械清淤开始发展起来，在输沙渠、总干渠、沉沙池以及骨干排水河道都有应用，如表 9-4 所示。据调查统计[2,17,18]，机械清淤成本为 1.0～2.5 元/m³，清淤速度有所提高，与人工清淤相比，机械化清淤具有很大的优越性，20 世纪 90 年代中期机械化清淤施工在很多灌区全面推广，取得了显著的社会经济效益。位山灌区和簸箕李灌区成立专门机械清淤队伍，取得了丰富的经验和效益。显然，清淤机械是 20 世纪 90 年代中期以来清淤的主要方式，但仍存在一些问题（比如能源、清淤设备、清淤泥沙布置及对环境的影响）需要进一步研究解决。20 世纪 90 年代使用的机械设备主要包括：小型水务挖塘机组、挖泥船、挖掘机、铲运机等，其主要特点和经济技术指标（以 20 世纪 80 年代末和 90 年代初为代表）参见 9-4。

由于不同引黄灌区经济发展不平衡，即使同一灌区的不同区域经济发展也有较大的差异，虽然采用机械施工的综合平均单价与人工相比可节省费用 50% 左右（指搬运费，不包括弃土治理费用），但由于采用人力施工大部分（85% 左右）是农民的投入（含劳务），人工清淤实际支出的补助费用很少。因此，人工清淤在经济不发达的灌区或地区仍是当时清淤的主要方式；随着该地区经济的发展，人工清淤将逐渐为机械清淤所替代。

表9-4　引黄灌区清淤方式、费用一览表

施工方式	施工部位	单价与费用	清淤弃土有关说明	备注
人力清淤	干以上渠道	1990年实际工日定额1.8m³/工日，工日费用9元/工日（含工资、工棚、调遣、生活补助、排水、管理等），折合土方单价5元/m³	清淤弃土沿渠就近堆放	表中数据为大量调研资料的平均值
泥浆泵	干以上渠（或池中）施工	1990年承包单价2.5元/m³，较大河道中施工承包单价3.5元/m³	运距200m以内，弃土平整密实	
挖泥船	沉沙池中清淤	1990年综合土主单价（成本）1.85元/m³	排距1000~1250m，弃土平整密实	
挖掘机	渠道中施工	1990年承包单价1.5元/m³	运距一般不超过15m，弃土堆于渠边	
铲运机	沉沙池中施工	承包单价3元/m³	运距300m以内	

2. 拖淤技术

山东引黄灌区沿黄地势坡降平缓，渠道自然输沙能力低，加上黄河水沙条件多变，渠道多数时间不能在设计状态下运行造成淤积。为尽量减少淤积，20世纪50年代山东省水利科学研究院曾在打渔张灌区开展人工拖淤试验取得了良好效果；20世纪70年代试制了模型拖淤船及"鲁水一号"搅沙船，对机械拖淤原理、应用条件、经济技术指标等进行了研究；20世纪80年代和90年代又进行几个灌区的试验，提出了一些具体操作方法[17]。据观测分析，拖淤具有一定的效果（图9-8）。机械拖淤比较适合接近沉沙区的渠段（搬运泥沙至沉沙区减少清淤量），以及渠道的"卡脖子"淤积段（应急疏通以免影响正常输水）等重要部位。另外，结合渠道冲淤特点，机械拖淤和水沙调度相结合，其效果将更大。在大流量低含沙量次饱和渠道内进行拖淤，使水流处于超饱和状态，水流泥沙达到更充分的分选过程。

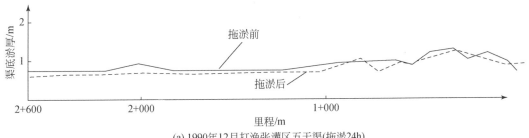

(a) 1990年12月打渔张灌区五干渠(拖淤24h)

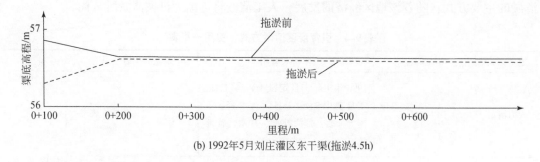

(b) 1992年5月刘庄灌区东干渠(拖淤4.5h)

图 9-8　山东典型灌区渠道拖淤前后淤积对比

9.5.2　清淤泥沙处理与开发技术

对于引黄灌区集中处理泥沙，特别是以挖待沉的沉沙池（条渠），渠首泥沙堆积越多，堆积越久，对周围环境影响越大。堆积泥沙的治理主要有两种途径，一是把堆积的泥沙用掉，二是把堆沙场地良田化。这两种清淤泥沙的利用和治理在 8.2.2 节中进行了介绍，在这里仅做一下总结归纳。

1. 清淤泥沙的资源化

清淤泥沙的资源化主要包括清淤泥沙的直接应用和建筑材料的转化，前者主要是有计划地直接用于农用土（宅基土、填坑土、村台等）和路基土，为农民用土和农村交通用土提供方便，节省取土用地，如簸箕李灌区 5% 的清淤泥沙为农民用掉；后者主要包括可熔制高级饰面玻璃、压制灰砖、灰沙砖和掺气水泥，这些利用由于经济成本问题，还在进行探索和尝试之中。

2. 堆沙高地的农田化

对于引黄灌区渠首存在的堆沙高地，主要是通过高地平整、修建灌排设施、耕种农作物、营造农田防护林、引浑灌溉、土壤改良等过程进行长期耕种，把堆沙高地改良为耕地良田，为引黄灌区泥沙处理和利用提供了宝贵的经验。

9.5.3　渠首综合治理及环境改善

1. 渠道综合治理措施

一般说来，引黄灌区的中下游是受益区，而上游特别是渠首则是受害区域，比如渠首次生盐碱地和沙化地的产生。渠首群众的生活受到了一定威胁，直接影响灌区效益的正常发挥。结合灌区的实际情况，各级政府应对渠首地区的综合治理进行长远规划。渠道综合治理包括的内容很多，比如渠首淤改和稻改、沙化地治理及还耕、多种经营等都是渠首地区综合治理的主要措施[27]。

2. 营造经济防护林带及开展多种经营

营造防风固沙和农田防护林带是综合防治风沙雨蚀危害的基本措施。防风固沙林带主要是截阻流沙或防止表土被风蚀和雨蚀，农田防护林带的主要作用是防止强风吹蚀或飞沙，王延贵[11]对其防沙滞沙的机理进行了阐述。同时，营造防风固沙和农田防护林带还可降低风速，削弱风力，改变温度、湿度，调节田间小气候，避免风沙、干旱、霜冻的危害，实行精耕细作，为作物的生长创造良好的环境条件，促使农作物高产稳产。

引黄灌区渠首农业生产条件恶化的重要因素之一就是清淤粗沙的堆积，逐渐使部分可耕地沙化，通过植树造林可达到部分治理目的。在簸箕李灌区[16]，自 1984 年起，结合黄河大堤绿化带的规划工作，对灌区渠首地区有计划地开展了植树造林工作（比如渠边、路边、沟旁），仅渠首大年陈农田防风固沙林带联网面积占全乡总面积的 65% 以上，形成了纵横交错的防护林体系，绿化覆盖面积已达 25% 以上；在进行大规模营造防风固沙林带、绿化美化环境的同时，开展了一系列经济林的开发，渠首大年陈已有果树面积 15 000 亩以上，成为山东滨州地区有名的果品生产基地，为提高渠首群众生活水平发挥积极作用。

广泛的植树造林不仅在渠首地区面貌改观和经济发展方面起到了巨大作用，而且在改变生产、生活环境方面发挥了重要作用。据初步统计，簸箕李渠首地区灾害性天气（比如雹灾）比往年明显减少，与大面积林木植被的形成有直接关系。

3. 因地制宜，水土并举

由于所处位置的差异和各种自然因素的影响，渠首一定范围内生产耕作条件有可能完全不同。在黄河大堤外侧附近区域，由于本身地势低洼，冲沟、坑槽较多，再加上临近黄河，水源条件相对要方便一些，相应的地下水位高，盐碱程度较其他区域严重。对于这些地区，渠首改造采用因地制宜、水土并举的方针，即"挖塘养鱼，弃土造地"。簸箕李灌区渠首示范经验表明[16]，一般鱼塘水面与造地面积之比在 3 : 7 左右为宜，完成综合治理面积 100 多亩的低洼碱地，造地棉花长势良好，鱼塘水面进一步扩建和完善，治理效果显著。

参 考 文 献

[1] 张永昌，杨文海，兰华林，等. 黄河下游引黄灌溉供水与泥沙处理. 郑州：黄河水利出版社，2002.

[2] 蒋如琴，彭润泽，黄永健，等. 引黄渠系泥沙利用 [M]. 郑州：黄河水利出版社，1998.

[3] 毛潭，张勇杰，张广涛，等. 引黄灌区泥沙处理与利用技术发展现状及分析 [J]. 科技视界，2016（10）：65，120.

[4] 吴争兵. 引黄灌区渠道淤积问题分析及减淤措施研究 [J]. 山西水利科技，2017（1）：67-70.

[5] 姜秀芳，潘丽. 人民胜利渠泥沙处理与资源利用途径 [J]. 人民黄河，2012，34（8）：39-40.

[6] 张耀哲. 灌区泥沙问题研究的回顾与展望 [J]. 水利与建筑工程学报，2021，19（6）：10-17.

[7] 王延贵，蒋如琴，刘和祥，等. 簸箕李灌区泥沙远距离输送的研究 [J]. 泥沙研究，1995（3）：64-71.

[8] 王延贵，胡春宏，周宗军. 引黄灌区泥沙远距离分散配置模式及其评价指标 [J]. 水利学报，

2010，41（7）：764-770.

[9] 周宗军. 引黄灌区远距离分散配置模式研究及其应用 [D]. 北京：中国水利水电科学研究院，2008.

[10] 卢红伟，王延贵，史红玲. 引黄灌区水沙资源配置技术的研究 [J]. 水利学报，2012，43（12）：1405-1412.

[11] 王延贵. 典型灌区的泥沙及水资源利用对环境及排水河道的影响 [R]. 中国水利水电科学研究院，1995.

[12] 王延贵，李希霞. 渠道断面形式对输沙能力的影响 [C] //第七届全国水利水电工程学青年学术讨论会. 宜昌，1998.

[13] 周宗军，王延贵. 引黄灌渠复式断面输水输沙特性研究 [J]. 泥沙研究，2008（5）：71-75.

[14] 武汉水利电力学院河流泥沙工程学教研室. 河流泥沙工程学 [M]. 北京：水利水电出版社，1983.

[15] 万兆惠，华景生. 引黄渠道的糙率 [J]. 泥沙研究，1990（1）：47-54.

[16] 中国水科院，山东簸箕李灌溉管理局. 簸箕李灌区的泥沙及水资源利用对环境给排水河道的影响 [R]. 1995.

[17] 山东省水利科学研究所，山东省菏泽市刘庄引黄灌区管理处，山东省东营市引黄灌溉管理局. 引黄衬砌渠道远距离输沙及清淤技术研究总报告 [R]. 1992.

[18] 国际泥沙研究培训中心，山东省聊城市水利局. 黄淮海平原灌区泥沙灾害综合治理的关键技术 [R]. 2008.

[19] 王延贵，史红玲. 引黄灌区不同灌溉方式的引水分沙特性及对渠道冲淤的影响 [J]. 泥沙研究，2011（3）：37-43.

[20] 王延贵，李希霞，周景新，等. 簸箕李灌区引水引沙的特性分析 [J]. 人民黄河，1996，18（1）：38-40.

[21] 中国水利水电科学研究院. 艾山以下河道减淤措施的研究 [R]. 1995.

[22] 黄河水利委员会. 黄河渠村分洪闸上、下游河道动床模型特大洪水试验初步报告 [R]. 1979.

[23] 彭应仁. 黄河下游分洪措施引起的泥沙问题 [R]. 山东黄河位山工程局，1986.

[24] 王延贵，尹学良. 分流淤积的理论分析及其计算 [J]. 泥沙研究，1989（4）：60-66.

[25] 戴清，蒋如琴. 引黄灌区支渠提水对干渠水流影响特性分析 [C] //中国水利学会泥沙专业委员会，第二届全国泥沙基本理论研究学术讨论会论文集. 北京：中国建材工业出版社，1995.

[26] 王延贵，胡春宏. 流域泥沙的资源化及其实现途径 [J]. 水利学报，2006，37（1）：21-27.

[27] 王延贵，胡春宏. 引黄灌区水沙综合利用及渠首治理 [J]. 泥沙研究，2000（2）：39-43.

第 10 章 　典型灌区泥沙配置方案的评价

位山灌区位于山东省西部冀、鲁、豫三省交界处的聊城市，是黄河下游最大的引黄灌区之一。位山灌区内横贯马颊河和徒骇河两条平原河道，地处黄泛冲积平原，地势由西南向东北倾斜，地面高程在 25~39m，地面比降为 1/6000~1/10000。1958 年兴建初期，位山灌区设计灌溉面积为 825 万亩，设计引水流量为 400m³/s，后经过废除、复灌、发展等过程，20 世纪 80 年代引黄闸改建和灌溉规划调整，灌区设计引水能力为 240m³/s，灌溉面积为 540 万亩，控制山东省聊城市东昌府、东阿、阳谷、茌平、高唐、临清、冠县及开发区 8 县（市、区），90 个乡镇，土地面积为 5380km²，耕地面积为 540 万亩，占全市总耕地面积的 65%。位山灌区工程布局采用骨干工程灌排分设，田间工程灌排合一，如图 10-1 所示。灌区系统主体结构为东、西输沙渠，东、西沉沙池及一、二、三干渠，总长为 274km；具有分干渠 53 条，支渠 825 条，包括渡槽、涵洞、闸门等各类水工建筑物 5000 余座。其中，东输沙渠设计流量为 80m³/s，渠长为 14.5km，进入东沉沙池，担负着一干渠供水沉沙的任务；西输沙渠设计流量为 160m³/s，渠长为 15.0km，进入西沉沙池，担负着二干渠、三干渠、引黄入卫和引黄济津的供水沉沙任务[1,2,3]。

由于位山灌区引黄灌溉规模很大，引水引沙量也都很大，据 1970 年复灌至 2004 年引水引沙资料统计，位山灌区多年平均引水量为 11.8 亿 m³，引沙量为 937.0 万 m³。大量的引沙造成位山灌区渠系泥沙淤积严重，其中 53.2% 的泥沙淤积在输沙渠和沉沙池内，19.6% 的泥沙淤积在三条干渠（一干渠、二干渠和三干渠）。使得灌区输沙渠和沉沙池两侧泥沙堆积如山，不仅占压大量的耕地，而且是周围土地沙化严重，给生态环境带来严重的影响[3-6]。针对位山灌区存在的泥沙问题，很多学者就位山灌区引水引沙及其分布、渠系泥沙输移、泥沙处理技术、泥沙资源配置方案等进行了较深入的研究[3-12]，取得了重要的研究成果。

10.1　位山灌区引水引沙与配置

10.1.1　位山灌区引水引沙情况

图 10-1 为位山灌区引水量和引沙量随年份的变化过程[8]，灌区自 1970 年复灌至 2004 年共引水 414 亿 m³，引沙量为 32 794 万 m³，多年平均引水量为 11.8 亿 m³，多年平均引沙量为 937 万 m³。其中，引黄济卫（津）总引水量约为 60 亿 m³，总引沙量为 3644 万 m³；灌溉引水总量为 354 亿 m³，总引沙量为 29 150 万 m³，多年平均引水量为 10.11 亿 m³，多年平均引沙量为 832.86 万 m³。1970 年复灌以来，随着灌溉面积的不断扩大，灌区引水引

沙量逐年增加趋势明显，尤其自 20 世纪 80 年代末以来，引水量基本保持较多的引水量，同时引沙量也大幅度增加，2000 年后引沙量有所减少。

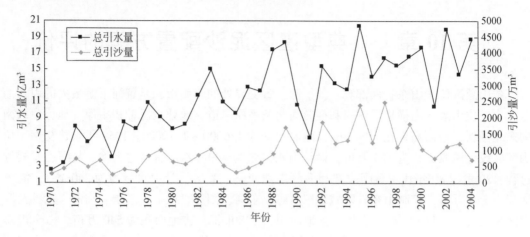

图 10-1　位山灌区引水引沙过程

引黄灌区引黄灌溉分为春灌、夏灌、秋灌和冬灌四个灌期。根据农作物的需水情况，各灌期的引水灌溉也有很大的差异。以位山灌区西渠和二干渠为例，统计 1990～1999 年各灌期水沙量分配比例，如表 10-1 所示[4]。显然，春灌期（2～5 月）引水量及引沙量占全年值的比例最大，说明灌区用水量大的时段与黄河来水量大的时段不一致；而夏、秋灌期（6～10 月）引水含沙量明显偏大。据文献［8，9］分析，西渠和东渠进口站悬移质中值粒径在 8～10 月较细，关山西站和关山东站 8 月和 9 月悬移质中值粒径分别为 0.0103mm、0.0174mm 和 0.0142mm、0.0192mm；11 月、12 月及 1 月较粗，两进口站悬移质中值粒径均超过 0.0300mm；其他月份（2～6 月）悬移质中值粒径介于 0.0220～0.0300mm。

表 10-1　位山灌区西渠各灌期引水量及引沙量比例

灌期	灌期水量占总水量/%	灌期沙量占总沙量/%	平均含沙量
春灌 2～5 月	45.87	32.85	8.45
夏灌 6～8 月	20.30	27.32	15.87
秋灌 9～10 月	18.24	27.60	17.84
冬灌 11～1 月	15.59	12.23	9.26
合计	100.00	100.00	11.79

另外，据文献资料分析[8,10]，位山灌区引黄悬移质泥沙粒径普遍偏小，月平均粒径最大为 0.0248mm，属细颗粒类型；平均粒径小于 0.0100mm 的泥沙占 45% 上下，小于 0.1500mm 的泥沙占 100%。位山灌区引黄泥沙小于 0.0100mm 的百分数为孙口站的 2.3 倍，小于 0.0500mm 的泥沙百分数为孙口站的 1.45 倍，平均粒径近于孙口站平均粒径的 1/2。

10.1.2 位山灌区水沙配置现状

1. 水资源配置

表 10-2 为位山灌区水资源分布状况,表明位山灌区由于受灌溉条件和输水条件的限制,上下游灌溉用水量是不一样的。输沙渠(东输沙渠和西输沙渠)区域灌溉用水量占灌区引水量的 18.74%,一干渠、二干渠和三干渠灌溉用水比例分别为 13.13%、19.18% 和 48.95%。

表 10-2　位山灌区各水量分布单元占总引水量的比例

东输沙渠/%	西输沙渠/%	一干/%	二干/%	三干/%	统计年限	资料来源
7.55	11.19	13.13	19.18	48.95	1990~2001 年	文献 [9]

2. 泥沙资源配置

结合有关位山灌区泥沙配置的研究和资料分析,求得输沙渠、沉沙池、干渠、支渠以下、田间和排水河道的泥沙配置状况,如表 10-3 所示。从图表可以看出:20 世纪 70 年代后,位山灌区输沙渠淤积泥沙量占总引沙量的 14.4%~21.5%,沉沙池淤积泥沙量占 22.9%~31.7%,干渠淤积泥沙量占 19.6%~33.7%,支斗农渠泥沙淤积量占 15.0%~25.1%,进入田间的泥沙为 2.2%~11.8%。显然,灌区渠首区域(含输沙渠和沉沙池)泥沙淤积最为严重,其淤积量占引沙量的 37.6%~53.2%,渠首泥沙处理负担沉重。

表 10-3　位山灌区水沙分布　　　　　　　　(单位:%)

配置单元		输沙渠	沉沙池	干渠	支渠以下	田间	排水河道	统计年限
不同研究成果泥沙配置	文献 [11]	14.7	22.9	33.7	25.0	2.2	1.5	1958~1990 年
	文献 [12]	20.0	30.0	20.0	15.0	11.8	3.2	1990~1999 年
	文献 [3]	14.4	26.5	28.5	17.0	11.4	2.2	1984~1991 年
	文献 [1]	17.0	25.0	20.0	25.1	10.2	2.7	1970~1999 年
	文献 [9]	21.5	31.7	19.6	18.4	7.0	1.8	1970~2002 年

通过分析文献 [9] 提供 1970~2002 年位山灌区历年引水引沙和泥沙配置资料,可得位山灌区不同年代的泥沙配置状况,如表 10-4 和图 10-2 所示。

表 10-4　位山灌区不同时段泥沙分布

百分比　淤积量	引沙量	输沙渠	沉沙池	干渠	分干及支渠	排水沟	田间
20 世纪 70 年代	5 494	1 624.7	2 144.3	759.7	813.7	60.6	91
	100	29.572	39.030	13.828	14.811	1.103	1.656

百分比 \ 淤积量	引沙量	输沙渠	沉沙池	干渠	分干及支渠	排水沟	田间
20 世纪 80 年代	7 389	1 088.2	2 775	1 777.8	1 382.2	122.4	243.4
	100	14.727	37.556	24.060	18.706	1.657	3.294
20 世纪 90 年代	14 954	3 404	4 056.9	2 982.9	2 750.7	291.3	1 468.7
	100	22.763	27.129	19.947	18.394	1.948	9.821
2000 ~ 2002	2 843	482.8	749.6	487.5	694.1	75.6	353.4
	100	16.982	26.367	17.147	24.414	2.659	12.431
平均值	30 680	6 599.7	9 725.8	6 007.9	5 640.7	549.9	2 156
	100	21.511	31.701	19.582	18.386	1.792	7.027

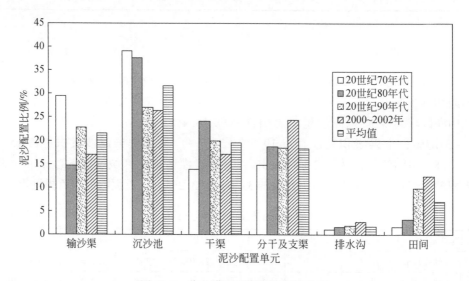

图 10-2　位山灌区不同年代泥沙分布

（1）33 年来位山灌区总引沙量为 30 680 万 m³，其中 53.2% 的泥沙淤积在输沙渠和沉沙池内，19.6% 的泥沙淤积在三条干渠（一干渠、二干渠和三干渠），1.8% 的泥沙随弃水进入骨干排水系统，进入支级以下灌溉系统及田间的泥沙占引沙量的 25.4%。

（2）无论是输沙渠还是沉沙池，泥沙淤积比例随时间逐渐减小。输沙渠和沉沙池的淤积比例分别从 20 世纪 70 年代的 29.57% 和 39.03% 减至 20 世纪 90 年代的 22.76% 和 27.13%，2000 年后分别为 16.98% 和 26.37%；三条干渠的淤积比例无明显的趋势变化，从 20 世纪 70 年代的 13.83% 增至 20 世纪 80 年代的 24.06%，20 世纪 90 年代减至 19.95%，2000 年后为 17.15%；分干与支渠和进入田间的泥沙比例都是逐渐增加的，由 20 世纪 70 年代 14.81% 和 1.66% 分别增至 20 世纪 90 年代的 18.39% 和 9.82%，2000 年后泥沙比例分别为 24.41% 和 12.43%；排水河道淤积比例总体在 1%~3% 变化。

（3）由于采取了远距离输沙技术及运行管理措施，位山灌区泥沙分布实现了由上游向下游输送的趋势，支级以下渠道及田间泥沙比例逐渐上升，表明位山灌区的泥沙处理已经由渠首集中处理泥沙的方式逐步向远距离分散配置泥沙的模式过渡。

对于位山灌区配置泥沙组成沿程变化，无论西渠还是东渠，悬移质中值粒径基本沿程变细，经过沉沙池后的悬沙粒径明显细化。例如西沉沙池进口站苇铺站 4 月悬移质泥沙中值粒径为 0.0290mm，经沉沙池及总干渠后，到达周店（二）时悬沙粒径中值为 0.0135mm，周店（三）悬沙中值粒径为 0.0256mm；东沉沙池进、出口控制站王小楼和兴隆村 4 月悬沙中值粒径分别为 0.0286mm 和 0.0196mm。

10.2 位山灌区水沙资源优化配置

10.2.1 水资源优化配置

灌区水资源配置要遵循节水灌溉、引黄水资源与地下水资源联合调度、总量控制和按定额逐级分配等三方面的原则。引黄灌区通过建立地下水资源和引黄水资源联合调度的数学模型，求得所需灌区引黄水量和地下水提取量，拟定灌区合理的引黄水量和地下水资源配置方案，使得灌区净效益达到最大[10]。

1. 配置原理与方法

1）目标函数

引黄灌区水资源优化配置的目标函数就是使得灌区灌溉效益的最大化：

$$\max F(w) = C_0 - C_1 - C_2 - C_3 \tag{10-1}$$

式中，$F(w)$ 为灌区效益函数；w 为配水量；C_0 为灌区毛效益；C_1 为灌区泥沙处理费用；C_2 为地下水提水动力费用；C_3 为灌溉增加的费用。各项费用的计算方法参考文献［10］。

2）约束条件

灌区水资源的联合调度，必须建立在区域降水特点、黄河水情、地下水的区域分布特点及作物需水规律等基础上。

（1）引黄水量约束。灌区引水量受黄河来水来沙条件、引水状况和黄河行政管理部门调配等方面的限制，主要取决于黄河来水季节、历年引黄水量与灌区分配水量。

（2）可提取的地下水量约束。地下水提取量不得超过可开采量。根据各地不同的水源和水文地质条件，将位山灌区地下水分成Ⅰ区（马颊河两侧至徒骇河，地下水位埋深在 2~4m，水量较丰富，可发展井渠结合区）、Ⅱ区（徒骇河东部地区，地下水埋深在 2m 左右，部分地区小于 2m，引黄补源条件好，地下水开发潜力大）、Ⅲ区（马颊河以西地区，地下水过多开采，地下水埋深一般大于 7m，应以引黄为主）。

（3）灌区需水量约束。主要由灌区作物种植种类、面积、灌水定额及灌区降雨等条件确定。

2. 位山灌区水资源配置结果

目前，很难对上述目标函数和约束条件直接求解。文献［10］利用单纯性或者 Excel

规划求解工具，给出位山灌区水资源配置结果，见表 10-5。配置结果显示，位山灌区灌溉仍然以引黄为主，地下水补充。引黄灌溉用水约为 10.11 亿 m³，占总灌溉用水量的 68.7%；地下提水灌溉用水量约为 4.60 亿 m³，占总灌溉用水量的 31.3%。

表 10-5　位山灌区水资源配置　　　　（单位：亿 m³）

引黄水	地下水			总量
	Ⅰ区	Ⅱ区	Ⅲ区	
10.11	2.54	1.26	0.80	14.71

此外，在引黄灌溉用水过程中，实际上也存在一个用水配置问题，其配置原则主要是以"总量控制、按灌溉面积和灌溉定额逐级分配"，即以灌溉定额为依据，严格灌溉制度，在全灌区公民公平享有水资源的原则下，按照沿程灌溉面积确定灌溉用水量，将水量进行逐级分配。为简化起见，根据位山灌区续建配套与节水改造规划[12]，2015 年灌区不考虑引水回灌、沿渠水量渗漏、跑水等损失，可求得各渠段所分配水量，见表 10-6[9]。

表 10-6　位山灌区各渠段水量分配规划

渠段	规划面积/万 hm²	水量分配/%
东输沙渠	1.34	3.8
西输沙渠	2.24	6.4
总干	0.98	2.8
一干	6.40	18.2
二干	8.29	23.6
三干	15.90	45.2

10.2.2　泥沙资源优化配置方案

1. 优化配置目标函数

对于位山灌区，泥沙资源优化配置多目标层次同样分为四个层次（如表 8-5 所示），即总目标层 A（综合效益）、子目标层 B（生态效益、社会效益和经济效益）、效益层 C（改善生态环境、减轻土地沙化、改善灌溉供水条件、改善生产生活条件、泥沙开发利用、减少占压土地和减轻处理费用）和配置方式层 D（沉沙池、干渠、支斗农渠、田间、排水河道）。因此，位山灌区泥沙优化配置的综合目标函数应与式（8-8）一致[10,13]，即：

$$\max F(x) = 0.1127x_1 + 0.1842x_2 + 0.2941x_3 + 0.4801x_4 + 0.1477x_5 \tag{8-8}$$

2. 优化配置约束条件[10]

1）沉沙能力约束

对于地形条件不利的引黄灌区，仍需要沉沙池拦截较粗的有害泥沙，即沉沙池沉沙。

图 10-3 为位山灌区历年引沙级配与沉沙池床沙级配情况，根据 5% 定值法划分床沙质与冲泻质的方法，初步确定床沙质与冲泻质的临界粒径 $d_c = 0.043$mm，结合王延贵等[14]的成果，位山灌区有害泥沙的临界粒径为 0.050mm，即表明大于 0.050mm 的粗颗粒泥沙需要处理，这部分有害泥沙占全部引沙的 23% 左右。为实现灌区泥沙的优化配置和泥沙远距离输送，典型灌区沉沙池适宜的沉沙比例为

$$X_1 \approx 23\% \tag{10-2}$$

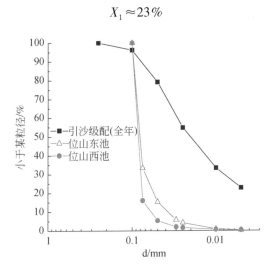

图 10-3　位山灌区引沙级配与沉沙池床沙级配

2）干渠滞沙能力约束

利用沉沙池处理灌区有害泥沙后，通过实施一些工程措施和非工程措施，可基本实现干渠远距离分散配置泥沙的目标。山东簸箕李灌区和位山灌区多年的实际运行情况表明，在渠首修建沉沙条渠，处理有害的粗颗粒泥沙，然后通过改造干渠断面形态、渠道衬砌等工程措施，开展调水调沙、节水减沙等非工程措施，提高渠道输沙能力，基本实现灌区干渠冲淤基本平衡。干渠滞沙能力约束条件为

$$X_2 = 0 \tag{10-3}$$

3）支级（分干渠）以下渠道滞沙能力约束

在引黄灌区内，应保持骨干渠道冲淤基本平衡，允许支级及以下渠道有少量淤积。通过分析卞玉山等[9]提供的位山灌区 1970～2002 年泥沙淤积分布资料，支渠以下渠道淤积沙量占全部引沙的比例最大值为 44%，最小值为 5.67%。支渠级以下渠系滞沙约束条件为

$$5.67\% \leqslant X_3 \leqslant 44\% \tag{10-4}$$

实际上，分干及支渠淤积泥沙比例是递增的，由 20 世纪 70 年代的 14.8% 增至 20 世纪 90 年代的 18.4%，2000 年后增至为 24.4%，其原因是随着干渠输沙能力的提高，使更多的泥沙输向下游，同时大大增加进入支渠的沙量。

4）退水退沙量约束

引黄管理规定[15]，引黄灌区引黄退水量不得超过引水量的 10%，退水入河含沙量不

得大于 2.00kg/m^3。位山灌区 $1970\sim2004$ 年年平均引水含沙量资料显示，年引水含沙量变化范围为 $4.53\text{kg/m}^3\sim21.40\text{kg/m}^3$。周宗军[10]求得位山灌区允许退沙比例范围为

$$1.87\% \leqslant X_5 \leqslant 4.51\% \tag{10-5}$$

5）输沙入田能力约束

在分析引黄灌区泥沙配置状况时，提出了泥沙分散系数的概念[14]。远距离分散配置模式指出通过处理引黄粗颗粒泥沙，加大渠系输沙能力，合理配置泥沙，把更多的泥沙输沙入田。作为远距离分散配置模式的重要指标，泥沙分散系数 SDC 大于 1，也就是说支渠以下配置泥沙量多于沉沙池、干渠和退入排水河道的泥沙量，即

$$\frac{X_3+X_4}{X_1+X_2+X_5} \geqslant 1 \tag{10-6}$$

6）灌区引沙总量约束

灌区引水量和引水含沙量一旦确定，灌区引沙量基本确定，灌区各配置单元的沙量总和是守恒的，即

$$X_1+X_2+X_3+X_4+X_5 = 100\% \tag{10-7}$$

3. 位山灌区泥沙资源配置结果

利用单纯形法或者 Excel 规划求解工具求解，给出了位山灌区泥沙配置结果[13]，见表 10-7。从表可以看出：位山灌区沉沙池、干渠和输沙渠、支斗农渠、田间和排水河道的泥沙配置比例分别为 23.00%、0、5.60%、69.53% 和 1.87%，进入田间的比例最高。

表 10-7　位山灌区水沙配置 （单位:%）

泥沙配置单元	沉沙池	干渠、输沙渠	支、斗、农渠	田间	排水河道
配置比例	23.00	0	5.60	69.53	1.87

10.3　位山灌区泥沙配置评价与应对策略

10.3.1　位山灌区泥沙配置状况的评价

为了有效地评价灌区泥沙分布状况，前面引入了泥沙输送系数和泥沙分散系数的概念，用以判别灌区泥沙输移距离和分散程度。根据式（7-9）和式（7-10），可以计算位山灌区不同时期的泥沙分散系数和泥沙输送系数，如表 10-8 所示。

（1）位山灌区多年平均泥沙输送系数为 0.272，总体上为短距离泥沙输送，泥沙主要淤积在灌区渠首附近的输沙渠和沉沙池内。但位山灌区泥沙输送系数随时间逐渐增大，从 20 世纪 70 年代的 0.176 增至 20 世纪 80 年代的 0.237，20 世纪 90 年代增至 0.302，2000 年后达 0.395，表明位山灌区泥沙输送从近距离逐渐向短距离过渡，更多的泥沙进入田间。

表 10-8　位山灌区泥沙配置变化过程评价指标

评价指标	20 世纪 70 年代	20 世纪 80 年代	20 世纪 90 年代	2000 ～ 2002 年	合计
泥沙输送系数	0.176	0.237	0.302	0.395	0.272
输送程度	近距离	近距离	短距离	短距离	短距离
泥沙分散系数	0.197	0.288	0.393	0.583	0.341
分散程度	强集中	强集中	强集中	弱集中	强集中
目标函数值	0.273	0.308	0.370	0.425	0.343

（2）位山灌区多年平均泥沙分散系数为 0.341，总体属于强集中的分布形式，泥沙集中淤积在输沙渠和沉沙池内。位山灌区泥沙分散系数随时间逐渐增加，由 20 世纪 70 年代的 0.197 增至 20 世纪 80 年代的 0.288，20 世纪 90 年代增至 0.393，2000 年后达到 0.583，表明位山灌区泥沙分布由 20 世纪 70 ～ 90 年代的强集中泥沙淤积逐渐过渡到 2000 年后的弱集中泥沙分布。

（3）由于位山灌区不同年代泥沙配置的差异，其泥沙配置的综合目标函数也有一定的差异。位山灌区 20 世纪 70 年代、80 年代、90 年代和 2000 年后的泥沙配置综合目标函数值分别为 0.273、0.308、0.370 和 0.425，随年代逐渐增加，表明其综合效益逐渐提高，即表明更多的泥沙进入田间将会创造更多的综合效益。

10.3.2　位山灌区泥沙配置合理性评价

1. 水资源配置评价

位山灌区渠首地区（输沙渠、沉沙池、总干渠）实际灌溉用水比例为 18.74%，高于规划用水比例 13.00%；一干渠和二干渠实际灌溉用水比例分别为 13.13% 和 19.18%，低于相应的规划用水比例（分别为 18.20% 和 23.60%）；三干渠实际灌溉用水比例为 48.95%，高于规划用水比例 45.20%，系实际灌溉用水量包括部分跨流域调水水量所致。显然，对位山灌区水资源进行配置的重点在于加大输沙渠、沉沙池和总干渠的输水能力，减少渠首地区用水量，使更多的引水量输送到下游干渠及支渠系统。

2. 泥沙资源配置评价

结合位山灌区泥沙资源优化配置和现状配置结果，计算对应的泥沙输送系数、泥沙分散系数和目标函数值，如表 10-9 所示。位山灌区沉沙池实际淤积比例为 25.0% ～ 31.7%，高于沉沙池泥沙优化配置比例 23%；输沙渠和干渠实际淤积比例为 37.0% ～ 48.4%，远未达到冲淤平衡的要求；支斗农渠实际淤积比例为 15.0% ～ 25.1%，远高于优化配置泥沙比例 5.6%；实际进入田间的泥沙比例仅为 2.2% ～ 11.8%，远小于优化配置要求比例 69.5%；实际进入排水河道的泥沙比例为 1.5% ～ 3.2%，和优化配置比例 1.9% 比较接近。位山灌区泥沙实际配置对应的泥沙输送系数和泥沙分散系数分别为 0.29 和 0.36，属于短距离输送和强集中配置状态，远小于优化配置的泥沙输送系数 0.77 和泥沙 3.02。现状平均泥沙配置的目标函数值为 0.342，也远小于优化配置方案的目标函数值 0.985。显然，位山灌区要实现泥沙远距离分散配置模式，必须把大比例泥沙输送到田间，关键问题是减少渠道泥沙淤积，提高渠道输沙能力将是位山灌区解决泥沙问题的关键。

表 10-9　位山灌区泥沙配置评价参数与优化配置的对比

评价指标	泥沙输送系数	输送程度	泥沙分散系数	分散程度	目标函数值
现状配置	0.29	短距离	0.36	强集中	0.342
优化配置	0.77	远距离	3.02	强分散	0.985

3. 存在问题

位山灌区水沙资源配置现状评价结果表明，位山灌区水沙资源配置不尽合理，主要表现为灌区渠首地区实际灌溉用水较多，灌区输沙渠、沉沙区、干渠和排水河道泥沙淤积严重。渠道清淤仍然是解决位山灌区渠道泥沙淤积的有效措施。长期大量的渠道清淤使渠首附近堆积了大量的泥沙，不仅占压了大量的耕地，而且清淤泥沙造成渠首附近土地沙化、生态环境恶化等问题，直接影响灌区的可持续发展。排水河道严重淤积大大降低了河道防洪标准，排涝能力大幅度减少，增大了灌区雨涝灾害发生的概率。

10.3.3　位山灌区泥沙优化配置思路

目前，位山灌区存在的主要问题是水沙资源配置不合理，干渠以上区域灌溉用水较多，渠道泥沙淤积严重，解决灌区水沙配置不合理的关键是提高渠道的输水输沙能力，实现灌区远距离分散配置泥沙的模式。泥沙远距离分散配置模式也就是根据位山灌区渠道泥沙输移和泥沙淤积的实际情况，利用沉沙池处理掉部分"有害"的粗颗粒泥沙，利用工程和非工程措施将更多的泥沙远距离输送到干渠以下各级渠道和田间，使泥沙形成的灾害最小[8,16]。泥沙远距离分散配置模式的实质就是远距离输沙、分散沉沙、输沙入田，实现引黄灌区的可持续发展。在簸箕李灌区，为了使更多的泥沙输送到下游或田间，灌区利用沉沙条渠沉积较粗的泥沙后，下游总干、二干已基本达到冲淤平衡，大部分泥沙进入支斗农渠和田间，大大缓解了处理泥沙的负担[17]。

为了在位山灌区逐步实现泥沙远距离分散配置模式的中长期治沙思路，需要逐渐实施如下的工程与非工程措施[8,16]，如图 10-4 所示。

（1）灌区实施节水灌溉和水沙调控技术，减少灌区引沙量。灌区引沙多少取决于引水量和引水含沙量，灌区减沙主要从减少引水量和控制引水含沙量两个方面进行。前者主要是通过灌区大力推行节水灌溉技术和联合利用地下水以达到减少引水量的目标，后者主要是通过拦沙措施和避开沙峰引水等实现。位山灌区自 1998 年推行实施节水灌溉制度及渠道衬砌等节水改造措施以来，灌溉水利用系数由原来的 0.44 增大到 0.50 以上，灌区本身消耗的水量有所控制，年灌溉引水量减少，年引沙量减少 20% 以上。

（2）利用沉沙池处理灌区有害泥沙，延长沉沙池寿命。位山灌区渠首沉沙和堆沙的空

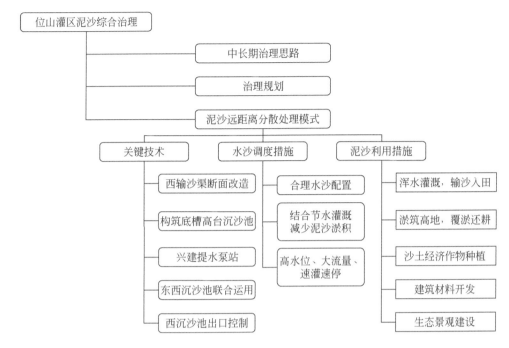

图 10-4　位山灌区泥沙综合治理框图

间已经很小，减少泥沙淤积和清淤十分必要。在引黄灌区现有的条件下，既不可能把所有的引黄泥沙都输送到支斗农渠及田间，也不需要处理（沉沙）所有的引黄泥沙，而是把约有 23% 的有害粗颗粒泥沙（粒径大于 0.05mm 的泥沙）进行处理，一般利用沉沙池进行沉沙。在位山灌区，利用沉沙池处理粗颗粒泥沙，提高灌区沉沙池沉沙技术和沉沙效率，既可以减轻灌区处理泥沙的负担，又可以延长沉沙池的寿命，有利于灌区可持续发展。

（3）提高渠道输水输沙能力，实现远距离分散配置泥沙模式。位山灌区的主要问题是渠道泥沙淤积问题，特别是渠首泥沙淤积严重，因此提高渠道输水输沙能力是实现泥沙远距离分散配置模式的关键。提高渠道输水输沙能力的关键技术包括断面优化技术、渠道减阻技术、调水调沙技术等。

（4）泥沙具有灾害性和资源性，灌区泥沙灾害治理与其资源化相结合。位山灌区长期大量地引水引沙，输沙干渠和沉沙池淤积严重，两侧堆积大量的清淤泥沙，占压大量的耕地和周围耕地沙化，形成堆沙高地，环境恶化。在灌区泥沙灾害治理过程中，要综合考虑灌区泥沙的资源化。目前，渠首泥沙灾害治理主要利用清淤造田、泥沙转化建筑材料、堆沙高地土壤改良等技术。

参 考 文 献

[1] 齐春三，刘景华，赵倩．山东省聊城市位山灌区续建配套与节水技术改造规划报告 [R]．山东省水利勘测设计院，2002.

[2] 董丕业，孙泽龙．位山灌区引黄泥沙开发治理规划与研究 [R]．聊城市水利勘测设计院，2005.

[3] 王延贵．典型灌区的泥沙及水资源利用对环境及排水河道的影响 [R]．中国水利水电科学研究

院 . 1995.

[4] 史红玲, 许晓华, 王延贵, 等 . 位山灌区渠首泥沙灾害分析 [J] . 泥沙研究, 2008 (4): 63-68.

[5] 许晓华, 史红玲 . 位山灌区泥沙淤积对生态环境的影响及对策分析 [J] . 灌溉排水学报, 2007, 26 (4): 32-36.

[6] 张虹龙, 许晓华, 胡健, 等 . 位山灌区泥沙淤积特征及其还耕状况分析 [J] . 水利科技与经济, 2012, 18 (1): 51-52.

[7] 马强, 徐立荣, 董晓知, 等 . 位山灌区输沙渠泥沙运移特性研究 [J] . 济南大学学报 (自然科学版), 2022, 36 (3): 349-358.

[8] 国际泥沙研究培训中心, 山东省聊城市水利局 . 黄淮海平原灌区泥沙灾害综合治理的关键技术 [R] . 2008.

[9] 卞玉山, 尚梦平, 宋志强 . 黄河下游山东引黄灌区沉沙池覆淤还耕技术研究与示范总报告 [R] . 2005.

[10] 周宗军 . 引黄灌区远距离分散配置模式研究及其应用 [D] . 北京: 中国水利水电科学研究院, 2008.

[11] 蒋如琴, 彭润泽, 黄永健, 等 . 引黄渠系泥沙利用 [M] . 郑州: 黄河水利出版社, 1998.

[12] 李春涛, 许晓华 . 位山引黄灌区泥沙淤积原因及处理对策 [J] . 泥沙研究, 2002 (2): 1-5.

[13] 周宗军, 王延贵 . 引黄灌区泥沙资源优化配置模型及应用 [J] . 水利学报, 2010, 41 (9): 1018-1023.

[14] 王延贵, 胡春宏, 周宗军 . 引黄灌区泥沙远距离分散配置模式及其评价指标 [J] . 水利学报, 2010, 41 (7): 764-770.

[15] 席广平 . 位山灌区泥沙分布及其对环境的影响 . 山东水利, 2000 (6): 18-19.

[16] 王延贵, 史红玲, 亓麟, 等 . 黄河下游典型灌区水沙资源配置方案与评价 . 人民黄河, 2011, 33 (3): 60-63, 144.

[17] 王延贵, 蒋如琴, 刘和祥, 等 . 簸箕李灌区泥沙远距离输送的研究 . 泥沙研究, 1995 (3): 64-71.

第 11 章 水库泥沙淤积

我国河流众多，修建大量的水库。水库蓄水运用后，将拦截泥沙，造成水库泥沙淤积。水库泥沙淤积造成库容损失严重，水库功能正常发挥受到限制，甚至造成水库寿命缩短；此外，水库淤积还会造成回水末端上延，库尾出现翘尾巴现象，造成上游河道防洪加剧和生态环境恶化的问题[1]。传统意义上，水库泥沙淤积是一种泥沙灾害[2]，给水库功能的正常发挥和生态环境产生重要影响。实际上，淤积泥沙还具有一定的资源性，在目前河道输沙量大幅度减少的态势下，如果把水库淤积的泥沙作为一种资源，对淤积泥沙进行资源化和优化配置[3]，既可以有效解决水库泥沙淤积问题，恢复水库库容，又可对水库泥沙进行合理利用，取得显著的经济生态效益。水库泥沙的资源化和优化配置是建立在正确了解水库泥沙淤积量、淤积形态和泥沙组成分布的基础上，因此，有必要开展水库泥沙淤积及其特征进行分析。

11.1 水库建设及泥沙淤积

11.1.1 水库建设基本情况

水库是拦洪蓄水和调节水流的水工建筑物，主要用于水力发电、灌溉、防洪、供水、航运等，对国民经济的发展和社会的稳定重要作用。新中国成立以来，1951 年在永定河上修建我国第一座大型水库，水库建设如雨后春笋，快速发展，我国在河流上修建了大量的水库枢纽[4,5]，截至 2020 年，全国已经建成各类水库共计 97 036 座，总库容为 9853 亿 m³，其中大型水库 805 座，总库容为 7944 亿 m³；中型水库有 4174 座，总库容为 1197 亿 m³；小型水库有 92 057 座，总库容为 712 亿 m³，在水资源优化配置与防洪减灾方面发挥重要作用[5]。

从流域分布来看[5]（表 11-1），我国长江区的水库建设数量最多，为 52 445 座，总库容为 4590 亿 m³；水库数量排名第二的是珠江区，有 17 465 座，总库容为 1603 亿 m³。

表 11-1 2020 年我国水库主要流域分布[5]

水资源一级区	已建成水库		大型水库		中型水库		小型水库	
	座数/座	总库容/亿 m³	座数/座	总库容/亿 m³	座数/座	总库容/亿 m³	座数/座	总库容/亿 m³
合计	97 036	9 853	805	7 944	4 174	1 197	92 057	712
松花江区	2 304	574	49	481	201	66	2 054	27

续表

水资源一级区	已建成水库		大型水库		中型水库		小型水库	
	座数/座	总库容/亿 m³	座数/座	总库容/亿 m³	座数/座	总库容/亿 m³	座数/座	总库容/亿 m³
辽河区	1 094	483	48	430	130	39	916	14
海河区	1 625	338	37	273	165	48	1 423	17
黄河区	2 891	871	43	750	239	81	2 609	40
淮河区	9 020	402	61	269	293	79	8 666	54
长江区	52 445	4 590	321	3 803	1 693	462	50 431	325
东南诸河区	7 838	643	51	488	349	98	7438	57
珠江区	17 465	1 603	140	1 220	817	233	16 508	150
西南诸河区	1 343	80	11	48	89	23	1243	9
西北诸河区	1 011	269	44	182	198	68	769	19

从省（自治区，直辖市）水库数量分布来看[5]，主要分布于湖南、江西、四川、广东、云南、湖北和山东七省，其水库数量占全国水库总数量的 62.13%。水库数量最多的五个省份依次是湖南、江西、四川、广东和云南，分别为 13 634 座、10 666 座、8254 座、7665 座和 7498 座（表 11-2），湖南水库数量最多，共有 51 座大型水库、361 座中型水库与 13 222 座小型水库，比排名第二的江西多了近 3000 座，湖南的中型、小型水库数量均居全国首位。水库最多的五省均分布于长江流域和珠江流域，特别是水库最多的前三省均位于长江流域，长江是世界第三大河流，流域面积广大且地表水能资源丰富，基于开发利用水资源与缓解暴雨洪涝灾害的需求修建水库，因此数量较多。

表 11-2 2021 年我国水库主要省分布

地区	已建成水库		大型水库		中型水库		小型水库	
	座数/座	总库容/亿 m³	座数/座	总库容/亿 m³	座数/座	总库容/亿 m³	座数/座	总库容/亿 m³
合计	97 036	9 853	805	7 944	4 174	1 197	92 057	712.0
北京	83	52	3	46	17	5	63	1.0
天津	23	25	3	22	9	3	11	0.3
河北	1 021	208	24	184	47	17	950	7.0
山西	617	71	11	39	72	23	534	9.0
内蒙古	516	185	17	143	89	33	410	9.0
辽宁	767	374	37	344	76	21	654	9.0
吉林	1 500	326	19	282	110	31	1371	13.0
黑龙江	899	201	28	151	100	35	771	15.0
上海	6	6	1	5	1	0.1	4	0.3

续表

地区	已建成水库		大型水库		中型水库		小型水库	
	座数/座	总库容/亿 m³	座数/座	总库容/亿 m³	座数/座	总库容/亿 m³	座数/座	总库容/亿 m³
江 苏	931	35	6	13	45	12	880	10.0
浙 江	4 299	449	34	372	166	49	4 099	28.0
安 徽	5 683	207	18	147	113	31	5 552	29.0
福 建	3 647	204	21	122	193	52	3 433	30.0
江 西	10 666	354	36	223	265	65	10 365	66.0
山 东	5 721	184	38	93	227	56	5 456	35.0
河 南	2 538	438	28	384	121	34	2 389	20.0
湖 北	6 857	1 247	75	1 116	288	82	6 494	49.0
湖 南	13 634	545	51	375	361	98	13 222	72.0
广 东	7 665	453	40	295	339	95	7 286	63.0
广 西	4 541	723	64	605	236	70	4 241	48.0
海 南	1 108	114	10	77	78	24	1 020	13.0
重 庆	3 101	128	18	81	115	28	2 968	19.0
四 川	8 254	751	55	624	255	78	7 944	49.0
贵 州	2 631	490	27	416	165	48	2 439	26.0
云 南	7 498	1 178	55	1 053	320	78	7 123	47.0
西 藏	150	44	9	35	21	8	120	1.0
陕 西	1 098	111	15	65	87	34	996	12.0
甘 肃	373	114	10	93	46	15	317	6.0
青 海	203	372	14	364	20	5	169	3.0
宁 夏	331	26	1	6	37	12	293	8.0
新 疆	675	238	37	169	155	55	483	14.0

各省份水库库容建设分布来看，库容最大的前五名依次是湖北、云南、四川、广西和湖南，这五个省（自治区）的地形多以山地、高原为主，地势落差有利于水库效益的发挥。湖北省水库总库容最大，为1247亿 m³，总数排全国第五位，但其大型水库数量最多，有75座，且拥有国内库容最大的三峡水库，其库容为393亿 m³，南水北调中线水源控制水库丹江口位于汉江的湖北丹江口，其库容为290.5亿 m³。

11.1.2　水库泥沙淤积量

1. 水库泥沙淤积状况

水库修建后，将会拦截大量的泥沙，造成水库库区的泥沙淤积；同时改变了进入下游河道的水沙过程，特别是导致进入下游河道的输沙量大幅度减少，引起河道的冲刷。在导致河流输沙量减少的影响因素中，水库拦沙发挥关键性作用，且随着高密度梯级水库的开发建设，水库拦沙在人类活动对河流泥沙影响中所占比重越来越大[5-7]。泥沙淤积将会引起水库库容的损失，直接影响水库的使用寿命。据统计，每年由于泥沙淤积造成的全球大型水库总库容损失约为0.8%，相当于损失接近600亿 m^3 库容，而我国的年平均库容损失率更是达到2.3%，远高于世界平均水平[8]。

我国水库泥沙淤积很严重，为世界平均水平的2~4倍[9]，导致水库防洪抗灾能力大大降低。由于水库泥沙淤积的影响，我国水库的平均使用寿命约为22年[10]。我国水库多、分布广，水库淤积测量难度大、成本高，目前在全国范围内尚未搜集到系统的水库淤积观测与调查资料，对于全国水库泥沙淤积状况的研究成果也很少。大量水库兴建于20世纪50~70年代，已运行半个世纪以上，由于冲排沙措施不足和输沙能力有限等因素，水库普遍存在不同程度的泥沙淤积，很多水库的调蓄能力早已达不到初始的设计要求，甚至淤损报废，从而制约了水库功能的正常发挥，水库对水资源的调控能力显著降低。20世纪80年代，对水利部直接管理的20座水库的调查资料表明，多数水库运行不足20a，淤积量占原设计总库容的比例接近20%[11]。姜乃森等[12]统计我国236座水库淤积资料，认为1981年我国水库年均淤损率（年均淤积量与总库容之比）为2.3%；田海涛等[13]基于我国115座水库淤积情况，认为2003年中国内地水库的平均淤积比例约为20%，水库年均淤损率为0.76%。如甘肃省庆阳市巴家嘴水库，水库年均入库含沙量为220kg/ m^3 ，作为庆阳市唯一的大型水源工程，水库汛期经常蓄水运用，导致水库库容不断淤损，大坝加高加固改造三次仍无法解决泥沙淤积问题，严重影响了工程安全和供水安全[14]。

2. 流域水库泥沙淤积与库容损失

水库淤损率及年均淤损率可用于反映水库淤积情况，水库淤损率是指累积淤积量与总库容之比，或称淤积率表征水库淤积的严重程度；水库年均淤损率是指年均淤积量与总库容之比，表征水库淤积的快慢。邓安军等收集了全国6702座水库泥沙淤积资料，总库容达2342.04亿 m^3 ，包含七大流域和内陆所有省份计算了我国主要水库的淤损率[15]（表11-3）。根据收集资料中所有水库的淤积总量和水库总库容，计算得到我国水库淤损率约为11.28%，我国水库淤损率超过60.00%的水库数量占总水库的2.00%左右，一半左右的水库淤损率超过11%。各流域水库淤损率相差较大，其中黄河流域水库淤损最严重，淤损率高达36.76%；海河流域和松辽流域次之，水库淤损率分别为12.31%和8.02%；而长江、淮河、珠江流域的淤损率均小于5.00%。所以总体来说，南方水系水库淤损率远小于北方水系。典型水库的淤积情况见表11-4[16]。

表11-3 典型流域水库淤损率

流域	长江	黄河	珠江	淮河	海河	松辽	其他	全国
水库数量/座	5740	281	55	4	82	156	384	6702
库容/亿 m^3	1235.11	431.42	259.41	57.11	254.65	70.21	33.99	2341.90

流域	长江	黄河	珠江	淮河	海河	松辽	其他	全国
淤损率/%	4.25	36.76	4.21	3.29	12.31	8.02		11.28

注：由于水库淤积资料统计难度大，水库统计年份不完全一致，90%的水库淤积资料年份统计到 2016～2018 年，水库初始年份主要是水库运行时间。

表 11-4　典型水库泥沙淤积状况

流域	水库名称	库容/万 m³	淤积量/万 m³	年均淤积量/万 m³	泥沙淤积比例/%	年均淤积率/%	年份
松花江	丰满	1 098 000	16 200	324.00	1.48	0.03	1959～2009
	白石	164 500	3 293.4				2000～2004
	群昌	3 850	2 192	60.89	56.94	1.58	1974～2010
	红山	256 000	94 100				1960～1999
辽河	大伙房	226 800	9 020.36	167.04	3.98	0.07	1957～2010
	闹德海	21 700	670	9.31	3.09	0.04	1942～2014
海河	官厅	416 000	65 073.9	1 549.40			1953～1997
	潘家口	293 000	17 963	690.88	6.13	0.24	1980～2006
	大黑汀	33 700	5 806	223.00			1979～2005
	潘家口	293 000	13 000	865.00			1980～1994
	大黑汀	33 700	3 880	149.23	11.51	0.44	1979～2005
淮河	宿鸭湖	163 800	7 711	135.28	4.71	0.08	1958～2015
	白沙	29 500	4 422.66	72.50	14.99	0.25	1953～2013
	林东	6 395	370	11.56	5.79	0.18	1976～2007
黄河	小浪底	1 265 000	326 200	17 168.42	25.79	1.36	1997～2016
	三门峡	723 000	643 040	11 482.86	88.94	1.59	1960～2016
	青铜峡	60 600	58 300				～2005
	万家寨	90 000	9 000				～2005
	龙羊峡	2 470 000	40 000				～2005
	刘家峡	570 000	165 200				～2005 年
	王家崖	9 420	3 966	96.73	42.10	1.03	1970～2011
	东峡	8 600	4 300	79.63	50.00	0.93	1958～2012
	崆峒	2 970	585	20.17	19.70	0.68	1980～2009

流域	水库名称	库容/万 m³	淤积量/万 m³	年均淤积量/万 m³	泥沙淤积比例/%	年均淤积率/%	年份
长江	三峡	3 930 000	177 300				2003~2018
	二滩	579 000	62 500	4 807.69	10.79	0.83	1998~2011
	龚嘴	37 370	24 836	671.24	66.46	1.80	1971~2007
	碧口	52 100	30 500		58.50		1975~2013
	乌江渡	230 000	21 000		9.10		1979~1989
	丹江口[17]	1 745 000	161 800		9.30		1968~2003
	石泉	47 000	19 600		41.70		1973~2011
	溪洛渡[18]		71 700				2013~2020
	向家坝		4 350				2008~2020
珠江	鲁布革	12 200	3 841.17	225.95	31.49	1.85	1991~2008
	合水	11 600	1 737.68	38.62	14.98	0.33	1957~2002
内流区	恰普其海	169 400	2 395.4	239.54	1.41	0.14	2005~2015
西南诸河	漫湾	92 000	54 841	3 427.56	59.61	3.73	1993~2009

3. 典型省域水库泥沙淤积

根据 2012 年水利部组织的水库淤积调查，山西省水库总库容为 47.65 亿 m³，731 座水库淤积量共计约为 16.20 亿 m³，淤积率（累积淤积量与总库容之比）为 34.00%；陕西省水库总库容为 40.43 亿 m³，1019 座水库每年减少蓄水约 13.75 亿 m³，淤积率为34.00%，在 2003 年前，陕西省水库因泥沙淤积共淤损库容为 13.18 亿 m³，其中淤损兴利库容达 7.51 亿 m³，总库容淤损率为 34.15%，大型水库总库容淤损率最大，中型水库兴利库容淤损率次之；江西省 2014 年普查水库数量为 10 399 座，总淤积量为 6.82 亿 m³，库容淤损率为 4.06%。截至 2008 年，湖南省已建水库泥沙淤积总量为 19.68 亿 m³，库容淤损率为 5.22%，水库淤积量统计见表 11-5。

表 11-5 水库淤积量统计（按水库规模分类）

省份	水库类型	计算水库数量/座	总库容/万 m³	总淤积量/万 m³	总库容淤损率/%	资料截至年份
山西省		731	476 500	162 000	34.00	2012
陕西省[19]	大型	5	96 880	36 233	37.40	2003
	中型	55	190 765	67 089	35.17	
	小（1）型	229	72 687	21 689	29.84	
	小（2）型	730	25 664	6 820	26.57	
	合计	1019	385 996	131 831	34.15	
		1019	404 300	137 462	34.00	2012

省份	水库类型	计算水库数量/座	总库容/万 m³	总淤积量/万 m³	总库容淤损率/%	资料截至年份
江西省[20]	大中型	265	1 043 346	31 812	3.05	2014
	小（1）型	1 442	403 186	22 435	5.56	
	小（2）型	8 692	232 248	13 927	6.00	
	合计	10 399	1 678 780	68 174	4.06	
湖南省[21]	大型		2 606 770	102 000	3.91	2008
	中型		662 200	46 500	7.02	
	小型		510 100	48 300	9.47	
	合计		3 769 970	196 800	5.22	

11.2 水库泥沙的淤积特征

11.2.1 水库泥沙淤积形态

水库淤积主要是河道水流挟带的泥沙在水库回水末端至拦河坝之间库区的沉积，在库区内逐渐形成泥沙堆积体。水库泥沙淤积是一个长时间不断发展过程，伴随着水流泥沙的不断交换和分选。一方面，河道水流进入水库回水末端区域后流速迅速递减，卵石、粗沙等推移质泥沙首先淤积，随后悬移质中的粗颗粒泥沙沿程沉积形成堆积体，如三角洲堆积体，随着水库过水面积的快速增大（水面宽度、水深增加），水流流速进一步减小，紊动强度进一步减弱，悬移质中细颗粒泥沙逐渐淤积在坝前，当洪水的含沙量较大时，也可能形成异重流，水库泥沙淤积实际上也是河流泥沙沿程逐渐细化的过程；另一方面，淤积过程使水库回水水面不断抬高，淤积末端逐渐向上游伸延，但整个发展过程随时间和距离逐渐减缓；随着水库运行时间推移，水库库区（坝前至回水末端）河床将建立起一种新的平衡，达到泥沙冲淤平衡。

水库淤积形态即水库淤积体的形态，取决于水库来水来沙、边界和运行等条件的共同作用，泥沙淤积形态反过来又会影响水库水沙运动。水库淤积体形态复杂多样，主要分为三角洲淤积形态、锥体淤积形态和带状淤积形态[22]。

当水库坝前水位变幅较大，水库淤积往往形成带状淤积体，其淤积厚度自上而下沿程递增，至坝前淤积厚度达到最大，底坡逐渐变缓；当水库的库容较小，壅水较低，泥沙很快运行到坝前，其淤积形态多为锥体，泥沙淤积沿程分布较均匀；当坝前水位变化不大，水库的库容相对较大，且来沙多、颗粒粗，库区泥沙多以三角洲形态淤积为主，其三角洲淤积体不断向前发展、向后延伸、向上抬高，一般分为异重流坝前段、前坡段、顶坡段和尾部段[1,22]。

1. 三角洲淤积形态

三角洲淤积形态一般出现在具有较高坝前水位、水位稳定、回水长度较长、库容较大，以及来沙多、颗粒粗的河道型水库。三角洲淤积形态的纵剖面呈三角形状，淤积体一般可分为尾部段、洲面段（顶坡段）、前坡段和细颗粒淤积段（或冲泻质淤积段），其中洲面段和前坡段构成三角洲[22]，如图 11-1。洲面段是三角洲的主体部位，其表面较平缓，水流近似于均匀流，淤积已接近但尚未达到平衡，淤积强度最弱的部位，来沙大部分会输运至前坡段。前坡段坡降较陡，是淤积强度最大的部位，坡面沿程流速急剧减小，泥沙颗粒的分选作用明显。细颗粒淤积段位于前坡段的下游位置，由于泥沙很细，沉速小，通过沿主流方向的明流或异重流以及其他副流，泥沙淤积比较均匀、平缓，甚至直达坝前或少量出库。尾部段一般为推移质淤积段，当入库推移质较少或者级配细小时，尾部段将不存在或非常不明显。在泥沙三角洲淤积形态的发展过程中，通常伴随着洲面段再淤积抬高、前坡段向坝前推进、尾部段后延等现象。前坡段向前推进的过程中，洲面顶点前移，致使洲面顶部坡降减缓，洲面发生再淤积；与此同时，尾部段由于前坡前移和洲面再淤积而向上游发展。当洲面前顶点推移至坝前时，三角洲形态便消失了，转变成了锥体形状。

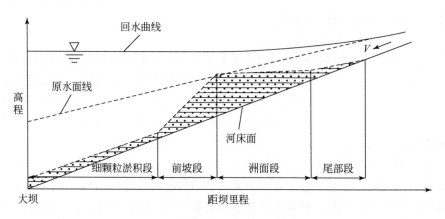

图 11-1　水库三角洲淤积形态示意图

在实际情况中，三角洲淤积形态最为常见，如黄河小浪底水库、万家寨水库，塔里木河克孜尔水库，永定河上的官厅水库和汉江丹江口水库，都为三角洲型淤积[1,23-26]。小浪底水库为黄河下游的控制性工程，1997～2020 年泥沙淤积总量为 326200 万 m^3，水库泥沙淤积为三角洲形态，在干流形成明显的三角洲洲面段、前坡段与坝前淤积段，三角洲顶点距坝 69.39km，三角洲顶点高程为 225.22m 左右。官厅水库是永定河上游的骨干工程，1953～1997 年泥沙淤积总量为 65074 万 m^3，淤积形态属于典型的三角洲淤积，主体部分（前坡段、顶坡段）的泥沙淤积可占水库总淤积量的 60%～80%；坝前段和妫水河库区以异重流淤积为主，淤积量占总淤积量的 15%～35%；三角洲尾部段在各种来水来沙及运用水位条件下，泥沙淤积量约占总淤积量的 2%～13%。其中，20 世纪 80 年代后，由于来水来沙大幅减少，各部位淤积比例发生了较大变化，根据 1985～1995 年的统计资料，三角洲淤积量占水库总淤积量的比例仍然高达 90% 左右；三角洲尾部段淤积比例已增大到 12%，为 1980 年前的平均值（3%）的四倍；前坡段淤积更加集中，其淤积量可占总淤积量的 70% 左右；顶坡段淤积比例减少至 7% 左右；异重流淤积量大幅度减少至总淤积量的 12%，且绝大部分泥沙都分布在妫水河库区，永定河库区几乎没有泥沙淤积，如图 11-2 所示。

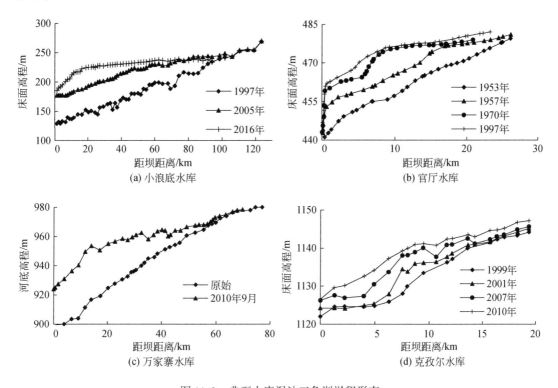

图 11-2 典型水库泥沙三角洲淤积形态

2. 锥体淤积形态

锥体淤积形态一般出现在库区小、壅水较低、淤积不能充分发展的水库[22]，大量的入库泥沙是水库形成锥体淤积的重要因素，如图 11-3 所示。锥状淤积体的淤积厚度自上游向下游（至坝前）逐渐增大，水深自上游到下游的变化规律与淤积锥体一致。淤积锥体的上部会随着泥沙淤积的发展逐年变缓并抬高，上游侧也将继续向上延伸。由于水库库区小和水位运行低，泥沙很快运行到坝前，当三角洲淤积体发展到坝前后最终也会成为锥体淤积，水库淤积达到平衡状态时基本上都是锥体淤积形态。

对于一些较小的水库，泥沙淤积形态为锥体淤积[22,26]。无定河流域石峁水库，1961 年投入运行，总库容为 1400 万 m³，运行 11 年后淤积量达 1000 万 m³，纵向淤积呈锥体，水库在 2000 年报废。汉中红寺坝水库位于汉江支流濂水河上，1960 年建成，水库总库容为 3381 万 m³，其中有效库容为 2065 万 m³，到 1998 年红寺坝水库累计淤积达 931 万 m³，占总库容的 27.54%，1979 年实测的淤积纵剖面属于比较典型的三角洲淤积形态，而以后

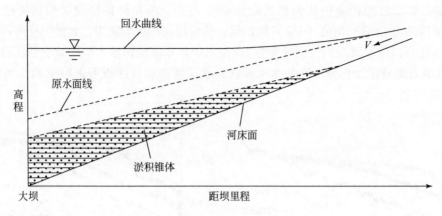

图 11-3　水库锥体淤积形态示意图

几次观测的纵剖面淤积形态则更类似于锥体淤积与三角洲淤积的混合型，如图 11-4 所示。

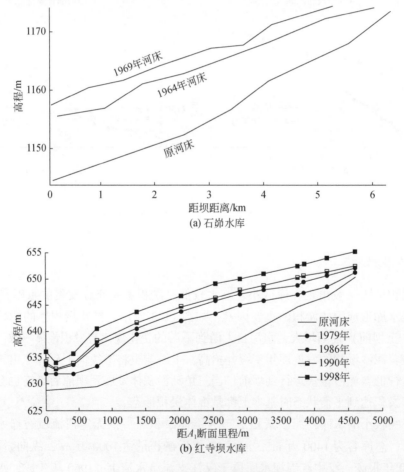

(a) 石峁水库

(b) 红寺坝水库

图 11-4　典型水库泥沙锥体淤积形态

3. 带状淤积

带状淤积一般出现在坝前水位变化较大，且有一定常年回水区的水库[22]。带状淤积体在水库河道内沿程分布比较均匀，这与水库淤积的固有特性是完全不一样的，所以带状淤积一般只是出现在淤积发生的早期阶段，难以长期维持。带状淤积的均匀分布是由坝前水位升降导致的，坝前水位的变幅大，其变动回水区也较长，其范围内冲淤交替，变化复杂，如图 11-5 所示。

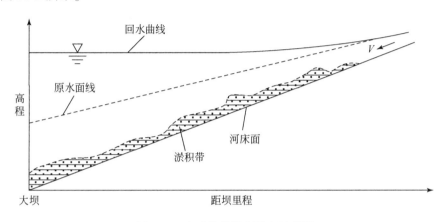

图 11-5 水库带状淤积形态示意图

11.2.2 水库淤积泥沙的组成

水库泥沙淤积过程实际上就是水流泥沙沿程分选过程，不同粒径的泥沙淤积在不同的位置。河流上修建水库后，水库水位逐渐抬高，水力坡度变缓，水流过水面积从库尾至坝前逐渐增大，相应的水流流速沿程不断减小，使得水库泥沙沿程分选淤积，特别是对于三角洲淤积形态，推移质和粗颗粒泥沙首先淤积在上游的库尾回水变动区，形成尾部段，即尾部段淤积泥沙最粗，主要为推移质或悬移质中的粗砂；随着水流流速的沿程减小，悬移质中的较粗泥沙逐渐淤积下来，并逐渐向下游推进，形成三角洲顶坡段，即顶坡段淤积泥沙较粗，主要为悬移质中较粗的泥沙；当水流通过三角洲顶点后，过水断面突然扩大，悬移质中细颗粒泥沙在范围不大的水域落淤，形成了三角洲的前坡，即前坡段淤积泥沙为悬移质中的细颗粒泥沙；在坝前河段，过水断面很大，水流流速较小，悬移质中更细的泥沙，当含沙量较大时，往往从前坡潜入库底，形成继续向前运动的异重流；当含沙量较小不能形成异重流时，便在水库深处淤积，形成坝前淤积，即坝前段淤积泥沙最细，主要为悬移质中的更细泥沙。因此，水库淤积泥沙的组成沿程不断变化，其中值粒径由坝前至库尾也逐渐增加，泥沙逐渐变粗。

我国大部分水库淤积发生在汛期，淤积量及淤积速率与汛期较大的来水来沙量相对应，通常来说，推移质和悬移质中较粗的部分主要沉积在库尾段，而悬移质中较细颗粒则主要沉积于库区深水河段[27]。图 11-6 为典型水库淤积泥沙中值粒径的沿程变化[18,28-33]，

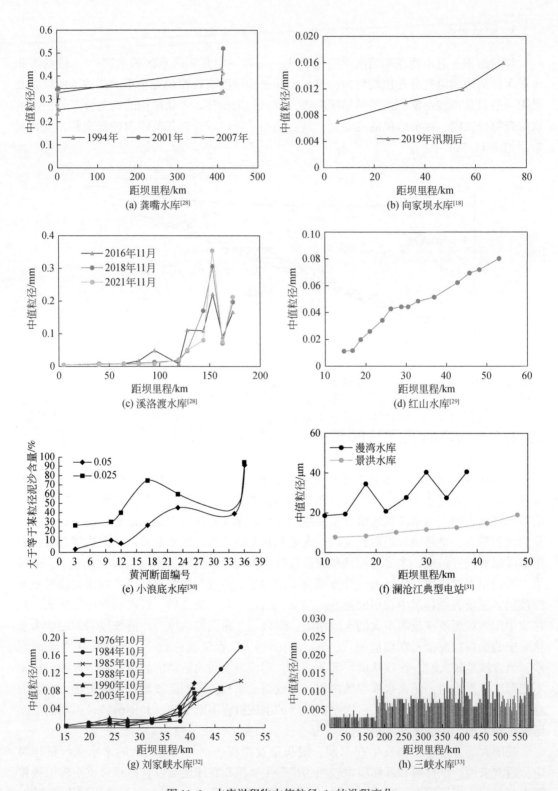

图 11-6　水库淤积物中值粒径 d_{50} 的沿程变化

实测资料表明淤积泥沙自坝前至库尾逐渐变粗，其沿程分选特征也十分明显，越靠近坝前，淤积物中数粒径越小；山区河流水库泥沙较粗，且沿程变化幅度较大，如龚嘴水库和溪洛渡水库；平原河流水库淤积泥沙较细，且沿程变化幅度较小，如红山水库和小浪底水库。

11.3　水库泥沙淤积的危害性

水库修建后，将会拦截大量的泥沙，使得水库泥沙淤积严重，水库泥沙淤积一般认为是泥沙灾害。一方面，水库泥沙淤积会对水库功能和效益发挥直接带来一定程度的负面影响，主要包括水库库容损失、水库防洪能力削弱、发电效益受损以及供水能力下降等直接危害；另一方面，水库泥沙淤积还会引起一些次生问题，即间接危害性，主要包括淤积上延会增加淹没范围，对变动回水区航道产生影响，受出库水流含沙量的影响使坝下游河床变形，淤积泥沙吸附的污染物可能对水环境造成不利影响等。水库淤积造成的影响涉及水库正常运行的众多方面，对社会、经济和环境都会带来不利影响，有必要深入研究水库淤积引起的各种问题，积极开展水库淤积泥沙的资源化和优化配置，使得水库泥沙淤积产生的灾害最小。

11.3.1　水库泥沙淤积的直接灾害

随着水库泥沙淤积的不断发展，水库有效库容逐年减小，蓄水调节能力下降，直接影响了水库防洪、灌溉、发电、供水等方面综合经济效益的发挥。

1. 减少有效库容

有效库容包含兴利库容和防洪库容，是水库综合效益得以实现的基本保证。由于水库泥沙淤积，库容减少，水库防洪能力也随之减小。这不仅加大了下游河道的防洪负担，而且在洪水时期使水库调洪能力削弱，甚至造成漫顶、溃坝的风险。另外，水库发电、供水、灌溉和养殖等功能的发挥都会因有效库容的淤损而受到限制，甚至丧失。

例如，陕西省水库库容平均以每年 4100 多万立方米的速度淤损，相当于每三年多即淤废一座石头河水库。1978～1998 年，损失和报废水库达 573 座，其中因水毁垮坝损失水库有 135 座、因泥沙淤积报废水库有 438 座（中型为 10 座，小型为 428 座），淤积报废水库占报废水库总数的 76.4%，占全省水库总数的 34%。另据统计，1992～2002 年全省共报废水库 222 座，其中陕北地区因泥沙淤积报废有 179 座，占报废水库总数的 80.6%[19]。

三门峡水库是水库淤积的典型案例，水库自 1960 年开始蓄水运用，1965 年初便由于库区淤积严重、潼关高程抬升而进行改建，由于三门峡水库的严重淤积，库容损失严重，使得水库功能难以正常发挥。小浪底水库拦沙运用期内由于泥沙淤积导致的滩区漫滩次数增加，相应的洪灾损失也因此增加。官厅水库妫水河口拦门沙将水库一分为二，随着拦门沙抬升，妫水河库区的大量蓄水被封堵而无法正常使用，对官厅水库供水功能的发挥造成了严重影响，减弱了水库供水效益。

2. 降低水库防洪能力

水库淤积使水库防洪能力大大降低，一是调蓄能力降低，难以满足下游河道的防洪能力，造成下游河道洪水灾害；二是水库调蓄能力降低，不能正常调控大洪水，可能会增加水库漫坝、垮坝失事的风险。由于泥沙淤积，王瑶水库按目前方式运行，两年后其防洪标准就不满足规范要求[34]，防洪能力降低。据对无定河统计，2003 年 24 座中型水库中，有14 座防洪标准不满足要求，其中杨伏井、营盘山、新桥等水库防洪标准不足 10 年一遇；如遇较大洪水不但将发生连锁溃坝，危及下游地区的防洪安全，而且作为黄河粗沙区拦沙工程，水库群 40 年来拦截的 50 亿 t 泥沙将重新下泄入黄，大大加重三门峡水库、小浪底水库以及黄河下游河道的淤积，使下游悬河防洪形势加剧[19]。丹江上游二龙山水库大量泥沙淤积直接影响水库的调蓄能力，2002 年二龙山水库开始除险加固，11 月泄空水库，底层的泥沙被冲入河道，丹江主河道被泥沙覆盖超过 50km，大坝下游约 10km 的丹江河道尤为严重，淤积平均厚度达 0.2m 左右，泥沙封闭了沙石之间的缝隙，阻断了水流下渗和水井补水，直接影响了供水需求；二龙山水库大量泥沙淤积，既减少了库容，又降低了防洪能力，增加了汛期发生大洪水的频率[35]。

3. 变动回水区河道冲淤对航运的影响

由于水库回水变动区泥沙的淤积，常常造成航深、航宽不足，影响通航，特别是一些大型水库，因水库水位变幅大，使回水变动区的河势处于一种不稳定状态，对航行不利。水库蓄水运用后，常年回水区内水深加深、流速降低，对航运条件有较大改善。例如三峡五级船闸的建设打通了长江上游水道，极大提高了通航能力和通航率。但在变动回水区，淤积可能改变河势，使航道异位或移位，新的航道部分情况下由于基岩出露从而对航运产生不良影响。此外，如果变动回水区淤积速度过快，在低水位工况下回水末端会快速下移，造成航道里程的缩短。

坝前水位消落期间，变动回水区内会出现淤积物的冲刷现象，随着冲刷向下游发展，当推移至河道宽浅处时，往往会由于淤积物"滚雪球"式累积而对航运产生影响，严重情况下还可能发生海损事故。丹江口水库在 2000 年 5 月底水库超低水位运行期间在距坝55km 展宽段变动回水区的淤积物累积冲刷淤落导致了浅滩碍航现象。

4. 增加水轮机的磨损

对有发电任务的水库，由于泥沙沿引水道进入水轮机，使之磨损，降低功效，势必增加了水轮机的维修费用。随着水库泥沙淤积的推移发展，进入水轮机的泥沙也逐渐增多，加重了水轮机的磨损，增加了电站检修维护频率和成本，不利于电站的平稳运行；拦污栅前的淤积可能会导致拦污栅受泥沙压力而变形，也会影响正常引水和发电。泥沙含量过大会使水泵、管路和进出水池的效率降低，导致泵站效率大幅度下降，能源消耗急剧上升，甚至影响泵站的正常运行。此外，泥沙还会使水泵及管路系统磨损，引起机组超载和震动，使进、出水池及渠系建筑物严重淤积，给泵站装置的维修和管理带来极大的麻烦。因此，布置抽水机组时，必须防止有害泥沙进入引水渠。如石门水库在 1990 年 7 月一次大洪水后，泥沙大量进入水轮机组，机组损坏严重，导致两个月内多次停机排查故障，严重影响了水电站的正常发电。

5. 威胁大坝安全

泥沙随水流进入库区后沿程淤落，并不断向坝前推进，形成了坝前泥沙淤积。坝前泥沙对取水口、水轮机进口、引航道、船闸及坝体稳定及坝基渗流等都会带来一系列影响。坝前泥沙的累积性淤积可能会超过设计范围，这将对坝体增加一个额外的外荷载，对大坝稳定产生不利影响。大量泥沙淤积于坝前会增大作用于水工建筑物上的压力，特别是锥体淤积，可能会对部分枢纽的安全产生威胁，并且淤积会导致水库维护成本不断增加，水库的淤满报废更是会造成严重损失。

6. 导致进水口的淤堵

水库中出现泥沙淤滞的情况长时间积累下去，坝前的水草及泥沙会越来越多，进而造成灌溉引水口以及抽水站淤堵的情况，对坝前建筑物的整体使用造成影响；如果沙峰来势迅猛，会造成开启水闸门困难的情况，水轮机和金属闸门等过流部件还会因为长时间被粗大泥沙侵蚀出现磨损。

11.3.2　水库泥沙淤积的次生灾害

1. 引起土地盐碱化

水库蓄水运行后，水位不断抬升，回水区也不断上延。回水区内的水位上升，水动力减弱，水流挟沙能力大幅下降，回水区泥沙淤积，随着泥沙淤积的不断增加出现回水区上延问题，形成水库淤积"翘尾巴"现象，从而增大了城镇农田等的淹没风险和地下水位抬升及土地盐碱化的影响程度，影响当地农业生产，而且也影响水库上游城镇、厂矿以及其他建筑、交通等设施的安全。特别是水库尾部的泥沙淤积，引起水库回水上延，进而加大了水库的淹没面积，造成淹没损失扩大。

红山水库由于水库淤积延伸，回水区长度由 1962 年的 35km 发展到 1996 年的 60km 以上，导致上游地区地下水位上升，土地盐碱化面积加大。镇子梁水库运行以来，由于淤积尾端上延，致使淹没赔偿大幅增加，达到水库建设投资的数倍之多。海河流域永定河官厅水库淤积末端向上游延伸了 10km，造成当地地下水位抬高 3～4m，使两岸盐碱地面积扩大了 14 倍。

庙宫水库位于滦河支流伊逊河上，自 1960 年开始蓄水，根据 1991 年汛前测量结果，水库泥沙淤积量达 9468 万 m^3，总库容小了近 50%，兴利库容由 6800 万 m^3 减少到 2300 万 m^3。水库淤积形态为锥体状，淤积厚度向下游沿程增大，1998 年最大坝前淤积深度达 23m，坝前淤积高程为 768.6m，如表 11-6。随着坝前淤积滩面的不断抬高，淤积末端逐渐向上延伸，上游河床逐年抬高，使河床由原来的地面以下淤积到现在与两岸地面持平，甚至高出两岸耕地及村基高程，形成了地上悬河。河床淤高以后，河道水面线抬高，两侧地下水向河槽排泄受阻，造成地表水、地下水排泄不畅，甚至出现河水补给地下水的现象，使两侧地下水位壅高，从而产生了浸没危害，土地盐渍化、沼泽化现象严重。1991年经调查四合永浸没区总面积为2.3km²，浸没区内约0.8km²耕地因盐渍化、沼泽化使粮食减产，甚至无法耕种。泥沙淤积造成库区上游翘尾巴，对四合永镇形成浸没，严重影响了居民的生产生活[36]，如表11-6所示。

表11-6　庙宫水库泥沙淤积末端变化

时间	水库淤积量/万 m³	坝前淤积高程/m	淤积末端距大坝/km	淤积上延系数
1979 年	6929	765.20	8.6	
1986 年	9156	767.55	11.5	1.30
1991 年	9468	768.50	13.7	1.55
1998 年		768.60		

2. 对下游河道的影响

水库蓄水后，泥沙被拦截在水库内，水库下泄的水含沙量骤减，导致下游河道发生冲刷，下游河道水位下降，甚至发生河势变化。下游河道冲刷后，同流量下水位降低，河道过流能力增加，能减轻下游河道的防洪压力；河道冲刷有可能加剧河道的崩岸，伴随着河岸建筑物的崩毁，会增大岸滩的不稳定，可能出现一些新的险工，河道防洪压力增大；河道冲刷后的河道水位和河床高程难以满足河岸取水工程的要求，影响两岸取水灌溉等生产生活用水问题。长江三峡水库自2003年蓄水运用后，下游河道冲刷严重，2002年10月~2020年11月宜昌-湖口河段平滩河槽总冲刷量为262 817万m³，年平均冲刷量为14 601万m³，局部河床冲刷深度达19m，如此严重的冲刷将会对河岸稳定性产生重要影响，甚至造成岸滩崩塌。三峡水库自2003年蓄水运用以来，中下游河道严重冲刷，崩岸频繁发生。据不完全统计[4,37]，2003~2020年长江中下游干流河道共发生崩岸险情1011处，总长度达729.6km。黄河小浪底水库自2000年蓄水运用以来，特别是开展了调水调沙运用，黄河下游各个河段都发生了冲刷[4]，小浪底-利津河段泥沙冲刷量为20.664亿t，黄河下游河槽快速冲刷，各水文站的平滩流量均有较大幅度的增加（2002年汛前黄河下游各水文站的平滩流量在1800~4100m³/s，最小值位于高村站），2020年汛后，下游各水文站的平滩流量增大到4500~8000m³/s，最小值位于艾山站，最小平滩流量增加了2600m³/s。此外，河道的冲刷对黄河下游引黄灌溉产生一定的影响，河道冲刷使得引黄灌溉的引水效率减小和引水保证率降低，但引水含沙量减小，减轻了引黄灌区泥沙处理的负担。

3. 对水环境的影响

水库泥沙淤积后，首先会改变库区生态环境，大量的淤积泥沙填充水库库区，甚至部分重金属沉淀库内，改变了原有水生生物的生存环境，进而影响水生生物的生存。其次水库库容被泥沙侵占，水库调蓄能力较低，造成雨季洪水无法有效拦蓄调节，水流白白流失，旱季因水库无水调节造成下游河道断流和生态环境恶化。此外，悬移质泥沙因其电化学性质而在表面吸附了大量污染物，随着泥沙的淤落，污染物也被截留在了库内，下泄水流水质得到改善，但水库内的水环境将受到一定影响，进而对供水、灌溉、养殖等生产活动造成不利影响。

在 20 世纪末，由于工农业迅速发展导致官厅水库流域内污水排放量增加，每年入库污水量达 1.04 亿 t，1999 年达 1.21 亿 t，造成官厅水库的水质污染严重，其中氨氮、过化需氧量、挥发酚、非离子氨、重金属含量等均严重超标，水质污染的同时，库区泥沙污染也较严重，特别是库区底部的淤泥污染。即使外部水质污染治理后，水库内的污染淤泥将会成为新的污染源。库区泥沙污染不仅大大降低了官厅水库对工农业及城市供水的质量，而且对周围环境产生了不良影响[1]。

参 考 文 献

[1] 胡春宏，王延贵，张世奇，等. 官厅水库泥沙淤积与水沙调控 [M]. 北京：中国水利水电出版社，2003.

[2] 王延贵，胡春宏. 流域泥沙灾害与泥沙资源性的研究 [J]. 泥沙研究，2006 (2)：65-71.

[3] 陈吟，王延贵，陈康. 水库泥沙的资源化原理及其实现途径 [J]. 水力发电学报，2018，37 (7)：29-38.

[4] 王延贵，史红玲，陈吟，等. 中国主要河流水沙态势变化及其影响 [M]. 北京：科学出版社，2023.

[5] 中华人民共和国水利部. 中国水利统计年鉴 2020 [M]. 北京：中国水利水电出版社，2020.

[6] 张信宝，文安邦，Walling D E，等. 大型水库对长江上游主要干支流河流输沙量的影响 [J]. 泥沙研究，2011 (4)：59-66.

[7] Yang H F，Yang S L，Xu K H，et al. Human impacts on sediment in the Yangtze River：A review and new perspectives [J]. Global and Planetary Change，2018，162：8-17.

[8] Palmieri A，Shah F，Annandale G，et al. Reservoir conservation volume I：the RESCON Approach [M]. Washington D C：World Bank，2003.

[9] 邓安军，陈建国，胡海华，等. 水库淤损控制与库容恢复研究综述 [J]. 人民黄河，2019，41 (1)：1-5.

[10] Mahmood K. Reservoir sedimentation：Impact，extent and mitigation [R]. Washington D C：World Bank Technical Paper，1987.

[11] 刘孝盈，吴保生，于琪洋，等. 水库淤积影响及对策研究 [J]. 泥沙研究，2011 (6)：37-40.

[12] 姜乃森，曹文洪，张启舜，等. 三门峡水库蓄清排浑控制运用对库区及下游河道冲淤的影响 [J]. 水利水电技术，1997，28 (7)：5-8.

[13] 田海涛，张振克，李彦明，等. 中国内地水库淤积的差异性分析 [J]. 水利水电科技进展，2006，26 (6)：28-33.

[14] 曹强. 巴家嘴水库泥沙淤积现状分析及清淤措施 [J]. 西北水电，2022 (2)：31-35，46.

[15] 邓安军，陈建国，胡海华，等. 我国水库淤损情势分析 [J]. 水利学报，2022，53 (3)：325-332.

[16] 孙媛. 我国水库的泥沙淤积特征及典型水库对流域下游水沙变化的影响 [D]. 南京：南京大学，2019.

[17] 柳发忠，王洪正，杨凯，等. 丹江口水库支流库区的淤积特点与问题 [J]. 人民长江，2006，37 (8)：26-28.

[18] 朱玲玲，陈迪，杨成刚，等. 金沙江下游梯级水库泥沙淤积和坝下河道冲刷规律 [J]. 湖泊科学，

2023，35（3）：1097-1110.

[19] 陕西省水利厅. 陕西省水库淤积调查报告 ［R］. 2003.

[20] 李辉. 江西省水库淤积分析及典型水库淤积影响评价 ［D］. 南昌：南昌大学，2022.

[21] 李建坤、游功明、黎昔春。湖南水库泥沙淤积与对大中型水库清淤的建议 ［C］. 武汉：第十届全国泥沙基本理论研究学术讨论会，2017.

[22] 中国水利学会泥沙专业委员会. 泥沙手册 ［M］. 北京：中国环境科学出版社，1989.

[23] 中华人民共和国水利部. 中国河流泥沙公报2016 ［M］. 北京：中国水利水电出版社，2017.

[24] 董秀斌，侍克斌，夏新利，等. 克孜尔水库泥沙淤积及减淤措施研究 ［J］. 水利科技与经济，2014，20（8）：1-4.

[25] 王婷，张俊华，马怀宝，等. 小浪底水库淤积形态探讨 ［J］. 水利学报，2013，44（6）：710-717.

[26] 王会让. 陕西省水库泥沙淤积状况与蓄水能力分析 ［D］. 武汉：武汉大学，2004.

[27] 曹慧群，李青云，黄茁，等. 我国水库淤积防治方法及效果综述 ［J］. 水力发电学报，2013，32（6）：183-189.

[28] 熊敏，马文琼. 龚嘴水库泥沙淤积现状分析 ［J］. 四川水力发电，2008，27（S1）：82-86.

[29] 于淑云，卢俊岭. 红山水库床沙中径沿程变化规律和淤积末端位置 ［J］. 内蒙古水利，2001（3）：20-20，23.

[30] 郑军，唐华，郭维克，等. 小浪底库区深层淤积泥沙物理特性分析 ［J］. 人民黄河，2014，36（10）：3.

[31] 郑浩磊. 澜沧江梯级水库建设的输沙响应 ［D］. 浙江：浙江大学，2022.

[32] 高亚军，李国斌，陆永军. 刘家峡水库变动回水区河床质泥沙粒径分布 ［J］. 水利水运工程学报，2006（1）：14-18.

[33] 金中武，任实，吴华莉，等. 三峡水库淤积排沙及河型转化规律 ［J］. 长江科学院院报，2020，37（10）：9-15，27.

[34] 陕西省水利电力勘测设计研究院. 王瑶水库清淤扩容工程可行性研究报告 ［R］. 2021.

[35] 杨志新. 浅析二龙山水库泥沙淤积的防治对策 ［J］. 陕西水利，2010（4）：71-72.

[36] 张淑秀，祁伟. 庙宫水库泥沙淤积浸没危害及对策 ［J］. 水科学与工程技术，2010（1）：48-50.

[37] 王延贵，匡尚富，陈吟. 冲积河流崩岸与防护 ［M］. 北京：科学出版社，2020.

第12章 水库泥沙的资源化原理及其实现途径

随着经济的发展，人们逐渐认识到泥沙作为一种自然资源具有经济和社会价值，王延贵[1,2]等指出泥沙是一种特殊的自然资源，并提出了流域泥沙资源化的目标与途径。在水库泥沙资源化方面，王萍等[3]根据小浪底水库泥沙淤积的特点分析了泥沙资源化利用的方向；江会昌等[4]建立 BOT 模式研究三峡水库库区泥沙淤积问题；江恩惠等[5]针对多沙河流和少沙河流提出了不同水库泥沙资源化利用模式；王立华等[6]研究了水库淤积物的建材化利用，并对其社会、生态和经济效益进行分析。实际上，水库及其周边区域对泥沙的需求一直很大，甚至在有意无意地进行利用，如三峡库尾河段采沙活动曾十分活跃[7-9]。近年来，随着社会经济发展水平提高，长江上游特别是川渝等地对沙石资源的需求巨大。三峡水库蓄水后入库泥沙逐渐淤积，适合作为建筑材料的粗沙（$d \geqslant 0.1\text{mm}$）在库尾河段淤积较多，在不影响河势稳定、航道条件、防洪等前提下，适当进行水库泥沙的资源化，有利于减少水库淤积、维持防洪库容、保障库尾航运安全。将水库减淤和采沙管理有机结合，实现水库安全运行和泥沙资源化的"双赢"。为了更好地利用水库泥沙，使其变害为利，达到泥沙资源化的目的，深入研究水库泥沙资源化和配置问题非常重要。本书在分析水库泥沙的基本属性与主要特征的基础上，探讨了水库泥沙资源化的可行性与目标，总结水库泥沙资源化的途径，给出水库泥沙资源优化配置的一些思路[10]，为水库泥沙的综合治理提供参考。

12.1 水库泥沙的资源性

12.1.1 水库泥沙的基本属性

作为流域泥沙的一种，水库泥沙产生于流域的水土流失、河岸侵蚀和风蚀等，它仍具有离散性、吸附性、可搬运性和群体泥沙力学性质等[10-12]，如图 12-1 所示。

（1）水库泥沙的离散性。水库泥沙是由大小不同的颗粒组成的，大小形状差别很大，有的颗粒粗细均匀，有的大小不一，泥沙颗粒的大小用粒径表达；有的沙石中碎屑圆度很好，有的沙石中碎屑棱角鲜明；泥沙的形状用圆度或球度来表示。一般说来，水库上游及尾部泥沙多为大粒径的卵石和粗沙，卵石圆润，粗沙棱角明显，卵石和粗沙都是散离分开的；坝前泥沙多为很细的泥沙，甚至是黏土泥沙，细颗粒泥沙之间有一定的黏结力，但细颗粒泥沙在水流的作用下仍然是可以分离的。无论是粗颗粒泥沙，还是细颗粒泥沙，河流泥沙运动及河床冲淤一般都是以颗粒的形式完成的。

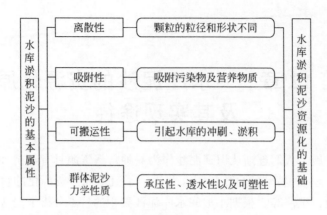

图 12-1　水库淤积泥沙的基本属性

（2）水库泥沙的吸附性。水库泥沙粒径差异大，在水库上游和尾部的泥沙颗粒比较大，相应的吸附作用很弱；水库下游及坝前的淤积泥沙一般都是细颗粒泥沙，甚至是黏土，这些细颗粒泥沙在含有电解质的水中，由于化学作用（离解），表面总是带有负电荷的离子。同时，离解出来的阳离子，则被吸引在颗粒周围，组成离子圈，使泥沙颗粒具有一定的吸附性。水库泥沙的表面是不规则的，随着粒径变小，单位体积颗粒所具有的表面面积增加，颗粒的吸附能力也随之增强。水库细颗粒泥沙主要来源于流域面的水土流失，侵蚀泥沙一般含有肥力，是天然的肥料，对改良土壤有重要作用。例如黄河中游的泥沙，每吨含氮肥 $0.8 \sim 1.5 kg$、磷肥 $1.5 kg$、钾肥 $20.0 kg$，约占土重的 2%。

（3）水库泥沙的可搬运性。由于水库泥沙具有离散性和颗粒性，在水动力的作用下，可以从水库上游输送到下游，甚至是坝前和坝下游；水库淤积三角洲形态的不断发展和向坝前推进的过程实际上就是水库泥沙搬运的过程，泥沙从上游向下游输移的过程也是泥沙沿程分选的过程，粗颗粒泥沙沉积在水库上部，较粗泥沙沉积在水库中部，细颗粒泥沙输送到水库下部和坝前，并发生淤积或排出水库进入下游。此外，在外力的作用下，水库泥沙可以从一个位置搬运到另一个位置，为人为配置水库泥沙提供了条件。水库泥沙的离散性和可搬运性表明，根据泥沙的需求和用途，在外营力（含水动力）的作用下对其进行搬运与分配，使得水库泥沙发挥更大的作用。

（4）水库群体泥沙的力学性质。水库群体泥沙的组成一般用泥沙级配曲线来反映，表示泥沙粒径小于某一值的颗粒质量占总质量的百分率。水库群体泥沙的力学性质主要包括承压性、可压缩性、透水性、可塑性等，不同类型的泥沙的性质不同，其用途也有很大的差异。对于水库上段和尾部的推移质泥沙，由于颗粒粗和粒径大，虽然这些泥沙承压强、可压缩性小，但渗透性强和吸附性弱，其用途多用于建筑材料或填充材料；而对于水库下段和坝前的细颗粒泥沙，其承压性弱、可塑性强，但渗透性弱和吸附性强，这些细颗粒泥沙多用于改良土壤和填充材料，也可以转化其他材料。此外，坝前的冲刷漏斗、床面沙波等局部河床变形过程不仅取决于颗粒群体的级配，特征粒径和不均匀系数，而且与颗粒形状和表面滑度有关。

12.1.2　水库泥沙的资源性

自然资源是指在一定社会经济技术条件下能够产生生态价值或经济价值，从而提高人类当前或可预见未来生存质量的天然物质和自然能量的总和。水库淤积泥沙数量较大，特别是多沙河流水库，山区河流粗颗粒泥沙含量高，多沙河流细颗粒泥沙含量较高，但不同组成泥沙的资源化具有各自的优势。结合泥沙的基本属性和自然资源的概念，就水库淤积泥沙的多用性（有效性）、可控性、有限性和区域性分述如下[10,11,12]：

（1）水库泥沙的多用性。水库泥沙在经济发展和生态环境中发挥重要的作用，即水库泥沙具有有效性。水库泥沙具有粒径差异大的特点，水库上段和库尾河段泥沙粒径大，多属推移质或粗颗粒泥沙，可作为建筑材料被大量、长期利用，不仅能保护土地资源，还能变废为宝，变害为利；水库下段和坝前泥沙粒径小，多为细颗粒泥沙或黏土，泥沙中含有大量矿物元素和有机质，对改良土壤结构、提高土壤肥力有显著作用。这说明水库淤积泥沙在一定程度上是可以为人所用的，而且不同粒径的泥沙具有不同的用途，体现了水库淤积泥沙的有效性和多用性。

（2）水库泥沙的可控性。泥沙的离散性、可搬运性等特点决定了水库淤积泥沙具有可控性。实际上，为了有效地治理和利用水库泥沙，我国已经在很多水库实施了多种工程措施（水库人工挖沙、机械清淤以及设置排沙孔等）与非工程措施（泄空排沙、异重流排沙、调水调沙等）来控制水库泥沙的淤积、输移、搬运与配置，尽可能地减少水库泥沙的灾害性，体现水库泥沙的可控性。

（3）水库泥沙的有限性。随着社会经济的不断发展，我国水土保持治理力度不断加大，截至 2011 年 12 月，治理面积已达到 99.16 万 km^2，表 12-1 为近 10 年我国水土流失的治理面积[13]；大量的水土保持措施导致了流域产沙、河流输沙量大幅度减少；同时流域干支流上修建了大量的水库，水库拦沙改变了河流输沙量的分布，进入水库下游的输沙量大幅度减少；河道引水引沙和采沙也会影响河道输沙量的变化。这些因素导致河道输沙量大幅度减少，2020 年我国主要河流代表站总输沙量为 4.77 亿 t，较多年平均年输沙量偏小 67.1%[14]，河流泥沙逐渐成为稀缺物质。

表 12-1　全国每年完成水土流失防治面积　　（单位：万 km^2）

年份	2006	2007	2008	2009	2010	2011	2012	2013	2014	2015	2016
面积	10.15	7.20	6.47	4.32	6.40	6.81	6.97	7.27	7.30	5.38	5.62

河流上修建梯级水库后，泥沙在水库中呈普遍落淤趋势，颗粒组成的规律性呈现上粗下细的特点，粗级配泥沙在库尾淤积分布，细颗粒泥沙向坝前推进，粗细分选泥沙的可利用范围受到限制，且库区及坝前泥沙开采和运输运难度增大。河道泥沙资源减少，水库分选淤积泥沙可用限制、开采和输运难度增大，与巨大的泥沙需求产生矛盾，泥沙资源化必将增加运输、人工等成本，对建筑及其他用沙行业产生重大影响，凸显泥沙资源的稀缺性。为有效利用有限的泥沙资源，必须加强流域主要梯级水库的联合调度，利用其调节能

力，在发挥最优综合效益的前提下实现水库群泥沙优化调度，通过调整水流流态，实现泥沙数量、级配可调可控，从而提高采沙效率，降低分选成本，最大程度利用水库泥沙资源。

（4）水库泥沙的区域性。不同区域水库泥沙的空间分布很不平衡，多沙河流水水库淤积的泥沙量大，且泥沙较细，库区上下游泥沙粒径差异小；而山区少沙河流水库泥沙淤积则相对较少，且泥沙较粗，库区泥沙粒径差异大。截至 2003 年，我国不同流域水库库容淤积比例如下[15]：辽河流域为 24.7%，黄河流域为 22.3%，长江流域为 10.5%，淮河流域为 1.7%。泥沙资源空间分布不平衡决定了不同地域间需要采用不同的水库泥沙资源化方式。

综上所述，水库淤积泥沙基本满足自然资源的属性，具有多用性（有效性）、可控性、有限性（稀缺性）和区域性等特征，属于一种特殊的自然资源，但将其转化为人们可利用的资源还需要必要的外部条件。

12.2　水库泥沙的资源化及其目标

12.2.1　水库泥沙资源化的条件

水库泥沙资源化首先要求市场对其有需求，其次需要有对该资源开发和投资的社会经济条件以及国家政策的扶持，还需要实践经验作为指导，最后需要利用该资源的先进的工程设备以及完善的理论技术。水库泥沙的资源性是其资源化的基础，而成熟的外部条件则为其提供了保障，图 12-2 为水库泥沙资源化的可行性。

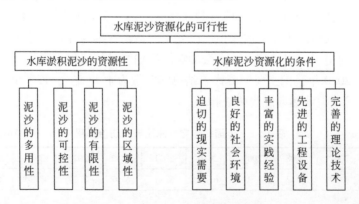

图 12-2　水库泥沙资源化的可行性

（1）迫切的现实需要。一方面，随着科学技术的进步，泥沙资源的利用途径和需求量逐渐增加，例如，泥沙用于制作混凝土骨料、陶瓷等，工程用沙和河道采沙量增长等。另一方面，大量泥沙淤积导致水库库容损失等问题，据 2001 年的数据，世界上大型水库库容的年均淤损量占剩余库容的 0.5%~1.0%，中国为 2.3%，远高于世界平均水平[16,17]，表 12-2 也给出了我国部分水库的淤积情况。综上可知，水库泥沙资源化具有迫切的现实需要。

表 12-2　我国部分水库淤积情况统计

流域	松花江		海河		黄河		长江	
水库	沟家店	马鞍山	官厅	庙宫	三门峡	青铜峡	丹江口	龚嘴
总库容/万 m³	662	108	222 700	18 300	964 000	60 600	1 605 000	37 370
年淤积率/%	1.48	3.47	0.64	1.31	1.82	3.30	0.21	2.32

（2）良好的经济与政策。我国现阶段经济呈现快速增长、结构优化的良好态势，这样的社会环境为水库泥沙资源化提供了坚实的经济基础，使得市场对水库泥沙的投资成为可能。此外，水库泥沙作为天然的优良资源受到了科研机构、社会各界人士的广泛关注。近期，有些项目开展了相关研究，如研究湖库泥沙资源配置理论与方法，研发湖库淤积物处理、利用技术和装置；实现淤泥处理与利用的规模化、高效化、资源化及无害化，探索效果明显、成本较低的泥沙资源化利用方法和途径。

（3）工程设备的进步。随着科学技术的进步，一系列形态多样且种类繁多的新设备、新工艺、新产品在水库泥沙领域的引入运用，为水库泥沙资源化的良好有序开展，提供了必要的条件。大部分水库泥沙利用都需要进行机械清淤，先进的清淤设备为水库泥沙资源化提供有力的保障。常用的挖泥设备按施工特点可分为机械式、吸扬式、冲吸式和气力式等，表 12-3 列出了典型的挖泥装备。我国已有部分水库采用挖泥设备进行清淤工作，例如山西张家庄水库、汾河二坝和汾河三坝的清淤等，水上淤积体采用挖掘机配自卸汽车挖装，水下淤积体则采用绞吸式挖泥船配输泥管道疏浚；陕西王家崖水库运用绞吸式挖泥船、气力泵配输泥管清淤[17]。结合泥沙利用的特点，一些新技术不断出现。比如黄河防汛备防石制作技术，黄河防汛备防石在制作生产工艺和成套装备上具有原成型设备简隔，生产效率低、成本高等推广难题，近年来提出了小规模现场生产和规模化集成式生产相结合的推广模式[18]。

表 12-3　典型挖泥装备

型式	船型项目	挖深/m	特性说明
机械式	抓斗式挖泥船	10～40	适合挖掘淤泥、砾石、卵石和黏性土等，不适合挖掘细沙和粉沙土
吸扬式	斗轮式挖泥船	2～16	长江航道局主持开发建造"斗轮1号"
	耙吸式挖泥船	112	亚洲最大的"Inai Kenanga"号
	泵刀式挖泥船	20～30	DOP 达门深水泥泵，Dragflow 系列泵刀式
冲吸式	冲吸式挖泥船	10～30	日本渡边钢株式会社 KVP 系列
		22～80	荷兰 ADREBANo3 及 No4 型
气力式	气力泵式挖泥船	20～100	意大利"劲马"泵，日本"诚昌壹号"

（4）丰富的实践经验。鉴于水库泥沙多淤积在地形险峻、交通不便的库区内，再加上水库防洪的限制，目前大规模水库泥沙资源化的经验还不多，仅有一些库尾开采泥沙、库

| 253 |

区泥沙疏浚和水库清淤的实践，国外很多国家也开展过水库清淤挖沙的实践，如表 12-4 所示[19]。但是，随着泥沙灾害性和资源性的环境变化，在流域泥沙和引黄灌区泥沙资源化方面取得了丰富的实践经验，为开展水库泥沙资源化工作奠定了良好的基础。例如，自 1952 年至今，引黄灌溉先后经历了初办（1952～1957 年）、大办（1958～1962 年）、停灌（1963～1964 年）、复灌（1965～1972 年）到稳固发展（1973～1980 年）、科学引黄发展（1980～2020 年）和水沙优化配置等几个阶段[20]，特别是进入 21 世纪以来，在泥沙资源化利用的关键技术、配置理论以及管理运行等方面均积累了丰富的经验[21]。国际上也有大量泥沙利用事例，如巴西的挖泥造地、美国密西西比河的浑水灌溉及埃及尼罗河的引洪改沙等。

表 12-4　水库挖沙案例

国家	水库	每年挖沙量/万 t	国家	水库	每年挖沙量/万 t
阿尔及利亚	Chcurfas	350	日本	Akiba	49
	Fergang	210		Sakula	42
	Hamiz	84	瑞士	Lausanne	20.0
中国	宜威	22		Palagncdra	16.8
	水槽子	212	美国	Lake Herman	2.23
	田家湾	32		Whitetail Creek	5.11

（5）理论与技术的发展。水库泥沙研究涉及泥沙运动力学、水库调水调沙理论等内容，特别是在水库泥沙淤积形态、泥沙淤积及组成分布等方面取得基础性的研究成果，这些科学发展和研究成果为水库泥沙资源化提供了理论依据与技术支撑。近年来，我国在水库淤积方面的研究基本上实现了从定性描述到定量计算的过渡，模型化的水库淤积控制、调度和调控技术日益健全，国内学者对水库排沙方式和淤积规律进行研究，提出了一套使水库淤积减缓的运行模式，如"蓄清排浑"[22]，在水库泥沙的研究领域取得了举世瞩目的成就。

12.2.2　水库泥沙资源化目标

水库泥沙资源化的目标是兼顾泥沙资源开发利用过程中的当前利益与长远利益、兼顾不同地区和不同部门之间的利益，兼顾泥沙资源开发获得的社会利益、经济利益和生态利益，并且兼顾各种利益在不同受益者之间的分配关系，使得水库泥沙资源化的效益达到最大，或者使得水库泥沙产生的灾害最小。

当水库泥沙主要表现为资源性时，水库泥沙资源化的目标函数采用多目标效益函数进行度量，使泥沙资源化达到的各种效益最大；当水库泥沙主要表现为灾害时，其目标函数采用泥沙灾害经济损失函数进行度量，使灾害导致的社会损失、环境损失和经济损失最小。通过的工程手段与非工程手段，把水库泥沙按合理的方式进行分配，进而实现水库泥沙资源化在技术上可行，经济上最优，社会效益良好，环境干预最小的效果，推动水库泥沙资源化的科学管理，实现可持续发展。

此外，在水库泥沙资源优化配置过程中，成本是需要考虑的重点问题。特别是水库泥沙的开采位置、获取方式、输送手段和利用途径等问题，将直接关系到水库泥沙的利用成本，在资源化过程中需要进行详细的论证。

12.3 水库泥沙资源化的实现途径

泥沙资源利用技术的发展与经济社会对泥沙资源需求的增强，为水库泥沙资源的大规模利用提供了可能。水库泥沙资源化不仅可以利用淤积泥沙，减小水库泥沙灾害，也能增加水库的有效库容，相应地延长水库的使用寿命，因此，实施水库泥沙资源化一举多得，有着广阔的应用前景。随着社会经济的发展和科学技术的进步，水库泥沙被利用的方式也逐渐变多，包括工程材料应用、土地改良与造地以及河道防洪与治理等方面，如图12-3所示。

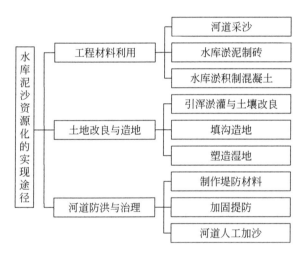

图 12-3　水库泥沙资源化的途径

12.3.1 工程材料应用

（1）库区采砂。砂石具有良好的硬度和稳定性，常常作为建筑材料、混凝土和砂浆原料而广泛应用于房屋、道路、桥梁等工程领域，采砂是获取砂石料的主要途径。入库水流中夹带一定量的砂砾，粗大颗粒泥沙往往在库尾河段沉积，这部分砂砾石经过清洗、筛分等处理，可作为混凝土骨料，进行建材化利用；较粗颗粒的泥沙淤积在水库的中上部，这部分泥沙也可以用来建筑材料的砂浆制作，如图12-4所示。将水库减淤和库区采砂有机结合，有利于减少水库淤积，实现水库安全运行与规范化采砂的"双赢"。水库泥沙用作建筑材料的案例有很多，例如三峡库尾重庆主城区河段的采砂[14]、奥地利 Danube 水库坝段的卵石挖除[23]，Sakuma 水库挖出的泥沙用作细颗粒骨料[24]等。

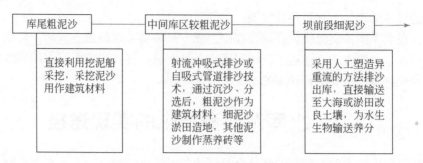

图 12-4 水库泥沙资源沿程利用示意图

（2）水库泥沙制砖和砌块。在水库的中下段，淤积泥沙较细，甚至淤积泥沙为黏土。对于这些较细的泥沙，可以利用水库所在地的炉渣、煤矸石等工业废料对水库淤泥进行人工改性，通过一定的生产工艺制造建筑免烧砖、混凝土砌块、建筑陶瓷等，如表12-5 所示[25]。水库泥沙制造砖石、混凝土砌块等工程材料既可以充分利用水库淤泥和工业废料，又可以节约能源，保护土地。我国自古就有黄河泥沙制砖的传统，2010 年完成的《黄河流域综合规划》指出随着我国建筑市场的扩大、土地资源的减少，近期仅制砖年利用黄河泥沙量约 600 万 m³，随着远期建筑市场的稳定，年利用泥沙量可稳定在 400 万 m³ 左右。

表 12-5　水库淤积制作建筑材料

名称	制作工艺
建筑陶瓷	代替高岭土类原料生产建筑陶瓷，减少天然矿物原料的消耗
混凝土骨料和陶粒	以底泥为主要原料，采用粉煤灰和铁粉为添加剂烧制建筑用的陶粒骨料
混凝土预制构件	利用库区较粗的泥沙，掺加胶凝材料和外加剂生产混凝土预制构件
建筑免烧砖	以泥沙、粉煤灰为主要原料，添入水泥、活性激发剂生产承重标准砖

12.3.2　土地改良与造地

（1）引泥淤灌与土壤改良。水库下段和坝前河段淤积泥沙主要来源于流域的坡面侵蚀和土壤崩塌，这些细颗粒泥沙会吸附流域面上的氮、磷、钾等多种营养元素，同时还含有普通矿物肥料所缺少的有机质及多种微量元素。在水库清淤过程中，通过人为制造高含沙水流进行淤改，特别是把高含沙泥浆引入周边贫瘠土地，能够改良土壤，提高土壤肥力，增加粮食产量，为了保证淤灌时不堵塞管道，需要对输送管道进行设计，例如增加流速等。表 12-6 为我国部分水库的引浑淤灌情况。

利用底泥中含有大量的有机质和植物生长所需的营养物质，当作肥料用于农田菜地和城市绿化等。鉴于长江流域当前经济社会的发展需求，水库及河道疏浚泥沙用来制作建筑材料的处置方式具有良好的发展潜力和应用前景。

（2）清淤造地。对于水库中部较粗的泥沙，可以采用机械装置进行清淤，把泥沙搬运到适宜的地方进行造地，甚至在附近进行直接吹填造地。结合水库周边地形条件和当地生产发展的需求，将水库清淤的较粗泥沙堆放或填埋至城市周边的沟壑中进行填沟造地或放淤造地，增加城市用地，提高城市发展空间；也可以把水库清淤泥沙搬运（输送）到山多地少、土地资源贫乏的地区，进行填塘造地、填沟造地和改良土壤，是增加土地的有效方法，提高当地群众的生产耕地。关于清淤造地，在很多地方都有成功的经验，如山东位山灌区具有渠道清淤造地的经验。

表 12-6   引浑淤灌的效益

水库	引浑淤灌效益
黑松林水库	浑水灌溉面积 4.5 万亩，粮食亩产提高 1 倍
恒山水库	通过放淤改良山坡薄地和盐碱地数万亩
吐尔吉山水库	将洪水引入上游唐土甸子与中乃甸子放淤，形成数万亩肥沃良田

（3）湿地塑造。湿地是水域和陆域相交错而成的特殊生态系统，根据首次全国湿地资源调查，我国现有湿地总面积 3848hm²，居亚洲第一位，世界第四位。陆地泥沙是湿地的组成部分，若没有泥沙淤积，这些湿地无法形成，根据水库及周边湿地塑造需要，有计划地进行水库泥沙淤积或堆放水库清淤泥沙，形成湿地，改善区域生态状况，实现人与自然和谐共处。

12.3.3   河道防洪与整治

（1）制作堤防材料。对于利用库区淤沙和工业废料，制作具有一定强度和耐久性的人造备防石，具有可现场制作、生产工艺简单、体积大、不易走失、适用于机械化抛投等优点，有利于提高防洪抢险的机械化水平，提高抢险救灾的功效[3]。关于人造备防石的制造，江恩慧等[26]研发了泥沙资源利用胶凝技术，即非水泥基胶凝技术。通过激发剂直接激发黄河泥沙中具有火山灰活性的硅和铝，在黄河泥沙胶凝机制方面取得突破。该技术具有成本低、用量大、适用条件广泛等优点，可以延伸应用到免烧砖、蒸养砖路缘石、透水砖、堤防砌筑材料等，推广应用前景广阔。此外，还可以利用水库泥沙直接制作防洪沙袋等。

（2）加固堤防。对水库中下段的淤积泥沙，根据河道堤防需求，利用水力机械和机械运输把水库泥沙输送和搬运到库岸周边，直接加固、加高库区周边堤防，满足防洪要求。关于泥沙加固堤防，在黄河下游、长江洞庭湖等都有相关的成功经验，利用水库泥沙进行水库堤防淤背，加高加宽堤防，防止库堤出现渗水、管涌、大堤裂缝等险情。

（3）河道人工加沙。河道修建大坝后，拦截了大量的泥沙，导致进入下游河道的泥沙量大幅度减少，引起河床冲刷下切，河岸崩塌等灾害。可将水库淤积泥沙有计划地输送或运输到下游，补充河道沙量，维持河道输沙平衡，达到控制河床冲刷下切的目的。例如，德国莱茵河依佛兹海姆大坝下游河段冲刷严重，1978 年开始德国工程师对河道实施人工加沙，每年加沙量约为 20 万 t，人工加沙以来，河床不再冲刷下切[27]。

12.4　水库泥沙处理与资源利用机制

在以往水库泥沙处理的研究、实践中，多偏重于排沙出库或挖沙出库，对排出水库泥沙的利用考虑较少。这种处理措施一方面需要国家投入大量资金，而创造的效益仅仅是延长水库使用寿命，同时排出的泥沙淤积在下游河道加重防洪负担，或堆积在水库附近污染环境，有较大的负效应，这种机制一旦国家投入资金用完，各种处理措施就随即终止，无法实现良性的长久运行[28]。

面向新时期经济社会发展的需求，必须合理规划泥沙的时空布局，实施泥沙的资源化利用，水库为我们提供了实现泥沙处理与利用有机结合的前提条件，但是只有形成连续的资金链条和良性循环模式，才能保证水库泥沙治理和利用的可持续性。水库淤积泥沙资源丰富，地方经济发展和生态利用泥沙资源的需求较大，潜在经济效益可观。水库淤积泥沙资源化利用作为一个新兴产业，需要通过政府的支持和引导，培育市场，逐步走向产业化道路。水库淤积泥沙处理与利用有机结合运行机制如图 12-5[26]。

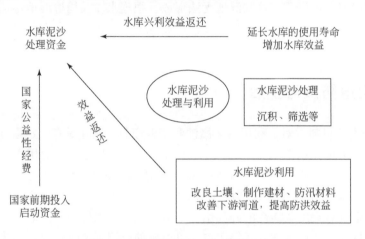

图 12-5　水库泥沙处理与利用机制

水库泥沙资源利用将首先提高水库的防洪效益，延长水库使用寿命，因此作为公益性工程之一，国家应先期投入一部分资金作为启动基金；基于延长水库的使用寿命，作为企业应从发电增加的效益中返还一定比例资金，维持工程的持续推进；在泥沙资源利用全面展开以后，其资源利用收益可作为维持长期运行的资金，包括泥沙资源利用技术的研发与完善。如此，水库淤积泥沙利用的规模将随着经济社会的发展而越来越大，泥沙利用到一定规模，将改变淤积的状况。

12.4.1　政府引导

政府引导主要体现在以下五个方面：一是利用政策导向，扩大泥沙利用途径，如依据《国家鼓励的资源综合利用认定管理办法》，积极认定，争取或制定优惠政策，在经济上进行鼓励和支持，吸引更多企业投资水库泥沙的综合利用产业。二是通过制定产业政策，鼓励使用水库泥沙为原料的产业发展。三是通过制定采砂规划和技术标准，对水库采砂、用砂及其加工处理等环节提出相关要求并加强监管，防止泥沙处理利用过程中影响防洪安全，造成环境污染等，逐步建立市场化、社会化、专业化的水库泥沙处理利用机制，有效解决目前水库泥沙淤积问题。四是要多方筹集资金，建立信息沟通平台，把各库段泥沙成分、物理力学性质及分布情况、可开采量等予以公开，便于投资人、产品研发人参考使用。五是培育和发展行业协会，吸引更多社会力量参与水库泥沙综合利用工作，协调解决水库管理部门、用沙单位有关政策和技术方面的矛盾等。

12.4.2　市场运作

水库泥沙作为一种资源，除政府行为外，最终还应通过市场机制的运作方式进行配置，企业在遵守采砂规划等限制性政策的前提下，利用优惠政策，发挥各自优势，通过科技进步。拓展利用渠道，提高泥沙利用的附加值，增强综合利用效益，不断挖掘水库泥沙利用的潜力。

现阶段水库淤积泥沙资源利用还是一个新兴的产业，实现其产业化还面临着政策支持力度不够、资金投入较大、成本回收周期长、产品的生产技术和工艺不成熟等问题，目前的研究成果大多是零散的、不系统的，成套技术与设备还比较欠缺，其产品附加值低，在市场竞争中没有显著优势。在利润不明显、市场化还不成熟的情况下，资金投入风险难以判断，难以吸引众多投资者参与。目前，仍需积极争取国家、有关部委、社会力量的支持，两手发力，完善相关政策，推进科技成果转化，拓展利用渠道，增加产品附加值、延伸产业链条，实现淤积泥沙资源利用的产业化发展。

12.5　水库泥沙资源优化配置的思路

水库泥沙资源优化配置是探寻泥沙合理配置方案，与传统配置方法的区别在于它不仅关注短期的资源优化及效率提高，而且关注社会、生态系统的恢复能力以及长期的发展能力，需要对不同区域、不同流域典型水库开展泥沙淤积的系统调查，分析水库泥沙的各种处理技术、利用途径、成本及潜在效益，构建水库淤积泥沙的多目标优化配置模型，并提出不同类型、不同特性泥沙资源化的最优管理模式，通过对泥沙进行合理配置，取得生态、社会以及经济多目标泥沙资源化的最大效益，如图 12-6 所示。

水库泥沙优化配置涉及水库运用、护岸与治滩及河道水库水沙运动方面的理论，是以水库泥沙清淤为基础、遵循河道输沙规律，并以水沙资源综合利用为总目标，兼顾子系统水沙资源综合利用的水沙资源联合多目标优化配置。根据水库运行方式、泥沙淤积特点和河道采砂状况，结合水沙运动规律和分布特点，研究水库泥沙资源转化机理与泥沙资源利用途径，建立水库泥沙资源优化配置理论与模型，提出水库水沙资源优化配置模式与调控技术，改善水库泥沙的空间分布，减轻水库的水沙灾害和防洪压力，为水库泥沙灾害治理提供决策支持。

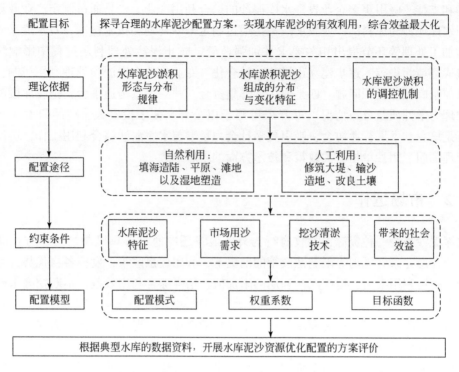

图 12-6　水库泥沙资源优化配置的思路

（1）配置的目标。水库泥沙资源利用措施与水库拦沙等泥沙处理措施不同，在某一特定条件下水库拦沙处理泥沙的潜力是基本固定的，而泥沙资源利用措施随着时间的推移一直处于利用状态，是一项长期措施，可以发挥持久的减沙作用，达到水库泥沙资源化综合效益（社会、经济、生态）的最大化。

（2）配置的途径。泥沙资源化的方式按照利用主体不同，分为自然利用与人工利用。自然利用指的是凭借河流自身的流动与能量对泥沙进行的重新分配与利用，并分为填海造陆、平原、滩地以及湿地塑造等。人工利用方式是采取各种人为的措施利用水库泥沙资源的途径，根据利用目的不同又可分为两种：以改善河道治理与促进生产为目的的公益性利用以及以盈利为目的的市场利用。在目前的技术水平与经济条件下，公益性利用主要包括修筑大堤、输沙造地、改良土壤等途径，市场利用主要应用于制作各种填筑材料、建筑材料或砌体材料等泥沙利用途径。

（3）控制条件。结合水库泥沙淤积和周边山地环境，利用现场调研、资料分析、遥感分析等手段，分析水库不同粒径组泥沙资源量差异分布和水库周边区域的用沙和容沙的潜力，以及其他区域的用沙情况与河道"喂砂"需求，摸清水库泥沙搬移的关键技术，确定水库泥沙配置的用户单元。例如，水库淤积泥沙资源的市场需求；对水库库容、发电、航运等效益的作用；清淤的技术手段限制；资金的投入等。

（4）优化配置模型。根据提出的水库泥沙配置模式和方法，利用数学方法（如多目标层次分析法）确定水库泥沙资源配置单元的配置模式、权重系数、目标函数等，建立水库泥沙资源优化配置模型。

（5）优化配置的方案与评价。根据提出的水库泥沙资源优化配置的控制条件和优化配置模型，求解典型水库泥沙资源配置的方案，包括淤积泥沙配置数量、配置位置、调控技术等，并对水库泥沙资源优化配置方案进行必要的评价，提出可行的改进措施。

参 考 文 献

［1］王延贵，胡春宏.流域泥沙灾害与泥沙资源性的研究［J］.泥沙研究，2006（2）：65-71.

［2］王延贵，胡春宏.流域泥沙的资源化及其实现途径［J］.水利学报，2006，37（1）：21-27.

［3］王萍，郑光和.小浪底库区泥沙资源化利用研究［C］//水利部黄河水利委员会.黄河小浪底水库泥沙处理关键技术及装备研讨会文集.郑州：黄河水利出版社，2007.

［4］江会昌，林木松，赵彦波，等.水库泥沙的资源化利用初探［J］.人民长江，2012，43（S1）：85-86，110.

［5］江恩惠，曹永涛，李军华.水库泥沙资源利用与河流健康［C］//成都：中国大坝协会2012学术年会.2012.

［6］王立华，赖冠文，刘佳.水库淤积物建材化利用的效益研究［J］.广东水利电力职业技术学院学报，2016，14（1）：5-8.

［7］王延贵，史红玲，陈吟，等.中国主要河流水沙态势变化及其影响［M］.北京：科学出版社，2023.

［8］水利部长江水利委员会.长江泥沙公报（2016-2020）［M］.武汉：长江出版社，2017-2021.

［9］中国工程院三峡工程建设第三方独立评估泥沙评估课题组.三峡工程建设第三方独立评估泥沙评估报告［M］.北京：中国水利水电出版社，2023.

［10］陈吟，王延贵，陈康.水库泥沙的资源化原理及其实现途径［J］.水力发电学报，2018，37（7）：29-38.

［11］王延贵，胡春宏.流域泥沙灾害与泥沙资源性的研究［J］.泥沙研究，2006（2）：65-71.

［12］王延贵，胡春宏.流域泥沙的资源化及其实现途径［J］.水利学报，2006，37（1）：21-27.

［13］中华人民共和国水利部，中华人民共和国国家统计局.第一次全国水利普查公报［M］.北京：中国水利水电出版社，2013.

［14］中华人民共和国水利部.中国河流泥沙公报［M］.北京：中国水利水电出版社，2017.

［15］董秀斌，侍克斌，夏新利，等.克孜尔水库泥沙淤积及减淤措施研究［J］.水利科技与经济，2014，20（8）：1-4.

［16］Palmieri A，Shah F，Annandale G W，et al. Reservoir conservation：the RESCON Approach，Vol. I［R］. Washington D. C.，USA：World Bank，2003.

［17］张士辰，盛金保，李子阳，等.关于推进水库清淤工作的研究与建议［J］.中国水利，2017（16）：45-48.

［18］宋万增，张凯，刘慧，等.黄河泥沙人工防汛石材生产工艺及成型设备研究［C］//中国大坝工程学会，中国大坝工程学会水库泥沙处理与资源利用技术专业委员会成立大会.2017.

［19］Basson G R，Rooseboom A. 1999. Dealing with reservoir sedimentation- dredging. Water Research Commission，South Africa，1999.

［20］蒋如琴，彭润泽，黄永健，等.引黄渠系泥沙利用［M］.郑州：黄河水利出版社，1998.

［21］戴清，刘春晶，张治昊，等.浅谈引黄灌区区域泥沙资源化实践中的若干问题［J］.水利经济，2007，25（1）：51-53.

［22］童思陈，周建军."蓄清排浑"水库运用方式与淤积过程关系探讨［J］.水力发电学报，2006，

25（2）：27-30.

［23］Kobilka J R, Hauch H H. Sediment regime in the back water ponds of the Austrianrun-of-river plant sonthe Danube［A］. 14[th]Congresson Large Dams［C］. RiodeJaneiro, Brazil, 1982：151-161.

［24］OkadaT, Baba K. Sediment relesase planat Sakuma Reservoir. 14[th]CongressonLargeDams, ICOLD, Riode Janeiro. 1982：41-64.

［25］唐奇，卢斌，潘求贤. 疏浚泥沙在建筑陶瓷中资源化利用技术的研究［J］. 佛山陶瓷，2011，21（1）：27-29.

［26］江恩慧. 黄河泥沙资源利用关键技术与应用［M］. 宋万增，曹永涛，等. 北京：科学出版社，2019.

［27］Kuhl D. 14 years of artificial grain feeding in the Rhine downstream the barrage Iffezheim［A］//The Organizing Committee of the 5[th]International Symposiumon River Sedimention. Proceeding of 5[th]International Symposiumon River Sedimention［C］. Karlsruhe, Germany, 1992, 3：1121-1129.

［28］石玉飞，范毅，白兴全，等. 汾河水库底泥污染特征及资源化利用分析［J］. 农业与技术，2023，43（6）：83-87.